高等职业教育“十四五”规划教材

# 宠物解剖生理

盖晋宏　主　编



中国农业大学出版社
·北京·

## 内容简介

宠物解剖生理是宠物医疗技术、宠物养护与驯导专业的基础课，本教材的内容能够满足后续专业课程学习的需要，为宠物疾病防治、饲养、驯养、美容及管理人员提供专业所需的基础知识和基本技能。

本教材除绪论外共分十三章，按照系统解剖学的逻辑，将犬猫有机体分为十个系统，分别讲述各系统的组成、器官的形态、位置、结构和功能。第一章讲述了有机体的基本结构，即细胞、组织、有机体的概念，为后面系统讲述有机体的解剖、生理特征打下了基础。根据神经系统的特征，把感觉器官眼和耳单独用一章讲述，另外还专门用一章来讲述有机体的能量代谢与体温。

本教材适用于职业教育畜牧兽医专业、动物医学专业、宠物医疗技术专业以及宠物养护与驯导专业教学使用，也可供广大畜牧、兽医、实验动物、特产动物等方面的科技人员和宠物爱好者阅读参考。

**图书在版编目（CIP）数据**

宠物解剖生理 / 盖晋宏主编. -- 北京 ：中国农业大学出版社，2025. 8. -- ISBN 978-7-5655-3455-3

Ⅰ. Q954.5

中国国家版本馆 CIP 数据核字第 202526C4P0 号

**书　　名**　宠物解剖生理

**作　　者**　盖晋宏　主编

**策划编辑**　林孝栋　康昊婷　　**责任编辑**　康昊婷

**封面设计**　郑　川　李尘工作室

**出版发行**　中国农业大学出版社

**社　　址**　北京市海淀区圆明园西路 2 号　　**邮政编码**　100193

**电　　话**　发行部 010-62733489, 1190　　读者服务部 010-62732336

编辑部 010-62732617, 2618　　出　版　部 010-62733440

**网　　址**　http://www.caupress.cn　　**E-mail** cbsszs@cau.edu.cn

**经　　销**　新华书店

**印　　刷**　涿州市星河印刷有限公司

**版　　次**　2025 年 8 月第 1 版　　2025 年 8 月第 1 次印刷

**规　　格**　185 mm × 260 mm　　16 开本　　11 印张　　270 千字

**定　　价**　49.00 元

# 编写人员


主　编　盖晋宏

副主编　黄　忍　祝艳华　郑庆礼

参　编　张兴娟　梁　强　刘晓涵　张　研　柳民意　乔德瑞　李耀光

主　审　李方正

# 前　言

本教材编写以习近平新时代中国特色社会主义思想为指导，贯彻落实党的二十大精神，以立德树人为根本任务，围绕着畜牧兽医行业和市场发展对高技能专业人才的需求组织编写，供高等职业院校宠物医疗技术、宠物养护与驯导专业使用。

宠物解剖生理是高等职业院校宠物医疗技术专业、宠物养护与驯导专业的一门专业基础课。在教材编写中，始终遵循职业教育"以能力为本位，以岗位为目标"的原则，重视能力培养。教材具有如下特点：

第一，宠物临床以犬猫为主，本教材主要以犬的解剖生理作为主要内容讲授，兼顾猫的解剖生理特征。哺乳动物的有机体在结构和生理功能上相似，故本教材对其他小众宠物的解剖生理知识有参考作用。

第二，本着保证教材质量的务实精神，所有插图全部采用电脑手绘，并使用全彩印刷。

第三，以犬猫的消化系统、呼吸系统、泌尿系统、生殖系统为重点，同时涵盖运动系统、神经系统、免疫系统的主要内容。教材突出适用、够用、实用的特点。

第四，强调实践教学和技能训练，将实验实习和技能训练作为教学内容的重要组成部分，使知识教学和技能教学紧密结合，融为一体，便于教师在教学过程中根据本校的实际情况灵活安排教学内容。

第五，为了方便教师把握教学重点和学生自学，教材每一章都设有学习重点和素质要求，后面附有思考题。

第六，本教材注重思政教育的方向，强调细胞学说的重要性及其所阐明的生物一致性的理念，而这一理念也是阐明生命本质、建立正确生命观所必须具备的思想基础。

在组织教学的过程中，可根据教学大纲和当地生产实际制定出可行性教学计划。对各部分内容的讲授可有所侧重，但大纲要求掌握的教学内容必须保质保量地完成。实验实习、技能训练、技能考核，既可在该章（节）理论知识讲完之后立即进行，也可在教学实习周集中进行。

编　者

2025 年 2 月

# 目 录

# 》绪 论《

## 一、宠物解剖生理简介

本教材内容包含宠物解剖学、组织胚胎学、生理学的内容。

最早出现的解剖学是通过简单地对人体或动物体进行切割和拆解，通过观察和比较的方法认识健康人体及动物体的形态结构及其发生发展规律，从而为医学研究和实践提供基础性的知识。解剖学的历史很长，是一门古老的学科，通过大量的实践和研究积累了对人体结构及各种动物体结构的丰富的知识。随着工具手段的发展和科学技术的进步，解剖学的研究也由宏观到微观获得了更为广泛的发展，形成了许多的分支学科。一般来说，解剖学主要有三个基本分支学科：大体解剖学、组织学和胚胎学。根据科学实践和临床医学的需要，还有许多复杂的其他分支学科，如超微解剖学、X射线解剖学、超声影像学等。大体解剖学研究所使用的手段主要是刀、锯、斧、钻等工具；研究的内容是健康人体或动物体在肉眼可见的层面上所观察到的形态和结构。组织学是借助于显微镜、组织切片技术和染色技术所观察和得到的细胞层面的形态和结构方面的知识。胚胎学是研究一个生命体从受精卵发育到一个完整的个体过程中形态结构的变化规律。本教材以大体解剖学和组织胚胎学为主要内容，阐述宠物有机体在形态结构和发生发展方面的基本规律。

生理学是研究有机体的生命现象及机能活动规律的学科。19世纪德国科学家施莱登和施旺提出细胞学说，开启了现代生物学，所有生命体均由细胞构成，所有生命现象均为细胞生命活动的表现。以细胞学说为基础，生理学进一步解释了动物体的各个部分如何协调统一以保证适应变化的环境，揭示了疾病的本质是有机体不能适应环境变化的细胞学基础。

## 二、学习宠物解剖生理的意义和学习方法

宠物解剖生理是动物医学专业、宠物医疗技术专业、宠物养护与驯导专业的一门基础课。这些专业的学生毕业后将从事宠物临床或者宠物医疗技术专业、宠物养护与驯导工作。在动物发生疾病的时候，动物身体的细胞不能适应环境变化从而导致功能障碍，随之带来形态和结构以及物理和化学的特征发生改变。要想正确地了解这些改变，分析其原因并采取治疗的策略，就要知道动物体在健康状态下形态和结构及其机能活动规律，并据此分析疾病变化的原因以及可以做出什么样的治疗策略。

在学习上，要明确学习的目标。宠物解剖的学习，目的是了解宠物有机体形态和结构方面的知识。所谓形态，是指宠物有机体以及有机体的各个部分所具有的几何学特征和物理学特征。这个几何学特征就是指有机体各器官可以用几何术语进行描述的特征，如圆的、方的、三角的等。这个物理学特征就是指有机体各器官可以用物理学术语进行描述的特征，如硬的、软的、热的、冷的、什么颜色的等。所谓结构就是指有机体是由哪些部分连接而成。动物体是一个统一的整体，这个整体是由许许多多部分组成的，各部分之间都有其固有的联系。搞清楚各个部

分之间固有的联系方式,就理解了有机体的结构。

在了解有机体结构的基础上,进而了解有机体各部分,系统及器官特有的生命现象、机能活动规律,懂得有机体之所以协调一致来适应环境变化是通过神经、体液等调节途径实现的,从而建立生命的整体观。

在学习中,要勤于思考,思考的主要方式就是分析和综合。分析就是要把一个知识点分解成许许多多容易理解的小片段,这就是所谓的分,然后把这些片段中有价值的关键知识点找出来,这就是析。综合就是把学习中经过分析的各个部分内容,通过你理解的方式重新组合在一起,从而达到全面掌握知识内容的目的。许多在毕业后参加临床工作的同学都有一个困惑,就是他们在上学时很努力地去学习宠物解剖,但在工作中仍然会觉得自己掌握的解剖知识不够用,能够记住的东西太少,那么要学多少才够用?这没有统一的标准,但真正的问题是没有掌握基本的解剖学规律,即使再多的解剖学书籍摆在你的面前,你在临床上的困惑依然存在,所以在学习上要勤于思考,掌握宠物解剖最基本的规律,活学活用。

## 三、宠物解剖常用术语

在宠物解剖中,为了精确描述有机体各个部分的方向和位置,使用了特定的专业术语。这些术语包括轴的概念、切面的概念和方位的定义。轴有两种,表示身体或四肢最长方向的长轴,也称为纵轴,和与长轴垂直的横轴。切面分为矢状面、横断面和水平面(额面),是指解剖动物体时的切割方向。规则致密结缔组织的轴和切面如图 0.1 所示,常用方位术语的解释如表 0.1 所示。

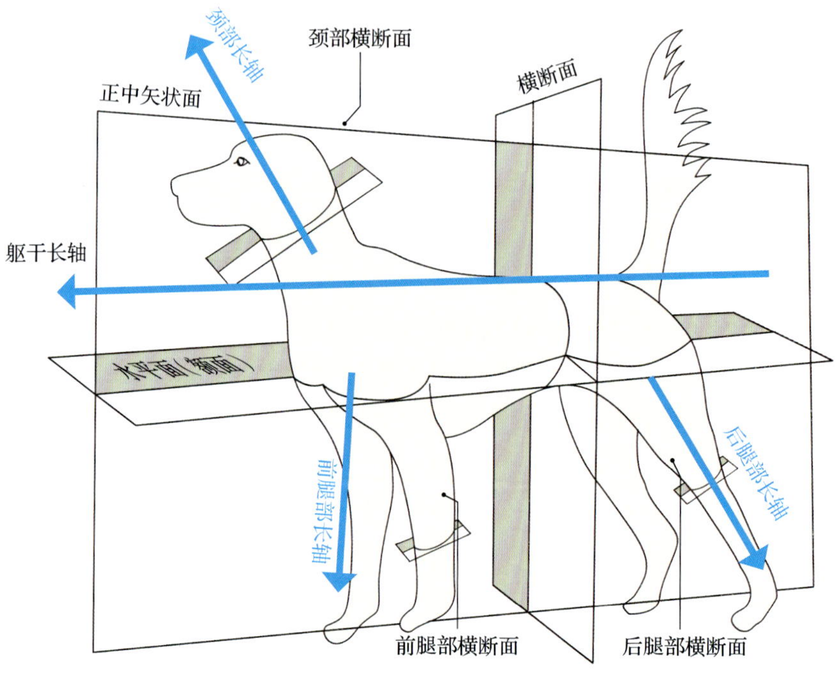


图 0.1　有机体的轴和切面

表 0.1 常用方位术语的解释

| 类别 | 术语 | 定义 | 适用的部位 |
|---|---|---|---|
| 用于躯干 | 头侧 | 距离头部较近的一侧 | 躯干 |
| | 尾侧 | 距离头部较远的一侧 | 躯干 |
| | 背侧 | 距离后背较近的一侧 | 躯干 |
| | 腹侧 | 距离后背较远的一侧 | 躯干 |
| | 内侧 | 距离躯干正中矢状面近的一侧 | 躯干 |
| | 外侧 | 距离躯干正中矢状面远的一侧 | 躯干 |
| 用于四肢 | 近端 | 距离躯干近的一侧 | 四肢 |
| | 远端 | 距离躯干远的一侧 | 四肢 |
| | 桡侧 | 距离正中矢状面近的一侧 | 前肢 |
| | 尺侧 | 距离正中矢状面远的一侧 | 前肢 |
| | 掌背侧 | 靠近掌背的一侧 | 前肢 |
| | 掌侧 | 靠近掌的一侧 | 前肢 |
| | 胫侧 | 小腿的前外侧 | 后肢 |
| | 腓侧 | 小腿的后内侧 | 后肢 |
| | 跖背侧 | 脚背一侧 | 后肢 |
| | 跖侧 | 脚掌一侧 | 后肢 |

# 第一章　有机体的基本结构

**学习重点**

掌握细胞、组织、器官和有机体的概念，这些概念是学习本课程的基石，同时也是宠物医疗技术专业的基础概念。了解细胞的结构特征，细胞膜的物质转运方式。了解四种基本组织的结构特征和在各器官中的分布。掌握基本生命特征如感应性、兴奋性的概念。掌握神经调节和体液调节的概念和生理意义。

**素质要求**

培养严谨的科学态度和实事求是的精神，在观察细胞和组织等结构时，做到认真、细致、准确。提高空间思维能力和形态认知能力，建立起有机体结构的空间概念。增强团队协作意识，在实验和观察活动中，能够与他人合作交流，共同完成任务。

## 第一节　细　胞

19 世纪德国科学家施莱登和施旺提出了细胞学说，这使得人类在对生物的认识上具有了革命性的进步。细胞学说阐述了生命的统一性，就是地球上所有的生命体，在结构上都是由细胞构成的。以细胞学说作为基础，人类对生物体结构与机能活动的规律开始了更为广泛和深入的研究，发展为今天的现代生物学。

### 一、细胞的结构

细胞是由细胞膜和细胞质两部分或者由细胞膜、细胞质和细胞核三部分构成(图 1.1)。由细胞膜和细胞质两部分构成的细胞称为原核细胞，由细胞膜、细胞质和细胞核三部分构成的细胞称为真核细胞，在本教材中所介绍的各种动物均由真核细胞构成。

#### (一)细胞膜

细胞膜是细胞的边界，它把细胞与环境分隔开来，既有保护和物质交换等功能，又有完成细胞运动和信息传递的功能。细胞膜的化学成分主要是磷脂、蛋白质和糖类物质。根据这些化学物质的分子结构特征，生物学家们建立了一个细胞膜的结构模型来说明细胞膜的结构，这个学说称为“液态镶嵌模型学说”，液态镶嵌模型学说是这样解释细胞膜的结构的，即细胞膜由脂质双分子层构成骨架，蛋白质镶嵌在脂质双分子层上，这个膜具有液态流动性(图 1.2、图 1.3)。

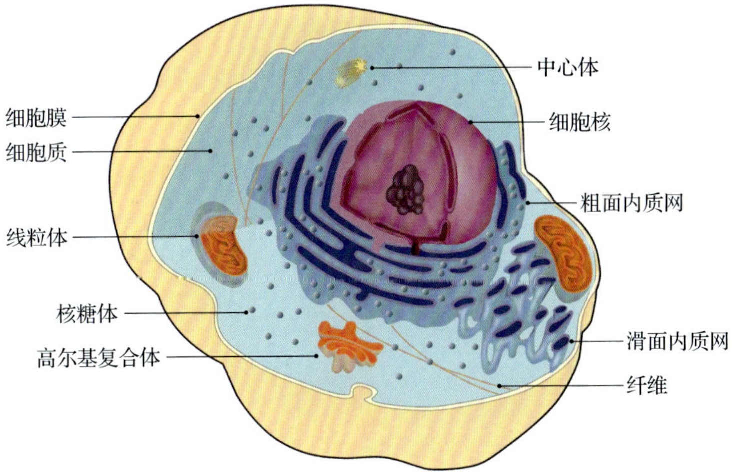


图 1.1　细胞结构模式图

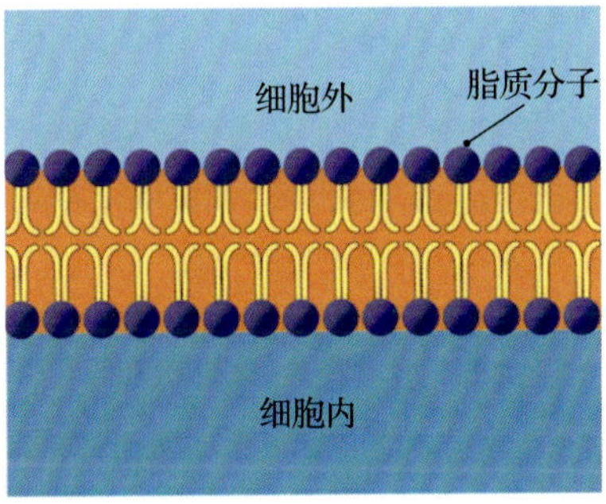


图 1.2　细胞膜的脂质双分子层结构

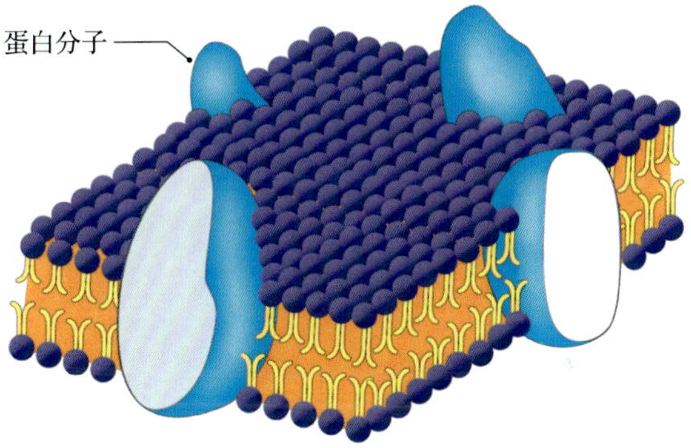


图 1.3　细胞膜的液态镶嵌模型

基于细胞膜的这种结构特性，绝大多数物质是不能够自由穿过细胞膜的，细胞膜决定了细胞内外的物质交换过程。细胞膜的物质转运方式主要有两种，即被动转运和主动运输(图 1.4)。被动转运有自由扩散、易化扩散两种形式。自由扩散主要是少数几种体积小并且不带电的物质，如水分子、乙醇分子、氧气分子和二氧化碳分子。它们在细胞膜两侧存在浓度差时由高浓度一侧自由穿过细胞膜进入低浓度一侧，而不需要特殊的载体或通道。有些不带电的小分子物质不能自由穿过细胞膜，需要特定的膜蛋白(载体蛋白)协助才能穿过细胞膜，这种转运形式称为易化扩散或帮助扩散。无论是自由扩散还是易化扩散，都不需要细胞释放能量做功，所以称为被动转运。对于大多数物质来说，进出细胞都需要特定的载体，而且细胞对这些物质需要的物质量往往高于细胞外的浓度，这就需要细胞通过做功的方式由载体将这些物质转运到细胞内。或者是细胞内的代谢废物浓度高于细胞外，但为了生存的需要，细胞膜会通过做功的方式将这些物质排出到细胞外，这样的物质转运方式称为主动运输。对于某些体积非常大的物质，细胞膜还可以通过其特殊的运动来进行转运，即胞吞(饮)和胞吐作用来实现物质在细胞内外的转运。

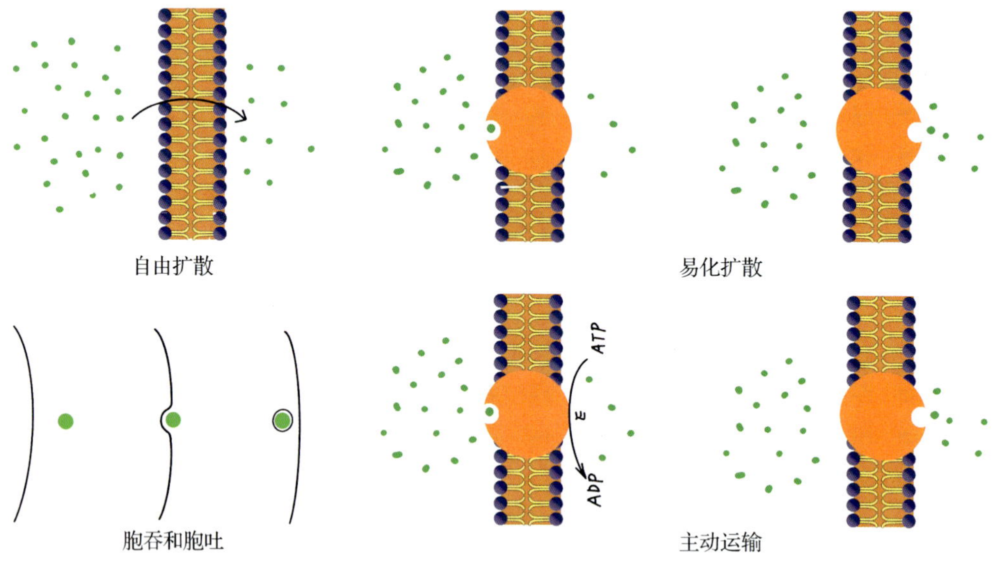


图 1.4　细胞膜的物质转运

### (二)细胞质

细胞质是包裹于细胞膜内的透明、胶状液体,其中无定型液体称为基质。在基质中悬浮着一些有形的微小物体,这些物体称为细胞器。基质由水、含量相对稳定的有机质以及无机盐构成,形成生命活动的稳定环境。细胞器则在这个稳定环境中,行使着各种生理功能。

### (三)细胞核

细胞核由核膜包裹,细胞核内的液体称为核液。核膜上有孔,使得核液与细胞质能够进行物质交流。核液含有重要的化学分子脱氧核糖核酸,也就是 DNA。DNA 分子存储着一个细胞的生命信息,它既指导着细胞的新陈代谢活动,同时也决定着细胞的繁殖。

## 二、细胞的发生和发展

根据细胞学说,新细胞的产生是由已存在的细胞分裂而来。所有宠物的有机体都是由一个受精卵细胞发育而来,一个受精卵细胞就是一个独立的生命个体,它通过分裂的方式成为一个多细胞生命体,新产生的细胞在结构和功能上都是一样的,随着细胞分裂的增加,新产生的细胞在形态、结构和功能上发生了巨大的变化,这种变化称为细胞分化。那些原始的、有分化潜力的细胞称为干细胞。在动物体中,分化程度越高的细胞在功能上越专门化,分裂增殖的能力越差,而分化程度较低的细胞分裂增殖的能力越强。例如,皮肤中的细胞增殖能力强,皮肤在受到损伤后容易修复;神经细胞和肌肉细胞分化程度高,几乎没有分裂增殖的能力,受到损伤后就难以修复,所以在外科手术中要尽量避免损坏神经和肌肉。

## 三、细胞的生命活动

### 1. 感应性

感应性是活细胞的一种基本生命特征,是细胞内外环境变化时,细胞作出的适应性反应,是细胞适应环境保证生存的基本能力。在有机体的各种细胞中，有三种细胞的感应性特别强，分别是神经细胞、肌肉细胞和腺细胞，它们对微小的环境变化都能做出迅速的反应，在生理学中通常把这三种细胞的感应性称为兴奋性。

2. 新陈代谢

新陈代谢是细胞与环境之间进行物质与能量转换的过程，是同化作用和异化作用同时进行的过程。同化作用就是细胞摄取外来非己物质转化成自身物质的过程，异化作用是细胞分解自身物质同时释放能量做功的过程。

3. 生长、繁殖与分化

细胞在新陈代谢过程中逐渐增大，细胞内的物质增多，这是细胞的生长。细胞还可以通过分裂的方式使细胞的数量增多，新生细胞的形态、结构和功能都和母细胞一样，这是细胞的繁殖，或者称为细胞的增殖。有一种细胞的增殖比较特殊，就是细胞在分裂后，新生细胞和母细胞在形态、结构和功能上差异会很大，这种现象称为细胞分化。如骨髓里的造血干细胞分化后能产生各种血细胞。在动物体中，分化程度越高的细胞，在形态、结构和功能上与母细胞差异就越大，如肌肉细胞、神经细胞等。这种分化程度高的细胞分裂增殖的能力很低，甚至没有增殖能力，一旦损坏就不能再生了，而那些分化程度低的细胞增殖能力就很强，损伤后也能快速地增殖。同时，快速增殖也导致了更多的变异机会，所以组织癌变大都来源于上皮组织的细胞，肉瘤大都来源于结缔组织的细胞。

4. 衰老和死亡

除癌细胞外，自然界没有永生的细胞。在细胞的生命过程中，细胞经过发育、成熟最终会走向衰老，表现为细胞内的物质减少，结构逐渐损坏，功能逐渐减弱。最终细胞结构完全损坏，功能丧失而死亡，这种自然死亡是由基因决定的，也称为程序性死亡或凋亡。

## 第二节　组　织

在动物体中没有独立存在的细胞，在胚胎发育过程当中，由同一原始干细胞分化而来的细胞群，彼此借由细胞间质结合在一起，在有机体中执行特定的功能，这样的细胞群和间质就称为组织。例如，我们看到一大群脂肪细胞结合在一起，我们就称它为脂肪组织；一大群淋巴细胞结合在一起，我们就称它为淋巴组织；等等。解剖学有一个重要的分支被称为组织学，就是研究有机体当中的各个部分由什么组织构成的。在组织学中根据细胞的类型及其结合的方式，把有机体的组织分成四种基本的类型，即上皮组织、结缔组织、肌肉组织和神经组织。

### 一、上皮组织

上皮组织，顾名思义就是主要分布在有机体表面，或者器官表面或者器官内表面的那些组织(图 1.5 至图 1.10)。这种组织细胞数量多，细胞之间排列紧密，一侧游离，另一侧与其他组织相接触，这种特点称为极性，组织内没有血管和淋巴管的分布，但分布有丰富的神经末梢。所以它有防御作用、保护作用、感知环境变化作用以及分泌作用。一般来说，可以分成三大类，即被覆上皮、腺上皮和感觉上皮。被覆上皮顾名思义就是覆盖在器官表面、管腔内表面的上皮组织，由一层细胞构成的上皮称为单层上皮，由多层细胞构成的上皮称为复层上皮。主要起分泌作用的上皮组织称为腺上皮；主要起感觉作用的上皮组织称为感觉上皮，如鼻腔中的嗅上皮、眼睛中的视上皮、耳蜗中的听上皮等。

图 1.5　单层扁平上皮

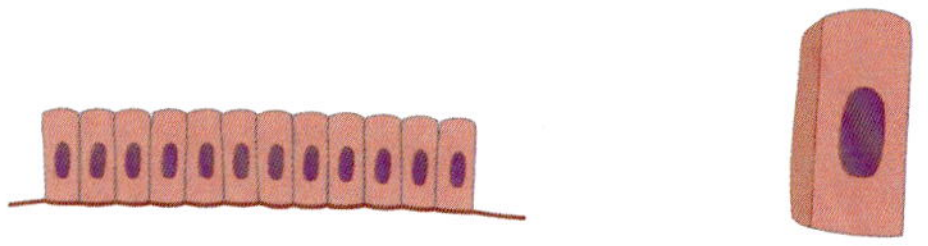

图 1.6　单层柱状上皮

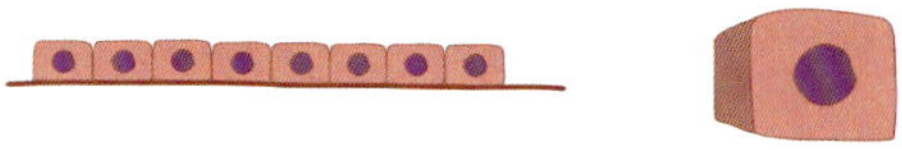

图 1.7　单层立方上皮

图 1.8　变移上皮

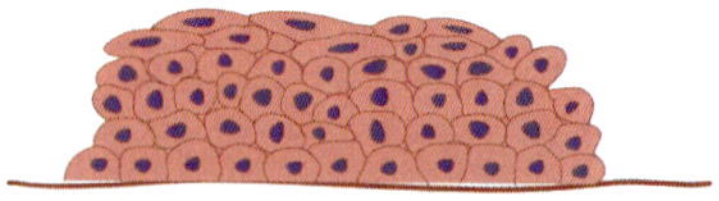

图 1.9　复层扁平上皮

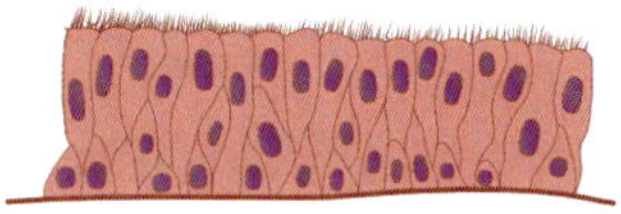

图 1.10　假复层柱状纤毛上皮

## 二、结缔组织

结缔组织，顾名思义就是起连接作用的组织，这种组织中细胞数量不多，细胞间质发达，没有极性，含有丰富的血管、淋巴管和神经（图 1.11 至图 1.13）。细胞间质主要是由液态基质和纤维构成，液态基质是黏稠的胶质，具有非常强的黏性，可以把其他组织黏结起来，而纤维能增加这种连接作用，如骨、肌腱、韧带中含有纤维的数量就非常多，所以很结实。结缔组织中的纤维

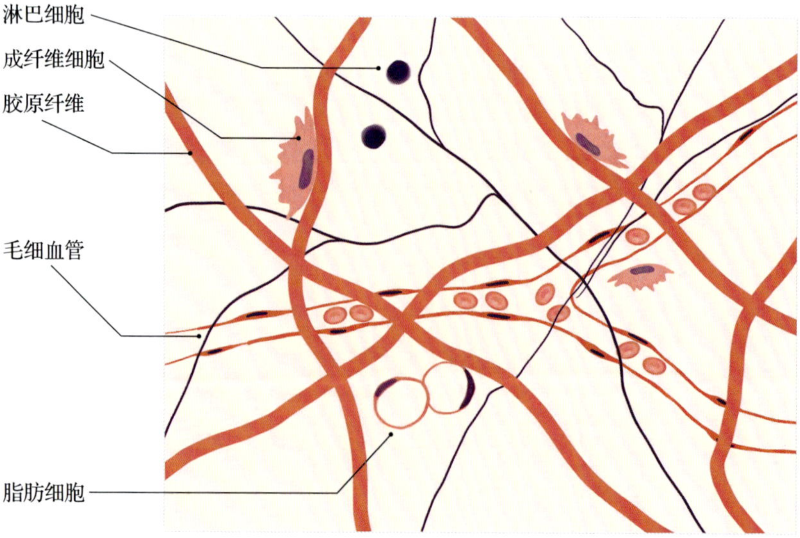


图 1.11　疏松结缔组织

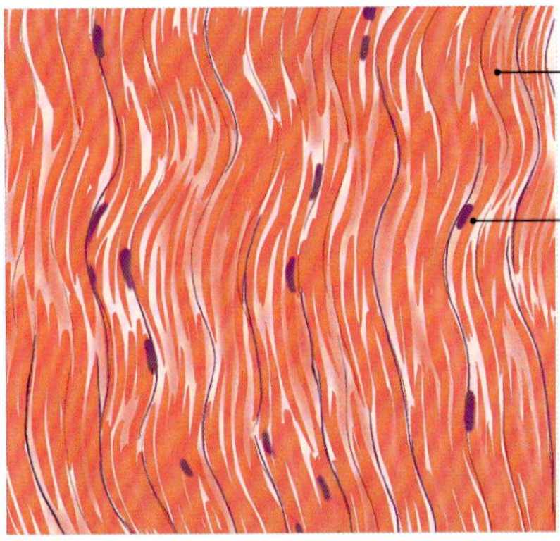

图 1.12　规则致密结缔组织（取自肌腱）

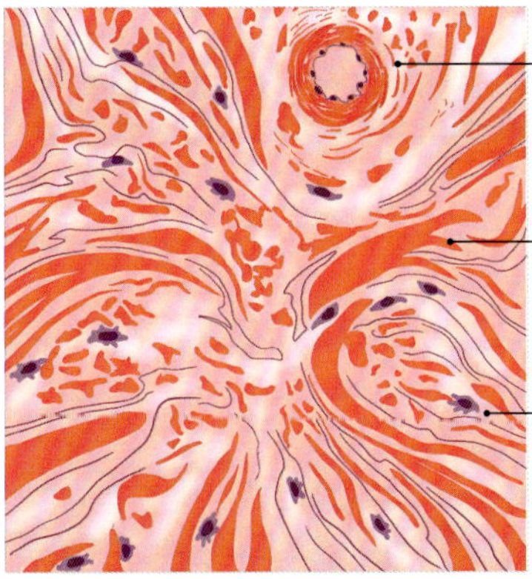

图 1.13　不规则致密结缔组织（取自真皮）

主要是胶原纤维，胶原纤维粗大结实，弹性差，它的化学成分是胶原蛋白，易溶于沸水和弱酸碱。此外，还有弹性纤维和网状纤维。弹性纤维也称为黄纤维，弹性好，新鲜状态下，呈黄色，它的化学成分是弹性蛋白，不易溶解于沸水和弱酸碱。网状纤维数量较少，主要存在于骨髓和淋巴器官当中。在结缔组织中，主要的细胞是成纤维细胞，它能够分泌基质和纤维，所以当组织受到损伤时成纤维细胞可以通过分泌胶质和纤维来进行修复以形成瘢痕。此外，由于结缔组织中成纤维细胞的数量比较少，细胞间质发达，所以它的容纳性就非常好，经常会有别的细胞停留。例如，当动物体营养状况良好时，大量的脂肪细胞就存在于疏松结缔组织当中；当有病原入侵时，结缔组织中就会出现大量的免疫细胞，如白细胞、巨噬细胞、淋巴细胞等。

## 三、肌肉组织

肌肉组织，顾名思义就是由大量肌肉细胞构成的。在动物体中，肌肉细胞有三种类型，即骨骼肌细胞、平滑肌细胞和心肌细胞（图 1.14）。骨骼肌细胞在显微镜下，可见细胞质中有大量横纹故又称为横纹肌，能受意识支配，是一种随意肌。平滑肌和心肌不受意识支配，是不随意肌。骨骼肌细胞呈圆柱形、长丝状，细胞质内含有大量的肌原纤维用于收缩运动。骨骼肌细胞核很多，每个骨骼肌细胞中有数百个细胞核。平滑肌主要分布于内脏器官和腺体，细胞呈长梭状，两头尖，细胞核少，一般只有 1 个核，肌原纤维少。心肌细胞形态和骨骼肌细胞相似，但有分支，细胞之间以分支相连，连接处的结构称为闰盘，细胞核较少，一般一个细胞中有 1~2 个细胞核。

## 四、神经组织

神经组织主要由神经细胞和神经胶质细胞组成。神经细胞又称为神经元(图 1.15)，这是一种有很多突起的细胞，突起的数量非常的多，分成两种类型，短而多分叉的称为树突，长而少分叉的称为轴突。树突的数量非常多，负责向细胞体传入信息；轴突一般只有一个，负责把细胞的信息向外传出。神经元细胞之间通过突触这个结构来进行连接，突触由突触前膜、突触后膜和突触间隙三个部分构成，在突触前膜内侧的细胞质里，有突触小泡可以释放神经递质，在突触后膜上有特定的递质受体，在突触间隙中有分解神经递质的酶（图 1.16）。

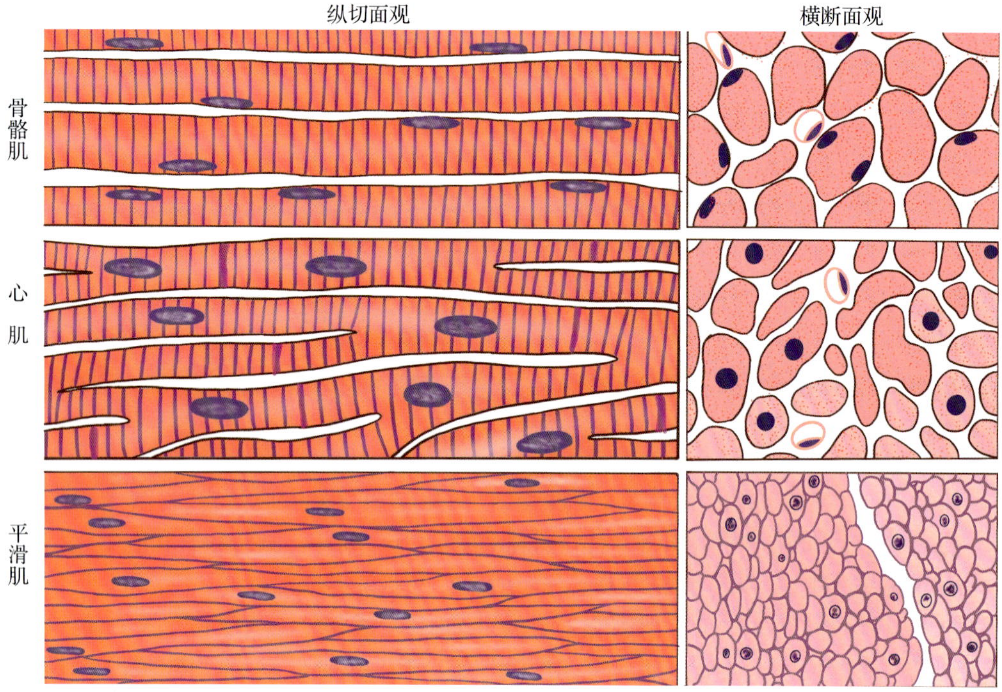


图 1.14　肌肉组织

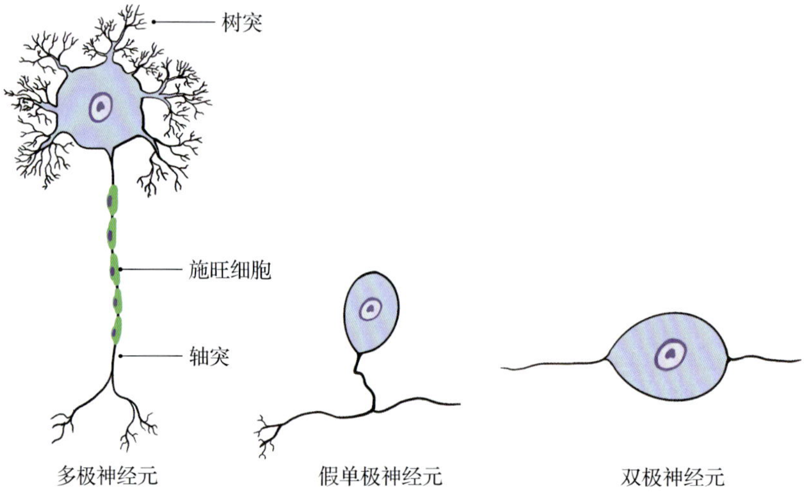


图 1.15　神经细胞

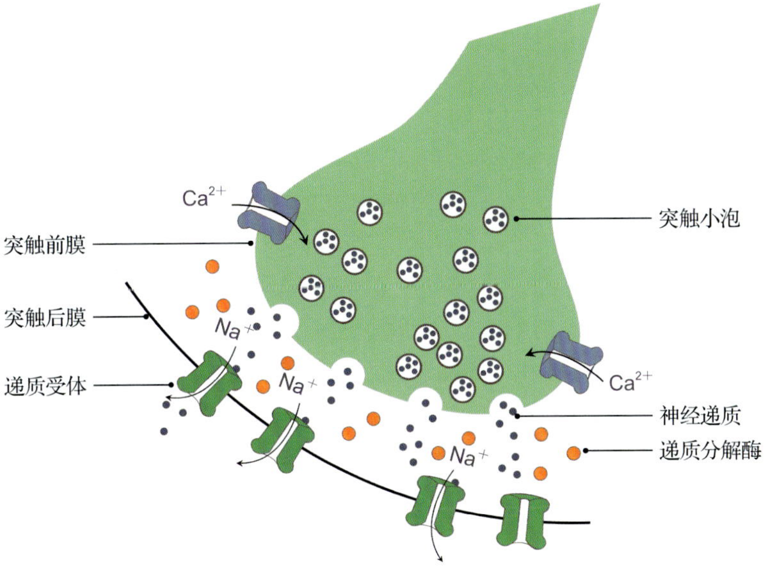

图 1.16 突触的结构

# 第三节 器官、系统及有机体

## 一、器官

器官是由不同组织构成的具有特定形态、特定结构和特定功能的机体组成部分，看得见、摸得着。根据结构，器官可以分为两大类，即中空性器官和实质性器官。

(1)中空性器官的结构特点是具有较大空腔，腔壁构造一般分为三层。内层为黏膜层，完成器官主要功能；中层是肌肉层，执行器官的运动；外层大多数为浆膜，就是表面覆盖单层扁平上皮的结缔组织膜。身体中的消化道、膀胱、尿道、呼吸道、心血管等都是中空性器官。

(2)实质性器官的结构特点是内部没有大的空腔，就像一个实心的物体。实质性器官在结构上一般都由实质和间质两个部分构成：实质部分是执行器官本身功能的部分；间质部分则由被膜和深入实质部分内部的小梁构成，对实质部分起保护、营养作用，并形成器官的支架。如动物体中的肝、肾、肺等器官。

## 二、系统

在动物体中，功能密切相关的一些器官联系在一起用于担负身体某一方面的功能就组成一个系统。根据这一定义，犬猫的器官可以划分为十个系统，即运动系统、被皮系统、消化系统、呼吸系统、泌尿系统、生殖系统、心血管系统、免疫系统、神经系统、内分泌系统。其中消化系统、呼吸系统、泌尿系统、生殖系统的器官均分布在体腔中，这些系统的器官被称为内脏器官。

## 三、有机体

除单细胞生物外，其他生物均由大量细胞构成。高级一些的生物，动物体中的细胞分化，形成不同的组织和器官，这些动物体中不同的部分在功能上协调一致，由此适应不断变化的外部环境。这种具有功能一致性的动物体称为有机体。有机体的协调一致是基于两条重要途径实现的，一个是神经调节的途径，另一个是体液调节的途径。

(1)神经调节是指通过神经系统器官活动进行有机体各部分的协调统一，这种调节的基本方式是反射。反射是指当有机体内外环境发生变化时，在中枢神经参与下让动物体对内外环境变化作出的适应性反应。神经反射的物质基础是反射弧，即感受器、传入神经、中枢、传出神经、效应器五个部分构成的。神经调节具有迅速、准确、作用范围局限、作用时间短的特性。

(2)体液调节是通过体液中的特殊化学分子(主要是激素)，随体液循环到动物体特定器官起调节作用，从而达到适应环境变化的目的。动物体中有专门分泌这些化学分子的器官称为内分泌腺，也有存在于其他器官中的具有这种内分泌能力的细胞或组织。体液调节的特点是，范围较广，作用缓慢而持久。

神经调节和体液调节这两条途径共同保证有机体在功能上的协调统一，以适应不断变化的环境。

值得一提的是，有机体中的某些器官和组织的活动不依赖于神经调节和体液调节而自动对环境变化做出反应的能力，这种调节称为自身调节。

### 思考题

1. 细胞膜是怎样进行物质转运的？
2. 细胞的繁殖和分化是什么关系？
3. 结缔组织中起连接作用的有哪些成分？
4. 突触的结构决定了它在传导信息时有什么特点？

# 第二章　运动系统

## 学习重点

掌握骨的结构、关节的结构、肌肉的结构。了解全身骨的组成，能够识别重要的骨性标志。了解全身肌肉的组成，了解一些临床常用的肌肉的位置及结构，能够识别重要的肌性标志。

## 素质要求

培养严谨的科学态度和实事求是的精神。提高观察能力和实践操作能力，增强动手能力和解决实际问题的能力。培养团队协作精神，能够在实际工作中与他人合作完成任务。

运动系统由骨骼、肌肉及相关的一些辅助结构组成。骨骼构成动物体的支架，在维持姿态、保护脏器和支持体重方面起着重要作用。肌肉附着于骨骼上，肌肉收缩时，以关节为支点，使骨的位置移动而产生各种运动。因此，在运动中，骨起杠杆作用，关节是运动的枢纽。我们在这一章除了要学习全身骨骼肌肉的组成，还要了解一些骨性标志和肌性标志。骨性标志和肌性标志是在体表能看到或摸到的一些骨表面的结节状或嵴状的隆起和在皮肤表面能看到的一些肌肉之间的沟。在临床上常用来作为确定内部器官位置和进行体尺测量的标志。

## 第一节　骨　骼

骨骼是构成动物体的支架，包括骨和骨连结。每一块骨都是一个复杂的器官，有特定的形态和结构，由骨膜、骨质、骨髓、血管和神经构成。

### 一、骨的形态

骨的形态是多种多样的，根据形态的不同，可分为长骨、短骨、扁骨和不规则骨四种类型。长骨主要分布在四肢上，短骨主要分布在四肢的末端，扁骨主要分布在腔体的周围，不规则骨主要分布在脊椎上，骨表面的突起可供肌腱或韧带附着。长骨呈长的圆柱状，两端膨大，称为骨骺，其他部分称为骨干。

### 二、骨的构造

骨由骨膜、骨质、骨髓、血管和神经构成（图 2.1）。

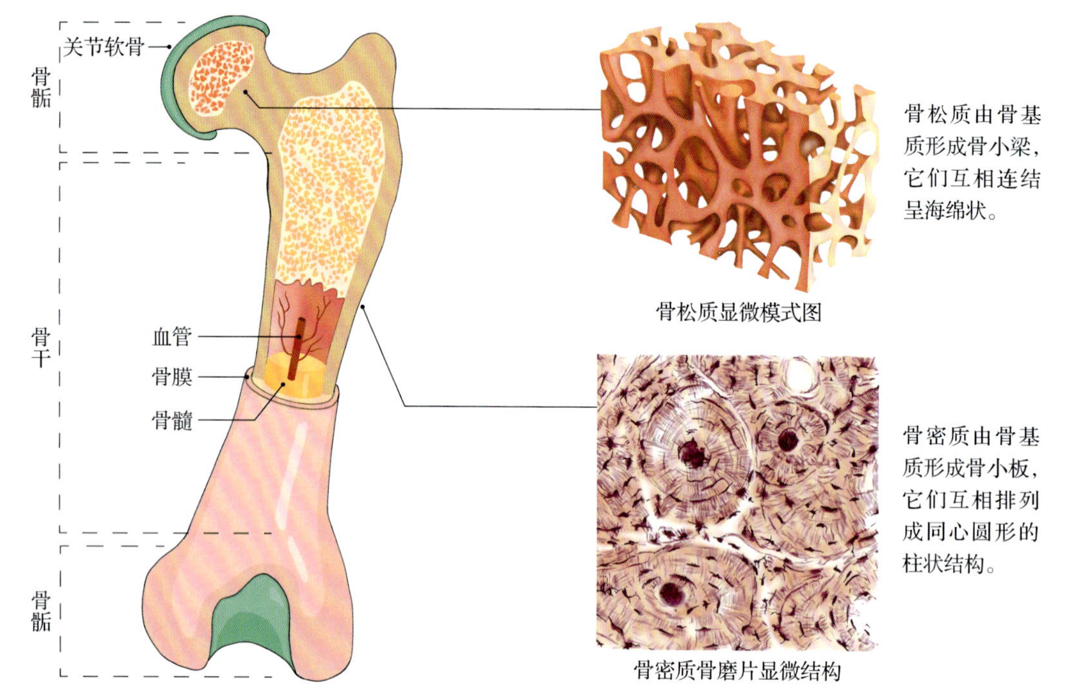


**图 2.1　骨的结构示意图**

### 1. 骨膜

骨膜是覆盖在除关节面以外的骨表面的一层结缔组织膜。骨膜分为浅、深两层。浅层为纤维层，含丰富胶原纤维，非常结实并富有血管和神经，具有营养和保护作用；深层为成骨层，富含成骨细胞，参与骨的形成。在骨受损伤时，成骨细胞能分泌基质和纤维，对骨起再生修复作用。

### 2. 骨质

骨质是构成骨的主要成分。有松质和密质两种，它们主要由骨组织构成，坚硬而有弹性，骨质内分布有丰富的血管、淋巴管及神经。骨组织的基质内沉积有大量的钙盐和磷酸盐，这些无机盐的含量决定了骨的硬度，同时也是动物体的钙、磷库，参与钙、磷的代谢。骨组织基质中的有机物主要是骨胶原（蛋白质），是骨的弹性和韧性的物质基础；成年动物的骨约含 1/3 的有机物和 2/3 的无机物，这样的比例使骨既具有最大的坚固性，又具有较好的韧性。幼龄动物的骨内有机物较多，弹性和韧性大，不易骨折，但易弯曲变形；老年动物的骨内有机物含量减少，较脆，易发生骨折。妊娠期和泌乳期动物的骨内钙质减少，易发生骨软化症。因此，在饲养犬猫时，应注意饲料成分的合理调配，以预防骨软化症的发生。骨密质致密而坚硬，耐压性强，分布在长骨的骨干和其他类型骨的外层；骨松质结构疏松，由许多骨板和骨针交织成海绵状，分布在长骨骺和其他类型骨的内部。骨密质和骨松质在骨内的这种分布，使骨既轻便又坚固，适于运动。

### 3. 骨髓

在骨髓腔内和骨骺处的骨松质缝隙内都有柔软的疏松结缔组织称为骨髓。幼龄动物的骨髓为红色，有造血功能；成年动物在骨髓腔部的骨髓变为黄色脂肪组织，失去造血能力；而在老年动物或因伤病大量失血的情况下，黄骨髓又可以转变为红骨髓，恢复造血的能力。骨骺处骨松质缝隙内的骨髓终生为红骨髓，保持着造血能力。

4. 骨中的血管、神经

骨具有丰富的血液供应，分布在骨膜上的小血管经骨表面的小孔进入并分布于骨密质。较大的血管称为滋养动脉，穿过滋养孔分布于骨髓。骨膜、骨质和骨髓均有丰富的神经分布。

## 三、骨连结

骨与骨相互连结的结构称为骨连结。骨连结可分为两种：直接连结和间接连结。

### （一）直接连结

两骨的相对面或相对缘借结缔组织直接相连，其间无腔隙，不活动或仅有小范围活动。直接连结分为三种类型。

1. 纤维连结

两骨之间以纤维结缔组织连结，比较牢固，一般无活动性，如头骨间的连结。这种连结在老年时常骨化，变成骨性结合。

2. 软骨连结

两骨相对面之间借软骨连结，基本不能运动。由透明软骨连结的，到老年时，常骨化为骨性结合，如长骨的骨干与骨骺之间的骺软骨等；由纤维软骨连结的，终生不骨化，如椎体间的椎间盘等。

3. 骨性连结

两骨相对面以骨组织连结，完全不能运动。这种连结常由纤维连结和软骨连结骨化而成。如荐骨椎体间的结合，髂骨、坐骨和耻骨间的结合等。

### （二）间接连结

间接连结又称关节，是骨与骨之间可灵活活动的连结，为骨连结中较为普遍的一种形式。

1. 关节的构造

关节由关节面、关节软骨、关节囊和关节腔构成（图 2.2）。有的关节常附有韧带、关节盘等辅助结构。

(1)关节面。是骨与骨相接触的光滑面，骨质致密，形状彼此互相吻合。其中的一个面略凸，称关节头；另一个面略凹，称关节窝。

(2)关节软骨。是附着在关节面上的一层透明软骨，光滑而有弹性和韧性，可减少运动时的冲击和摩擦。

(3)关节囊。是由关节周围的结缔组织包裹形成的。囊壁分内、外两层。外层为纤维层，由致密结缔组织构成，厚而坚韧，有保护作用；内层为滑膜层，由疏松结缔组织构成，薄而柔软，有丰富的血管网。内层能分泌透明的滑液，有营养软骨和润滑关节的作用。

(4)关节腔。是关节软骨和关节囊之间的密闭腔隙，内有少量淡黄色的滑液，有润滑、缓冲振动及营养关节的作用。

(5)关节的辅助结构。是适应关节的功能而形成的一些结构，主要有韧带和关节盘。韧带是在关节囊内或囊外连在相邻两骨间的致密结缔组织带，有增强关节稳定性的作用。关节盘是位于两个关节面间的纤维软骨板，有加强关节稳定性、缓冲振动等作用。

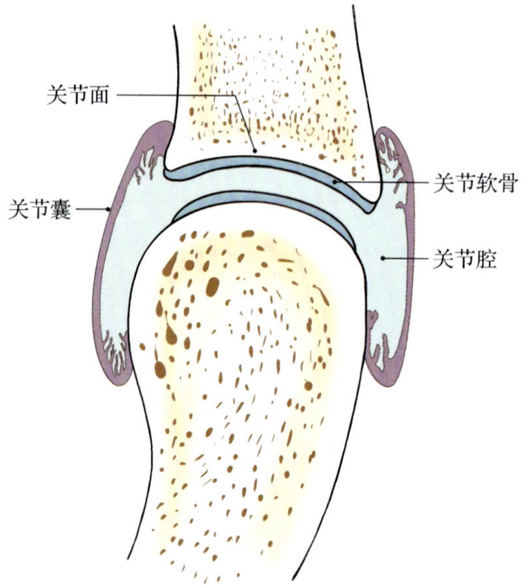


图 2.2　关节的结构模式图

2. 关节的类型

根据构成关节的骨的数目,可把关节分为单关节和复关节两类。单关节由相邻两块骨构成,如前肢的肩关节等;复关节由多块骨构成,如腕关节、膝关节等。

根据关节运动轴的数目,可把关节分为单轴关节、双轴关节和多轴关节三类。单轴关节一般由中间有沟或嵴的滑车状关节面构成,只能绕横轴做屈、伸运动;双轴关节由椭圆形的关节面和相应的关节窝构成,能做屈、伸运动及左右摆动,如寰枕关节;多轴关节由半球形的关节头和相应的关节窝构成,能做屈、伸、内收、外展及旋转运动,如肩关节和髋关节。

## 四、全身骨骼的构成

全身骨骼,按其所在部位分为头部骨骼、躯干骨骼、前肢骨骼和后肢骨骼(图 2.3)。

### (一)头部骨骼

1. 头骨的组成

头骨多为扁骨和不规则骨,分颅骨和面骨两部分(图 2.4、图 2.5)。

(1)颅骨。位于头部后上方,围成颅腔,容纳并保护脑。包括枕骨、顶骨、顶间骨、额骨、颞骨、蝶骨、筛骨。

(2)面骨。位于头部前下方,构成眼眶、鼻腔和口腔的骨性支架。包括鼻骨、泪骨、颧骨、上颌骨、切齿骨、鼻甲骨、下颌骨(图 2.6、图 2.7)、翼骨、犁骨、腭骨和舌骨。

(3)副鼻窦。是鼻腔周围一些头骨内的含气腔体的总称。它们直接或间接与鼻腔相通,故又称鼻旁窦,主要有额窦和上颌窦。额骨中的窦腔为额窦,空间很大,伸延于整个额部。正中有一隔,将左、右两窦分开。上颌骨中的窦腔为上颌窦,主要在上颌骨、泪骨和颧骨内。上颌窦在眶下管内侧的部分很发达,伸入上颌骨腭突与腭骨内,故又称为腭窦。

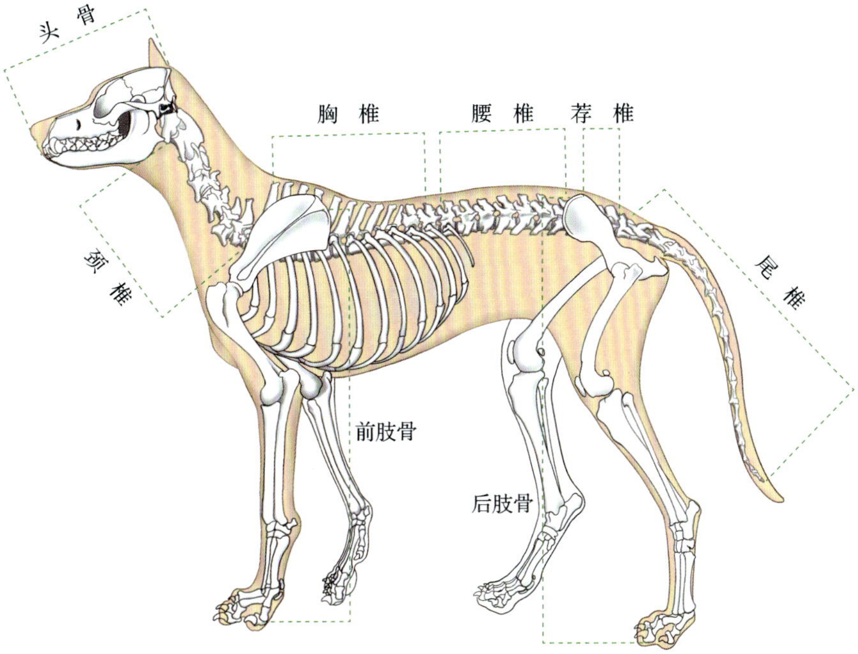


图 2.3 犬全身骨骼的构成

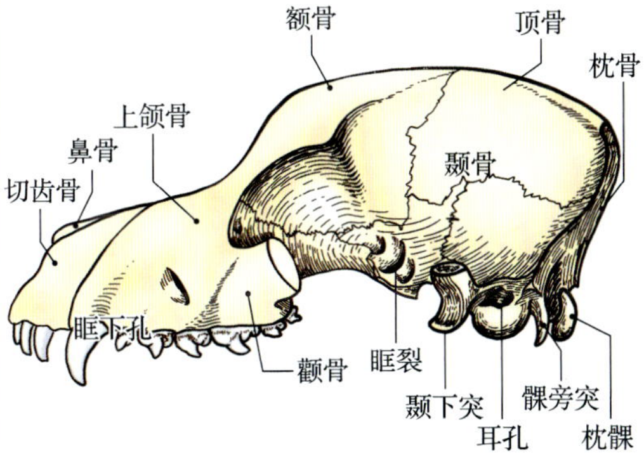


图 2.4 头骨侧面(截去颧弓)

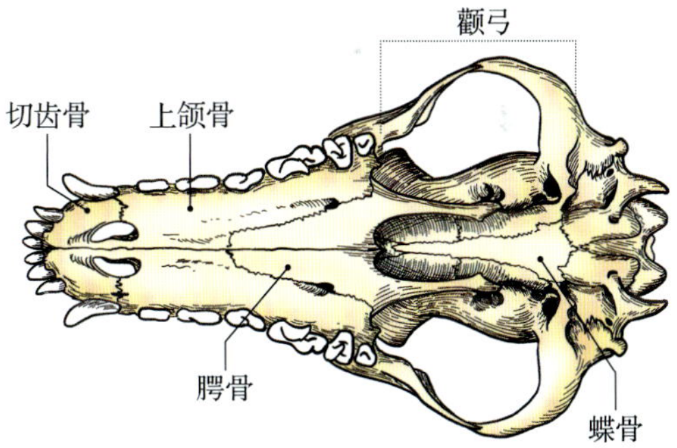


图 2.5 头骨腹侧(截去颧弓)

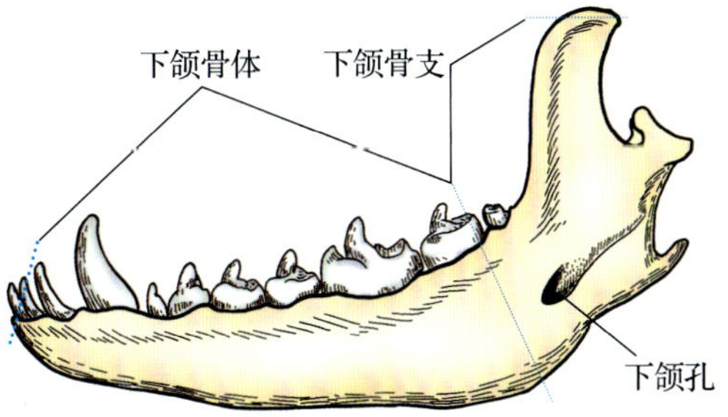


图 2.6 下颌骨内侧

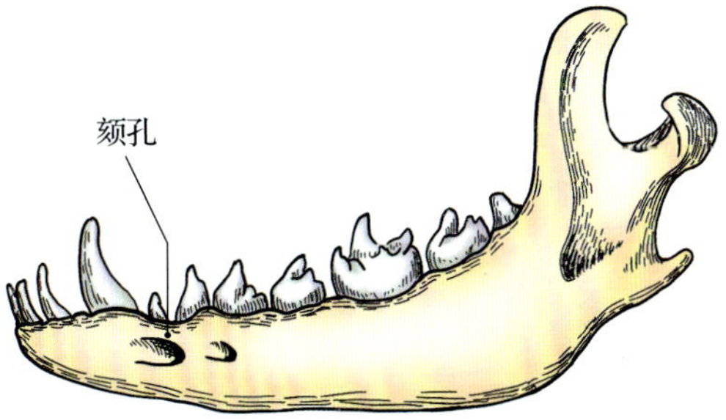


图 2.7 下颌骨外侧

2. 头骨的连结

头骨的连结大部分为直接连结，骨与骨之间不能活动。颞下颌关节是头部唯一的关节，由下颌骨和颞骨构成，能做开口、闭口运动。

## (二)躯干骨骼

躯干骨骼包括椎骨、肋和胸骨。它们连结起来构成脊柱和胸廓。

1. 椎骨

根据椎骨在躯干上的位置，可分为颈椎、胸椎、腰椎、荐椎和尾椎。犬有 7 块颈椎，13 块胸椎，7 块腰椎，3 块荐椎，18～20 块尾椎。各椎骨相互连结起来，形成脊柱。椎骨中央有很大的椎孔，各个椎骨的椎孔连成一个很长的管道就是脊髓腔，用于容纳脊髓。椎孔背侧为椎弓，腹侧为椎体，在椎弓上有许多突起，以附着肌腱和韧带(图 2.8)。

(1)椎体。呈短柱状，位于椎骨腹侧，前面略凸为椎头，后面略凹为椎窝。

(2)椎弓。是位于椎体背侧的弓形骨板，与椎体围成椎孔。各椎骨的椎孔相连形成脊柱中央纵行的椎管。椎弓基部的前后缘各有一对切迹，相邻椎弓的切迹围成椎间孔，供血管、脊神经通过。

(3)突起。有三种。由椎弓背侧向上方伸出一个突起，称棘突；从椎弓基部向两侧伸出的一对突起，称横突；从椎弓背侧的前、后缘各伸出一对关节突，分别称前、后关节突。

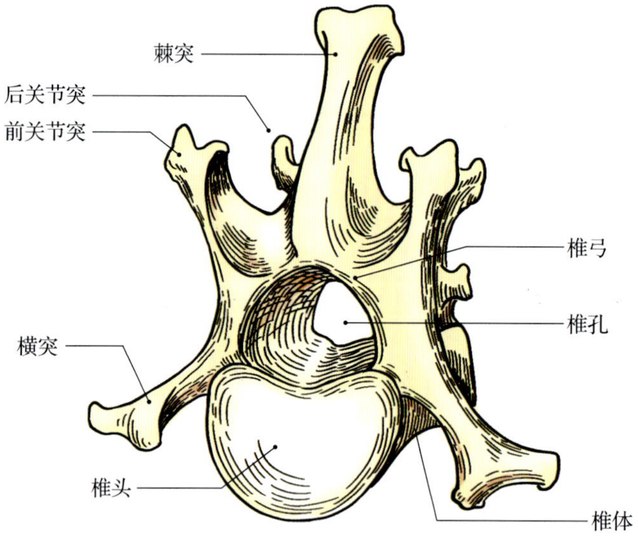


图 2.8 椎骨的结构(以腰椎为例)

各部椎骨因所在部位的不同，执行的功能有差异，其形态结构也略有差异(图 2.9)。颈椎形状不规则，第 1 颈椎呈环状又称为寰椎，第 2 颈椎称为枢椎，第 3～6 颈椎形态结构相似，棘突不发达，前、后关节突发达，第 7 颈椎与胸椎相似，棘突发达。胸椎棘突发达，前 10 个胸椎的棘突向后倾斜，后 3 个胸椎的棘突变短，向前倾斜。胸椎的横突短小，有肋窝，锥体上也有肋窝，和肋骨形成关节。腰椎横突发达，构成腹腔顶壁的骨质基础。荐椎愈合在一起称为荐骨，构成了盆腔顶壁的骨质基础，其横突相互愈合并向两侧突出，形成宽阔的荐骨翼，翼的背外侧有耳状关

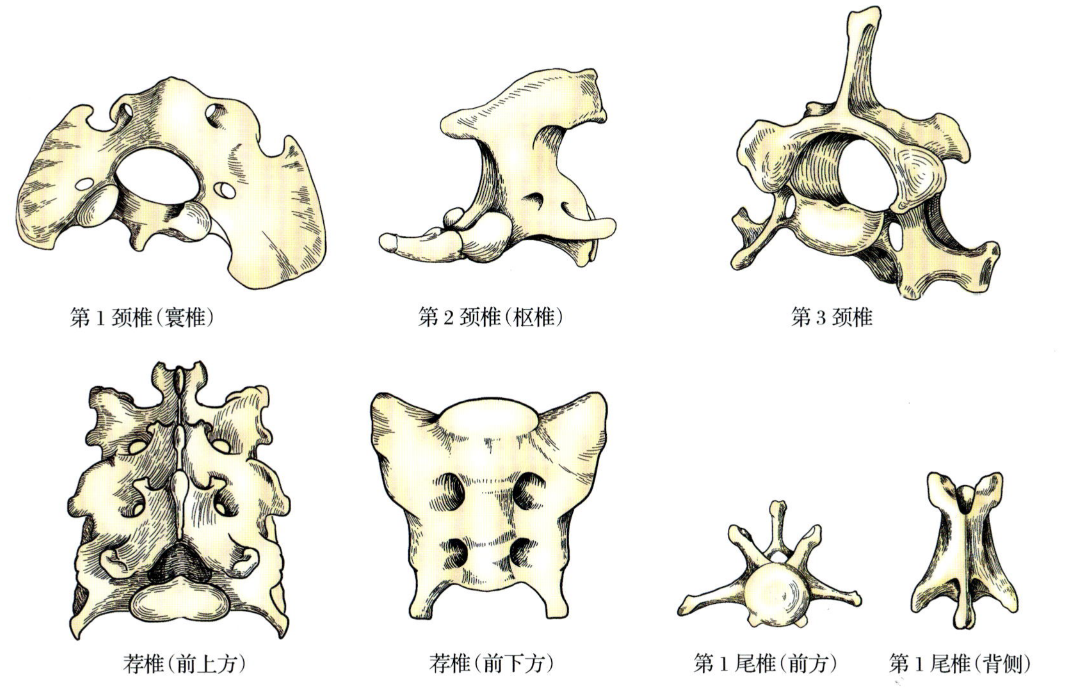


**图 2.9　各部椎骨的特点**

节面与髂骨成关节。尾椎突起不发达，椎体逐渐短小退化，腹侧有一血管沟，供尾中动脉通过。

### 2. 肋

肋由肋骨和肋软骨构成，连于胸椎和胸骨之间，构成胸廓的侧壁（图 2.10）。相邻肋之间的间隙，称为肋间隙。肋的对数和胸椎数一致，有 13 对。肋骨为扁骨，肋骨的上端与相邻胸椎成关节。前 9 对肋的肋软骨与胸骨直接相连，称为真肋，之后 3 对肋的肋软骨借结缔组织分别与前一位肋相连，称为假肋。最后一肋的肋软骨游离，称为浮肋，浮肋与假肋的肋软骨形成弓形结构，称为肋弓。肋弓是重要的骨性标志，是临床上诊断胃、肝、脾等器官位置的重要参照标志。

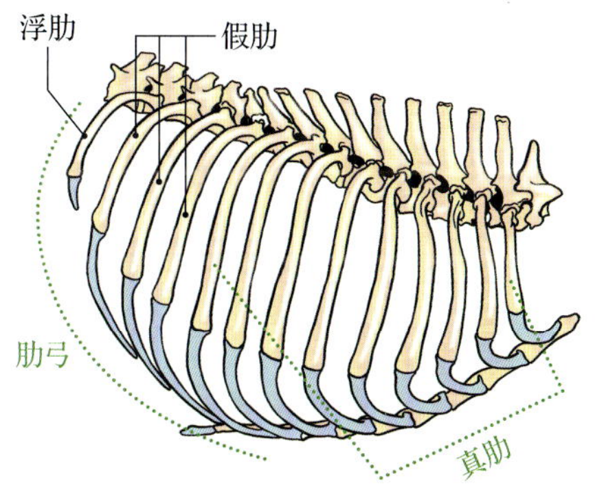


**图 2.10　胸廓侧面**

### 3. 胸骨

胸骨位于胸廓底部正中，有 8 块胸骨片（少数品种的犬为 9 块）借软骨连结而成。第一块胸骨称为胸骨柄，其他称为胸骨体，最后一块胸骨扁平称为剑状突，剑状突向后延续出软骨板称为剑突软骨。

### 4. 躯干骨的连结及胸廓

（1）脊柱连结。可分为椎体间连结和椎弓间连结。相邻椎骨的椎体借椎间盘相连，活动性较小。椎弓间连结是相邻椎骨的前、后关节突之间形成的滑动关节。

(2)胸廓。由胸椎、肋和胸骨共同组成,呈前小后大的圆锥形(图 2.11)。胸廓前口由第 1 胸椎、第 1 对肋和胸骨柄围成;胸廓后口由最后 1 个胸椎、左右肋弓和剑状软骨围成。胸廓前部的肋短粗而坚固,有利于保护心、肺;胸廓后部的肋细而长,具有较大的活动性,以适应呼吸运动。胸廓的各骨之间通过椎肋关节、肋胸关节和肋弓互相连结起来。

(3)辅助结构。躯干骨的连结均有辅助连结结构(图 2.12),这些辅助结构主要是各个关节周围的韧带,其中棘上韧带(图 2.13)、背侧纵韧带、腹侧纵韧带是纵贯整个脊椎的长韧带,在辅助连结、维持脊椎整体牢固与稳定方面非常重要。在胸椎和腰椎之间还有纤维软骨构成的椎间盘,保护椎骨不因机械摩擦而受损伤。

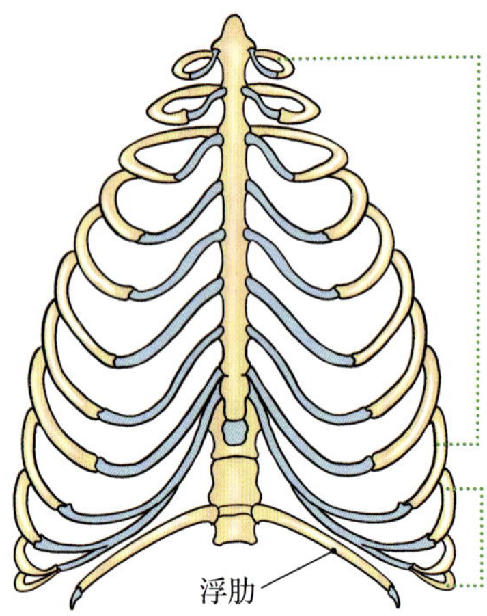

图 2.11　胸廓腹侧

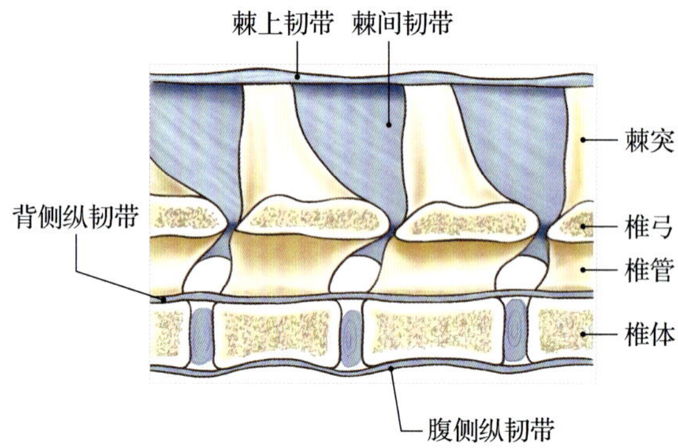

图 2.12　椎骨连结的辅助结构

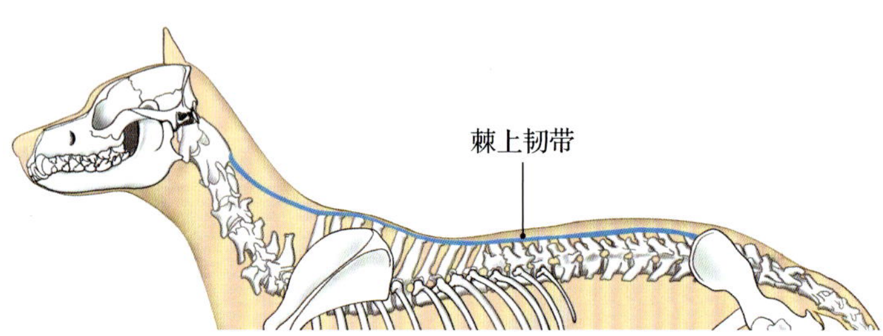

图 2.13　棘上韧带

## (三)前肢骨及其连结

### 1. 前肢骨的组成

前肢骨(图 2.14)包括肩带骨(主要指发达的肩胛骨,锁骨多已退化)、臂(肱)骨、前臂骨(由桡骨和尺骨组成)和前脚骨(包括腕骨、掌骨、籽骨和指骨)。

(1)肩胛骨。肩胛骨是前肢最上面的一块三角形的扁骨,近端连有一片肩胛软骨;远端有圆形光滑的关节窝,称为肩臼;外侧有一条纵行隆起的嵴,称为肩胛冈;肩胛冈远端的突起较为发达,称为肩峰(图 2.15)。肩胛骨外侧由肩胛冈分为前上方的冈上窝和后下方的冈下窝。肩胛骨内侧凹陷称为肩胛下窝(图 2.16)。

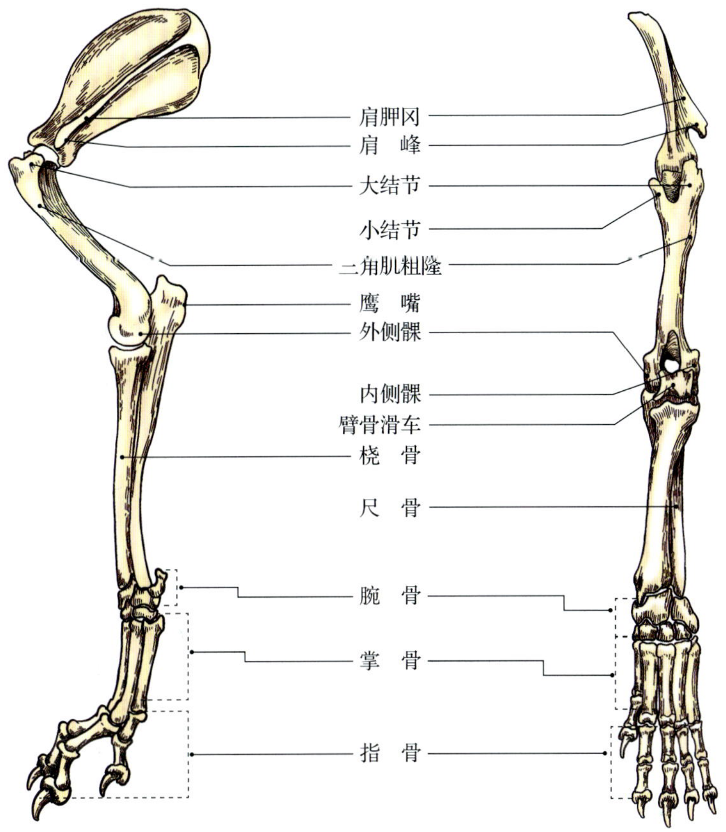


图 2.14　前肢骨的组成

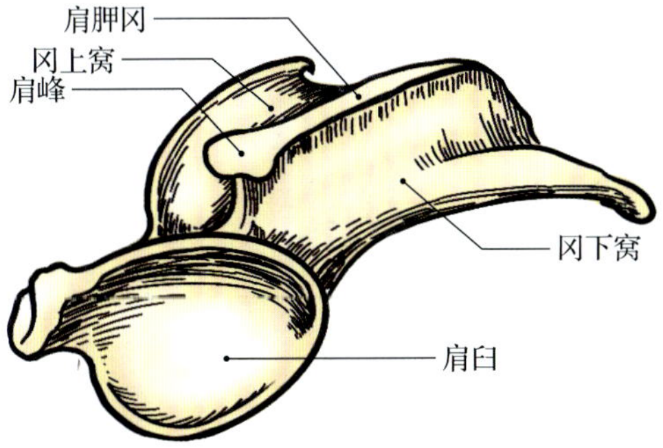


图 2.15　肩胛骨（远侧观）

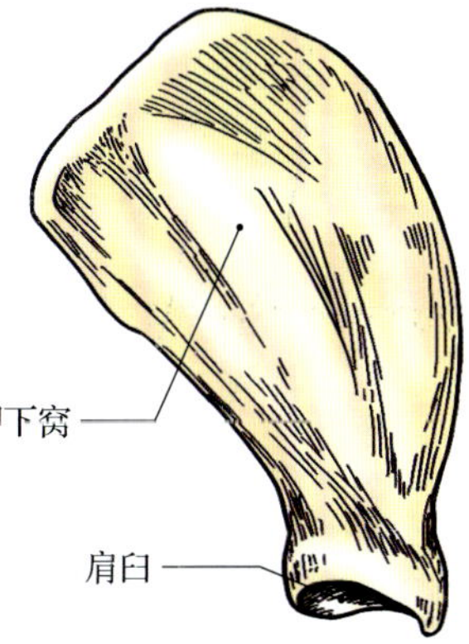


图 2.16　肩胛骨（内侧）

(2)臂骨。又称肱骨,为管状长骨,近端有光滑的半球形关节面,称为臂骨头,与肩臼形成关节,近端前方有两个大的突起,内侧的称为小结节,外侧的称为大结节,两个结节之间形成结节间沟,供臂二头肌的腱通过(图 2.17)。大结节向远侧延续形成三角肌粗隆,后侧为光滑的臂肌沟。肱骨远端前方形成滑车状关节面,内外侧粗大为内、外侧髁,后方形成很深的凹陷,为鹰嘴窝。

(3)前臂骨。包括桡骨和尺骨,成年后两骨彼此愈合。在近端,尺骨位于桡骨的后方;在远端,尺骨位于桡骨的外侧。

①桡骨:位于前内侧,比尺骨短,大而粗。近端有对应肱骨的关节面,远端有对应腕骨的关节面。桡骨体前后压扁,前面稍隆起较平滑,后面凹陷较粗糙。

②尺骨:位于后外侧,比桡骨长,由近端至远端逐渐变细。近端粗大,呈明显的钩状,称为鹰嘴,其下方有与桡骨成关节的关节面。远端尖细,有与桡骨远端相对的关节面,并有与尺腕骨形成关节的茎突。

(4)前脚骨。包括腕骨、掌骨、指骨和籽骨(图 2.18)。

①腕骨:共 7 枚,排成 2 列。近列有 3 枚,即桡腕骨、尺腕骨和副腕骨;远列有 4 枚,由内向外依次为第 1、2、3、4 腕骨。

②掌骨:共 5 枚,由内向外依次为第 1、2、3、4、5 掌骨。其中,第 1 掌骨最短,第 3、4 掌骨最长。

③指骨:犬有 5 个指,除第 1 指仅有 2 个指节骨外,其余均有 3 个指节骨。第 1 指的指节骨最短,在行走时并不着地。第 3 指的指节骨的形态特殊,呈钩爪状,故又称为爪骨。

④籽骨:在每个掌指关节的掌侧面的骨间肌腱内,各有 2 枚近侧籽骨。在越过掌指关节处的伸肌腱内,各有 1 枚背侧籽骨。第 1 掌指关节处,没有背侧籽骨。

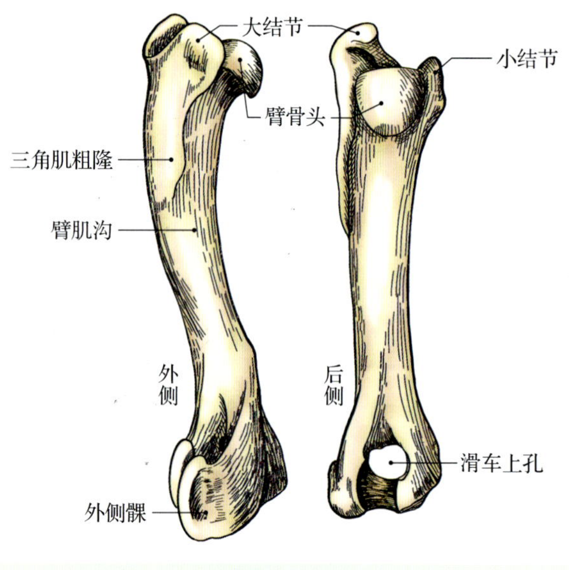

图 2.17　臂骨

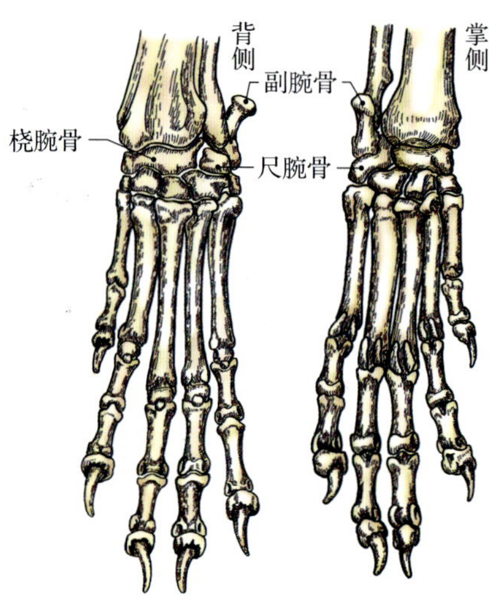

图 2.18　前脚骨

2. 前肢骨的连结

前肢与躯干间不形成关节，靠强大的肌肉群将肩胛骨与躯干连结起来。前肢各骨之间均形成关节，自上而下依次为：肩关节、肘关节、腕关节、指关节。

（1）肩关节。肩关节（图 2.19）由肩胛骨的肩臼和肱骨头构成，关节角顶向前，无侧副韧带，为多轴关节。由于两侧肌肉的限制，主要进行屈、伸运动，但犬仍能做一定程度的内收、外展及外旋运动。

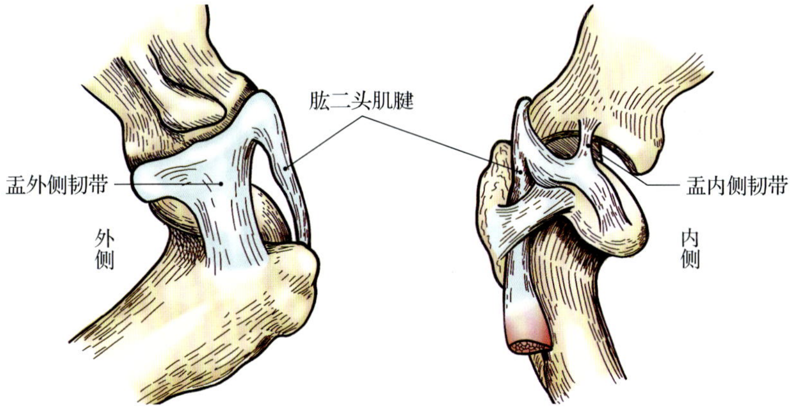


图 2.19　肩关节

（2）肘关节。肘关节（图 2.20）由臂骨远端与前臂骨近端构成，关节角顶向后，属单轴关节。由于两侧的侧副韧带将关节牢固连结与限制，故肘关节只能做屈伸运动。

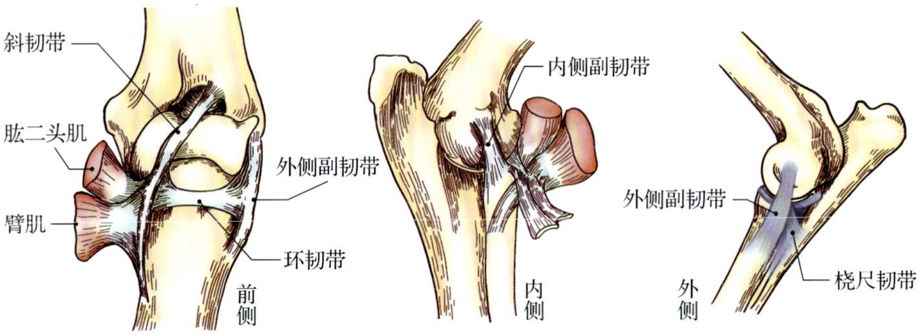


图 2.20　肘关节

（3）腕关节。腕关节为单轴复关节，由桡骨和尺骨的远端、腕骨及掌骨的近端构成，关节角顶向前，包含桡腕关节、尺腕关节、腕间关节、腕掌关节。桡腕关节和尺腕间关节共有一个关节腔。由于腕关节构成复杂，所以有很多辅助韧带，以保护关节或限制关节在某些方向的运动。主要的韧带有内外侧韧带、关节背侧的数个骨间韧带、掌侧面的掌侧深韧带、副腕骨韧带等短韧带。

（4）掌指关节与指关节。由掌骨与指骨及相邻指节骨之间构成的单轴关节。

### (四)后肢骨及其连结

#### 1. 后肢骨的组成

后肢骨包括髋骨、股骨、膝盖骨、小腿骨(由胫骨和腓骨组成)和后脚骨(包括跗骨、跖骨、趾骨和籽骨)。

(1)髋骨。由髂骨、耻骨和坐骨三部分结合而成(图 2.21)。三骨结合处腹外侧形成一个深的半圆形关节窝,称为髋臼。

髂骨位于背外侧,前部宽而扁,呈三角形,称为髂骨翼;后部呈三棱形,称为髂骨体。髂骨翼的边缘隆起称为髂嵴,外侧面称为臀肌面,内侧面(骨盆面)有一粗糙的部分称为耳状面。髂骨翼的外角粗大,称为髋结节,内角称为荐结节。

耻骨位于腹侧前部,坐骨在腹侧后部,两骨之间围成闭孔。两侧耻骨和坐骨之间的结合处,分别称为耻骨联合和坐骨联合,合称为骨盆联合(图 2.22)。两侧坐骨后缘形成坐骨弓,坐骨远端突出且粗糙,称坐骨结节。

(2)股骨。股骨(图 2.23)为全身最大的长骨,近端内侧有球形的股骨头,其中央有呈圆形的凹窝,供圆韧带附着;外侧粗大的突起称为大转子。在骨体的近端内侧,有不明显的小转子。

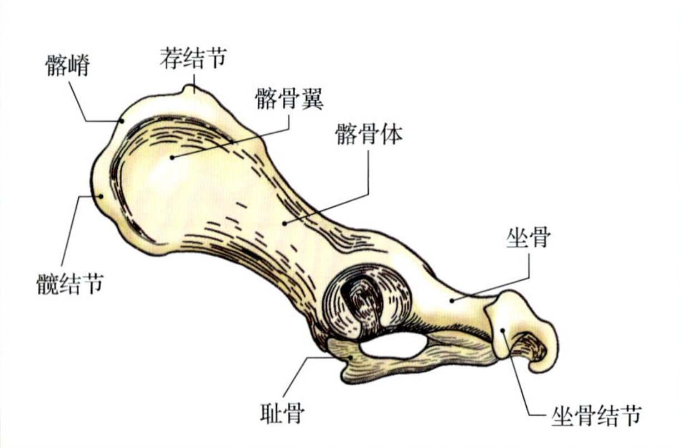


图 2.21 左髋骨外侧

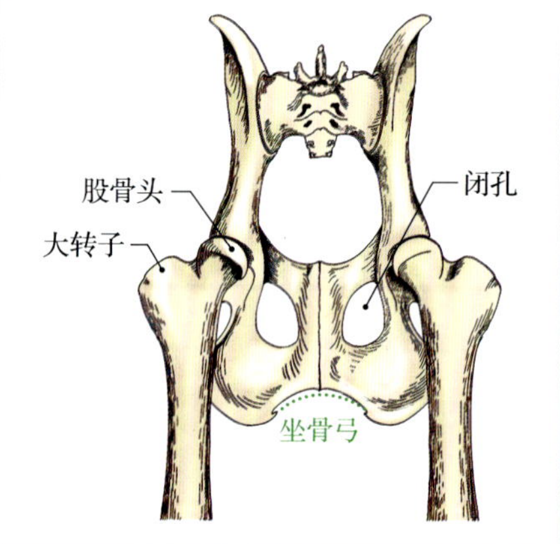


图 2.22 骨盆(腹侧)

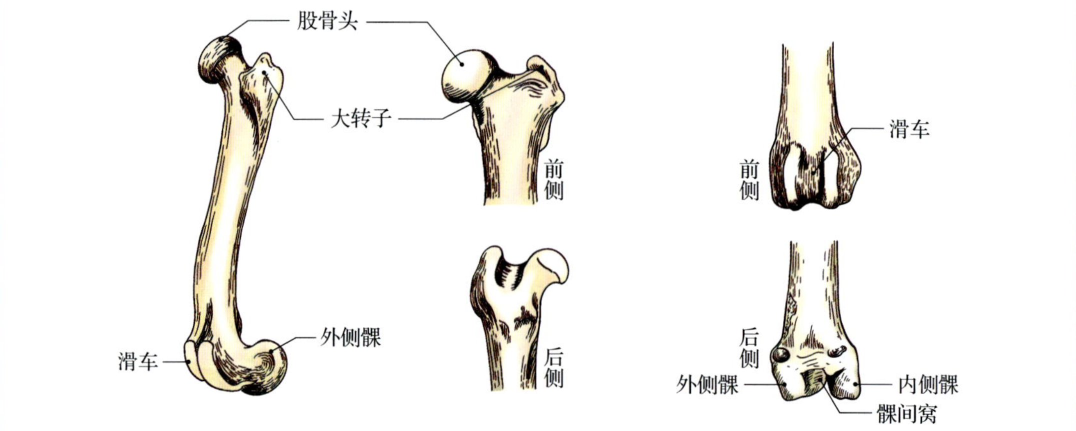


图 2.23 左股骨

远端粗大,前方形成滑车状关节面,与髌骨形成关节;后方为内、外侧髁,与胫骨形成关节。

(3)髌骨。又称膝盖骨,为一大块籽骨。

(4)小腿骨。由胫骨和腓骨两块骨组成(图 2.24)。

①胫骨:近端粗大,内、外侧分别有 2 个隆起,称为内侧髁和外侧髁,每一髁均有鞍状关节面,与相应的股骨髁及半月板形成关节。骨体近端背侧缘有发达的隆起,称为胫骨粗隆,向下方延伸为胫骨嵴,可作为活体的骨性标志。胫骨粗隆后外侧与腓骨成关节。

②腓骨:位于胫骨后外侧,细长,两端膨大。在中上部与胫骨间形成骨间隙。

(5)后脚骨。包括跗骨、跖骨、趾骨和籽骨。

①跗骨:共 7 枚,排成 3 列(图 2.25)。近列 2 枚,即内侧的距骨(胫跗骨)和外侧的跟骨(腓跗骨)。跟骨近端粗大称为跟结节。中间列 1 枚,称为中央跗骨。远侧由内向外依次为第 1、2、3、4 跗骨。

②跖骨:就是支撑脚掌的骨,共 5 枚,第 1 跖骨很小,有的品种缺失,其余 4 枚跖骨的形态与掌骨相似。

③趾骨和籽骨:犬没有第 1 趾,其余 4 个趾及其籽骨的数目和形状与前脚相似。

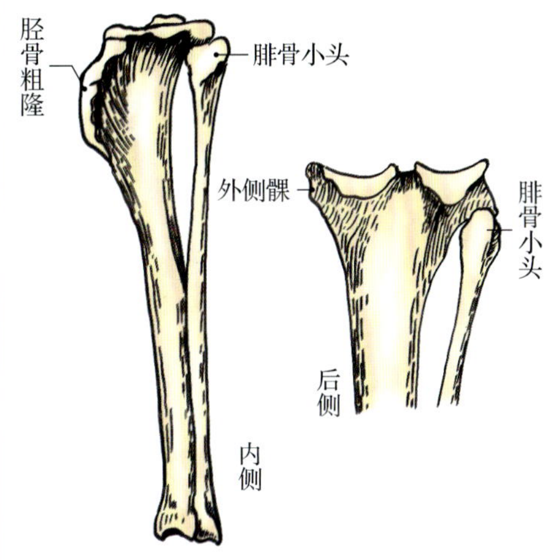

图 2.24 右小腿骨

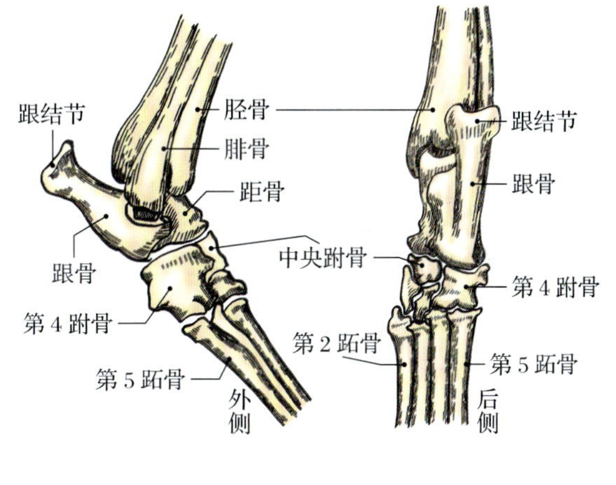

图 2.25 右跗关节

## 2. 后肢骨连结及骨盆

(1)后肢关节自上而下依次为荐髂关节、髋关节、膝关节、跗关节和趾关节。

①荐髂关节:由荐骨翼和髂骨翼的耳状面构成,结合紧密,几乎不能活动,主要作用是连结后肢和躯干。

②髋关节:由髋臼和股骨近端构成(图 2.26)。髋关节为多轴关节,但因肌肉和韧带的限制,主要做屈伸运动。

③膝关节:由股骨远端、胫骨近端和膝盖骨构成(图 2.27 至图 2.29)。包括股膝关节和股胫关节,主要做屈伸运动。

④跗关节:由胫骨远端、腓骨远端、跗骨和跖骨近端构成。主要做屈伸运动。

⑤趾关节:包括跖趾关节、近趾间关节和远趾间关节。

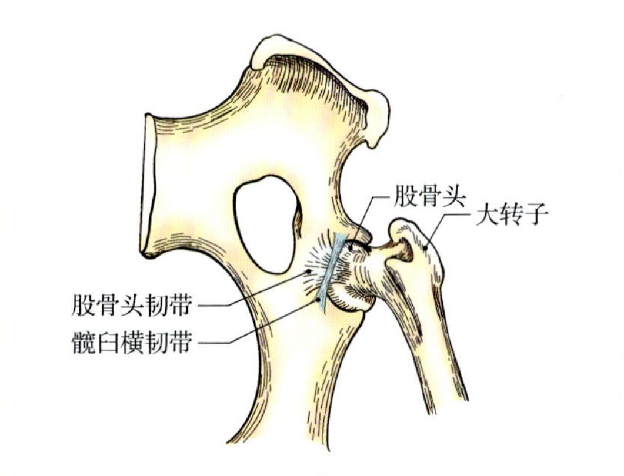


图 2.26　左髋关节

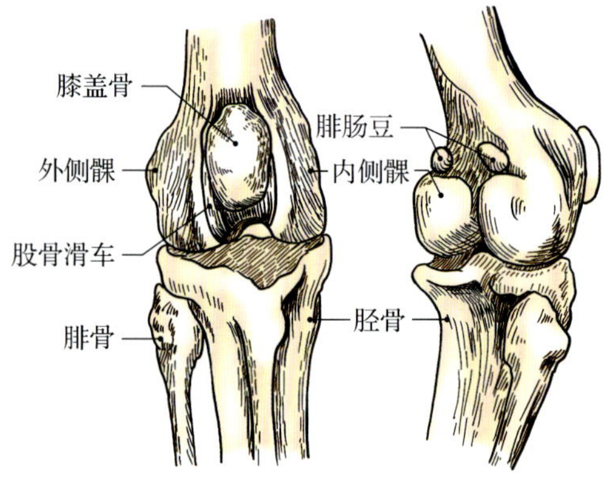


图 2.27　右膝关节

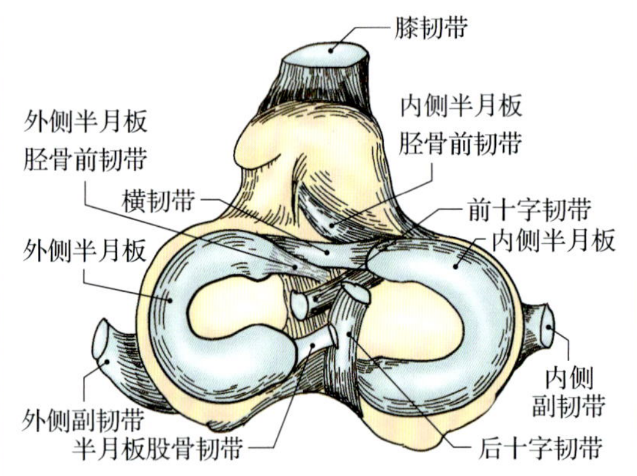


图 2.28　左胫骨近端俯视图

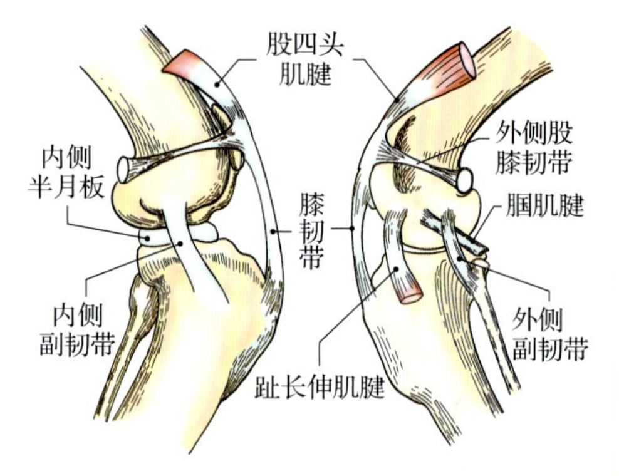


图 2.29　左膝关节

(2)骨盆腔。顶壁由荐骨和前 3 个尾椎构成;两侧壁为髂骨和荐坐韧带;底壁为耻骨和坐骨;前口以荐骨岬、髂骨和耻骨前缘为界;后口由第 3 尾椎、坐骨弓和两侧荐坐韧带的后缘所形成。骨盆腔具有保护盆腔内脏和传递推力的作用,又是娩出胎儿的骨性产道。

# 第二节　肌　肉

## 一、肌肉概述

### (一)肌肉的构造

构成运动系统的每一块肌肉,都是一个复杂的器官,从结构上来说属于实质性器官,也就是由实质部分和间质部分构成的。实质部分是肌腹,主要由肌肉组织构成的;间质部分是由包裹肌腹的肌外膜、肌束膜、肌内膜、肌腱或腱膜构成的(图 2.30)。

#### 1. 肌腹

肌腹是肌肉的动力部分,由横纹肌(骨骼肌)纤维借助于结缔组织结合一起而构成。肌纤

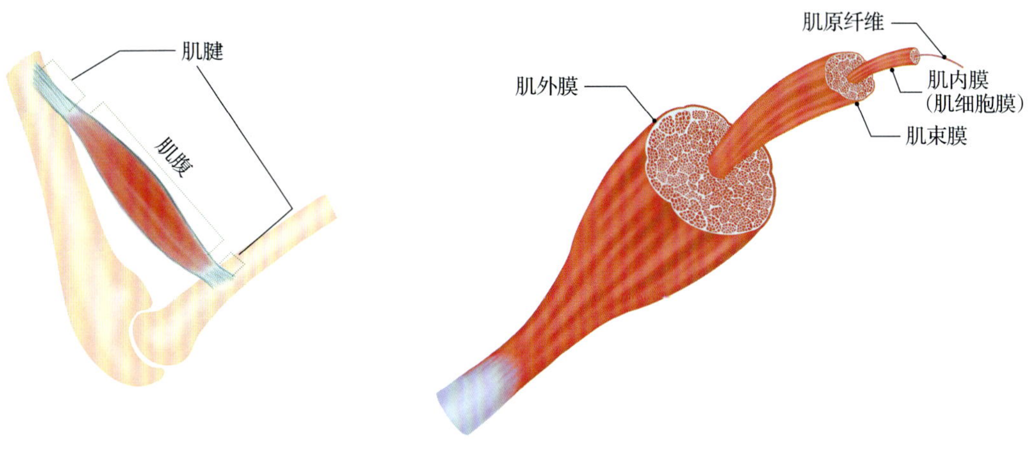


图 2.30　**肌肉的结构**

维被结缔组织包裹成小肌束，再集合成大的肌束，然后集合成肌肉块。包于肌肉块外的结缔组织称为肌外膜，包在肌束外的结缔组织称为肌束膜，包在肌纤维外的称为肌内膜。在肌肉间质内有丰富的血管、神经、脂肪，对肌肉起连接、保护、支持和营养等作用，对肌肉的代谢和机能调节有重要意义。对于营养状况良好的犬，脂肪组织在肌膜内蓄积，使肌肉横断面呈现大理石状花纹。

2. 肌腱

由致密结缔组织构成，位于肌腹的两端，是由肌腹的外膜延续而来。坚固而有韧性，但无收缩能力。纺锤形肌或长肌的肌腱多呈圆索状，躯干部肌多呈薄板状。

### （二）肌肉的形态

由于功能和分布位置不同，肌肉呈现不同的形态，主要有板状肌、长肌或带状肌、短肌、括约肌、纺锤形肌、环形肌几种（图 2.31）。

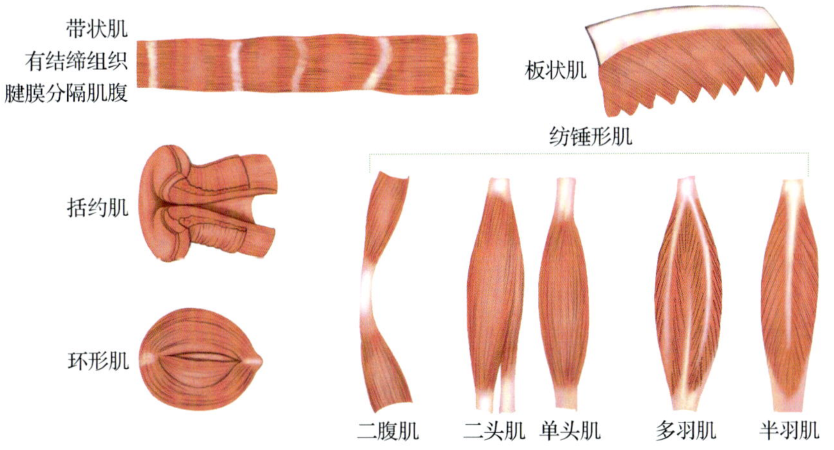


图 2.31　**肌肉的形态**

### （三）肌肉的起止点

每块肌肉一般都附着在两块或两块以上的骨上，跨越一个或两个及以上关节。肌肉大多附着于骨、软骨、筋膜、韧带或皮肤上。肌肉收缩时，不动的一端为起点，活动的一端为止点。但当运动状态改变时或活动量增大时，起止点也相应地产生改变。

### （四）肌肉的命名及分类

肌肉一般按其作用、形态、位置、结构、起止点及肌纤维方向等特征命名。有的以单一特征命名，如按起止点命名的臂头肌、胸头肌；有的以几个特征综合命名，如腕桡侧伸肌、腹外斜肌等。肌肉按其收缩时对关节的作用分为伸肌、屈肌、内收肌、外展肌、旋肌等。

### （五）肌肉的辅助结构

肌肉的辅助结构包括筋膜、黏液囊、腱鞘、滑车和籽骨等。

#### 1. 筋膜

筋膜为被覆于肌肉表面的结缔组织膜，分为浅筋膜和深筋膜。浅筋膜位于皮下，由疏松结缔组织构成，覆盖在肌肉的表面。浅筋膜内有血管、神经、脂肪或皮肌分布，它有着联系深部组织、贮存营养、保护及参与体温调节等作用。深筋膜由致密结缔组织构成，位于浅筋膜深面，包裹在肌群的表面，并伸入肌肉之间。

#### 2. 黏液囊

黏液囊是密闭的结缔组织囊，囊壁薄，内衬滑膜，囊内有少量黏液(图 2.32)。黏液囊位于肌腱、韧带、皮肤与骨突起之间，分别称为肌下、腱下、韧带下和皮下黏液囊。关节附近的黏液囊常与关节腔相通，称为滑膜囊。

#### 3. 腱鞘

腱鞘本质上也是黏液囊，呈长筒状，有内外两层(图 2.33)。外层为纤维层，厚而坚固，是由深筋膜增厚而形成的纤维管道；内层为滑膜层，分壁层和脏层，壁层紧贴在纤维层的内面，脏层紧包在腱上，由壁层折转而来，壁层、脏层之间有少量的滑液，可减少腱活动时的摩擦。

#### 4. 滑车

滑车是关节处骨骼上附有软骨呈滑车状的骨沟，供肌腱通过，可减少肌腱和骨面的摩擦，并可防止肌腱的移动。

#### 5. 籽骨

籽骨多位于关节部，是骨或软骨，体积小，与指骨(趾骨)形成关节，或分布在一些肌腱中，如膝盖骨、腓肠豆，其作用可改变肌肉作用力的方向及减少腱与骨或关节之间的摩擦。

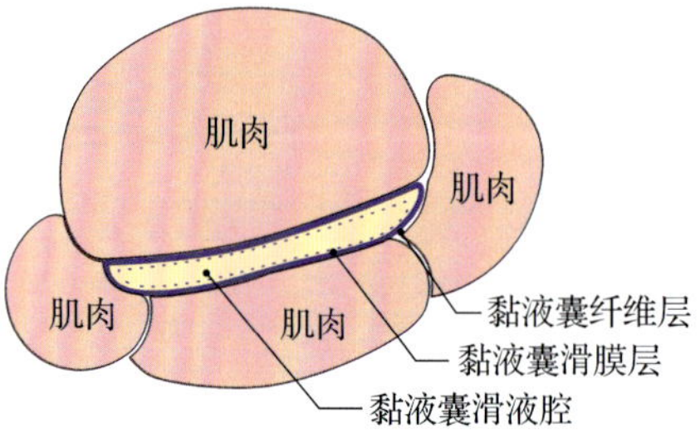


图 2.32 黏液囊

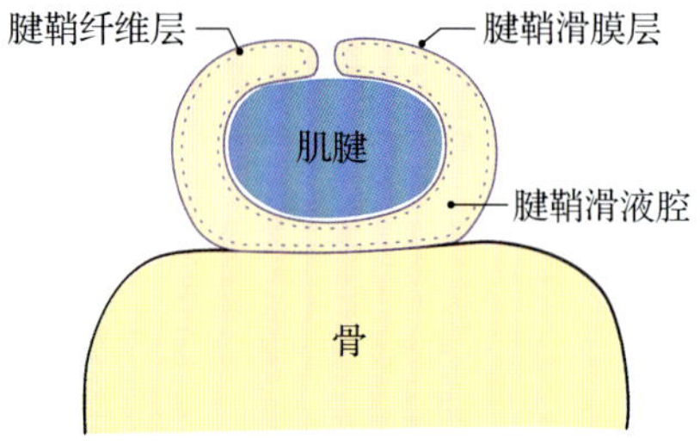


图 2.33 腱鞘

## 二、全身主要肌肉的分布

按所在部位，犬全身肌肉可分为头部肌肉、躯干肌肉、前肢肌肉和后肢肌肉(图 2.34)。此外，在有些部位的浅筋膜中，还有薄层的皮肌，如躯干皮肌、颈皮肌和面皮肌。

### (一)头部肌肉

头部肌肉包括咀嚼肌、颜面肌及舌骨肌。

#### 1. 咀嚼肌

咀嚼肌是使下颌运动的强大肌肉，均起于颅骨，止于下颌骨，可分为闭口肌和开口肌(图 2.35)。闭口肌包括咬肌、翼肌和颞肌。开口肌不发达，位于下颌关节的后方，在枕骨和下颌骨之间，主要的一块是二腹肌。

#### 2. 颜面肌

颜面肌是位于口腔、鼻孔和眼裂周围的肌肉，可分为开张自然孔的张肌和关闭自然孔的环行肌。

#### 3. 舌骨肌

舌骨肌是附着于舌骨的肌肉，由许多小的肌肉组成，但以下颌舌骨肌和茎突舌骨肌最为重要。舌骨肌主要参与舌的运动。

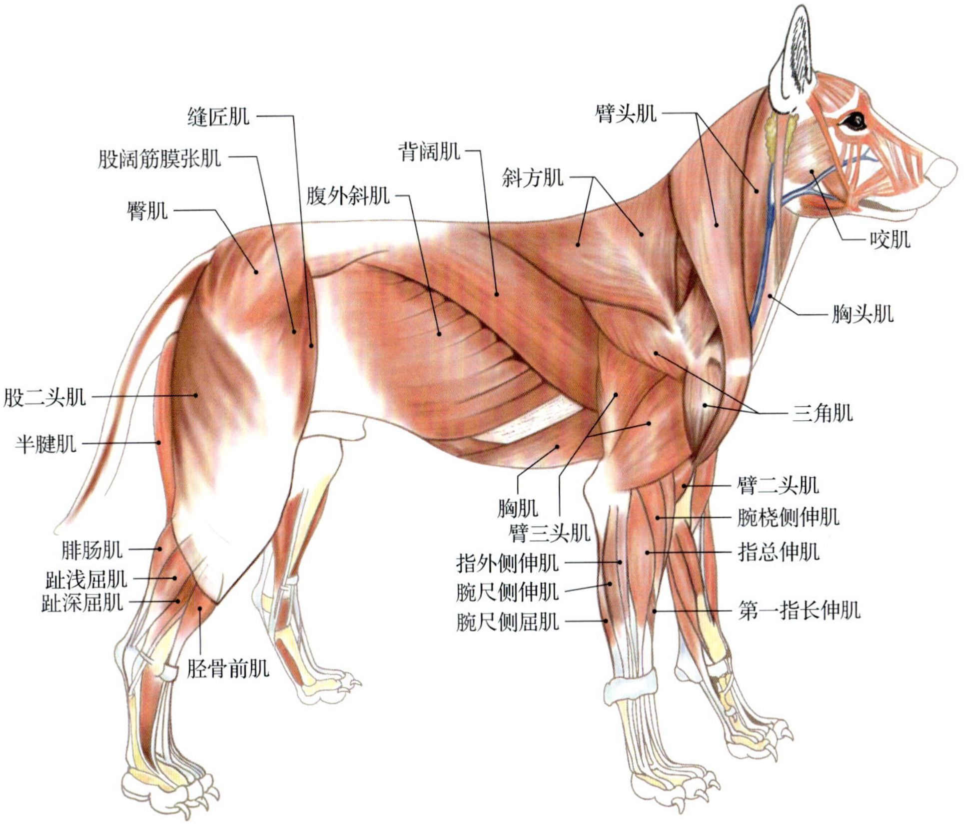


图 2.34 犬全身浅层肌肉

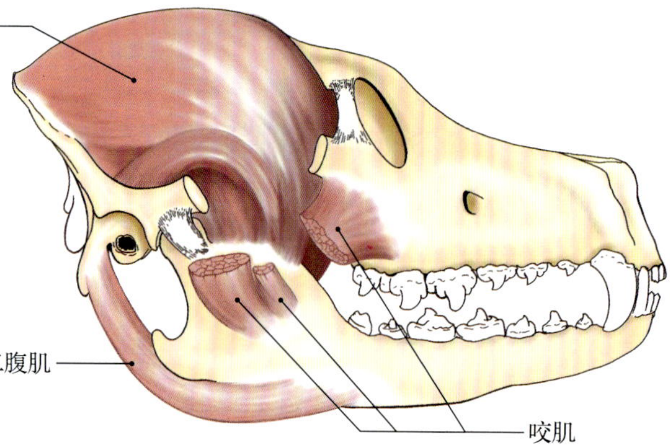


图 2.35 咀嚼肌

## (二)躯干肌肉

躯干肌肉包括脊柱肌、颈腹侧肌、胸壁肌和腹壁肌。

### 1. 脊柱肌

脊柱肌分为脊柱背侧肌群和脊柱腹侧肌群。脊柱肌的作用强大而复杂，当左右背侧肌群同时收缩时，可使脊柱伸展并提举头、颈和尾；一侧收缩时可使脊柱侧屈。左右腹侧肌群收缩时，可以屈头、颈、腰和尾部，一侧收缩时可使头、颈、尾向侧下弯曲。

脊柱背侧肌群中，最长且分布范围最大的是背腰最长肌和髂肋肌，其他的肌肉短小而且数量多，如棘肌、棘间肌、多裂肌、回旋肌等。

(1) 背侧肌群。

①背腰最长肌：是体内最大的肌肉，位于腰椎棘突与肋的椎骨端以及腰椎横突所形成的三角形沟内，以宽大的腱膜起于髂骨前缘、荐骨、腰椎和后位胸椎棘突，向前止于最后颈椎及前部肋骨近端。根据肌肉在脊柱两侧分布的位置，背腰最长肌可分为头最长肌、颈最长肌、胸最长肌和腰最长肌几个部分(图 2.36)。

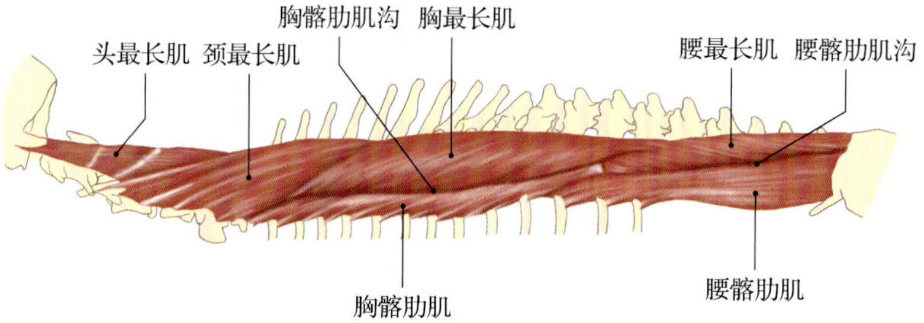


图 2.36 背腰最长肌与髂肋肌

②髂肋肌：位于背最长肌腹外侧，狭长分节，由一系列斜向前下方的肌束组成，起于腰椎横突及后 8 个肋的前缘，向前止于每一个肋骨的后上缘。髂肋肌可分为胸髂肋肌和腰髂肋肌两个部分。背腰最长肌与髂肋肌之间的沟称为髂肋肌沟。

(2)脊柱腹侧肌群。主要是位于颈椎、腰椎腹侧的一些肌群。

①颈长肌:位于颈椎椎体和前位胸椎椎体的腹侧。由许多分节性的短肌组成。可分为颈、胸两部分。

②腰大肌:较大,位于腰椎横突的腹外侧,部分被腰小肌覆盖。

③腰小肌:位于腰椎腹面的内侧,狭长。

## 2. 颈腹侧肌

颈腹侧肌位于颈部气管、食管的腹外侧,呈长带状。

(1)胸头肌。构成颈静脉沟下界,位于颈部的腹外侧,自胸骨至头部,可屈头、颈。

(2)胸骨甲状舌骨肌。位于气管腹侧,起于胸骨柄,向前至颈中部,分成两部分,内侧为胸骨舌骨肌,外侧为胸骨甲状肌,分别止于舌骨和甲状软骨。

(3)颈静脉沟。是位于臂头肌与胸头肌之间的肌沟,沟内有颈静脉经过,是临床诊断和治疗时用到的重要肌性标志。

## 3. 胸壁肌

胸壁肌分布于胸腔的侧壁和肋骨之间及后壁上,参与构成胸腔壁(图 2.37)。它们的伸缩可改变胸腔的容积,产生呼吸运动,故又称为呼吸肌。可分为吸气肌组和呼气肌组。吸气肌组主要有肋间外肌、前背侧锯肌和膈,呼气肌组主要有肋间内肌和后背侧锯肌。

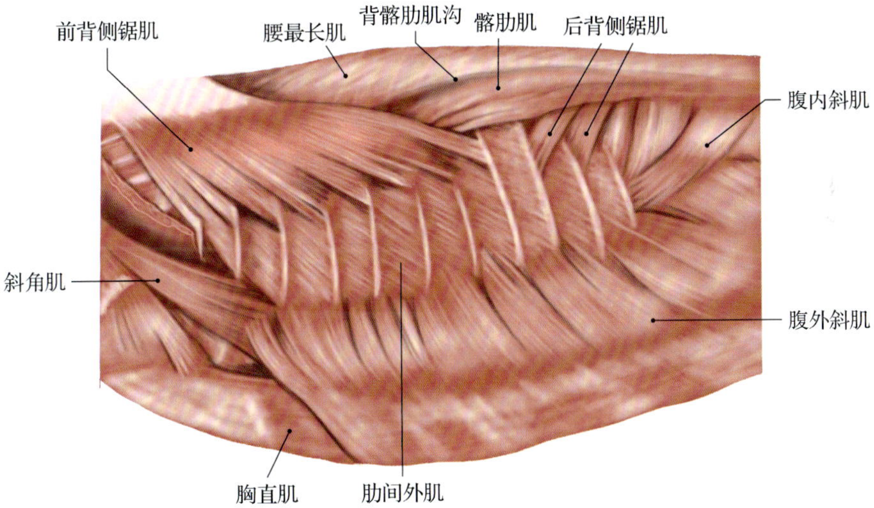


图 2.37 胸廓侧面

(1)肋间外肌。位于肋间隙浅层,肌纤维由前上方斜向后下方,起于前一个肋骨后缘,止于后一肋骨前缘,收缩时使肋骨向前外牵引,胸腔横径扩大(图 2.38)。

(2)膈。位于胸腹腔之间,将胸腔和腹腔隔开,由周边的肌质部和中央的腱质部组成(图 2.39)。腱质部由强韧的腱膜构成,凸向胸腔,称为中心腱。肌质部附着于剑突软骨背侧面、胸廓的内侧面和前部腰椎的腹面,由肌腹构成,起收缩作用。膈上有三个孔,自上而下分别为:主动脉裂孔,位于左右膈肌脚之间,供主动脉等通过;食管裂孔,位于右膈脚中部,供食管通过;腔静脉裂孔,位于中心腱处,供后腔静脉通过。膈收缩时,其凸度变小,胸腔纵径扩大,利于吸

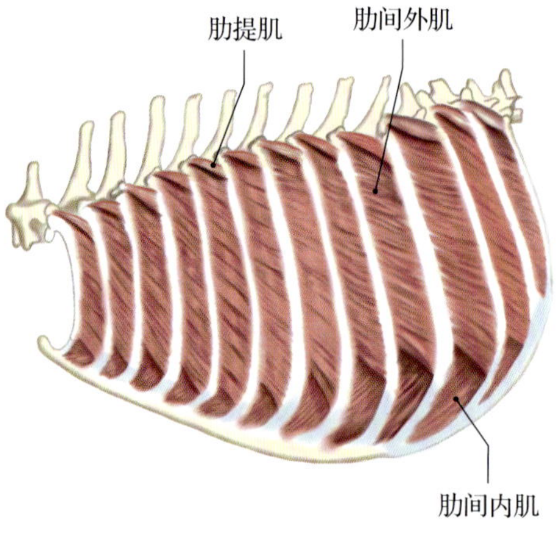

图 2.38 肋间肌

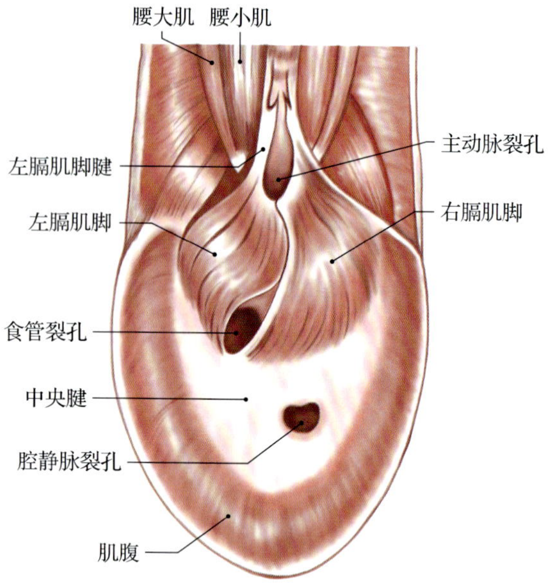

图 2.39 膈

气。舒张时,腹壁肌回缩,腹腔内的器官向前压迫膈肌。

(3)肋间内肌。属于呼气肌,位于肋间外肌的深面,肌纤维由后上方斜向前下方,起于后一肋前缘,止于前一肋后缘,它收缩时牵引肋向后内侧拉动,使胸廓横径变小,以利于呼气。

4. 腹壁肌

腹壁肌是构成腹腔侧壁和底壁的薄板状肌,分为四层,各层肌纤维方向不同,由浅入深依次为:腹外斜肌、腹内斜肌、腹直肌和腹横肌。除腹直肌外,其余三层肌的上部均为肌腹,下部变为腱膜。两侧腹壁肌的腱膜在腹底壁正中线处相互交织增厚形成腹白线。腹壁肌纤维走向交错,浅层又被覆坚固的腹黄膜,使得腹壁既坚固又富有柔韧性和弹性,能承受腹腔脏器的巨大重量及压力。

(1)腹外斜肌。为腹壁肌的最外层,肌纤维由前上方走向后下方,起于第 5 至最后肋的外侧,起始部为肌质,至肋弓下变为腱膜,以腱膜止于腹白线和耻前韧带(图 2.40)。

(2)腹内斜肌。为腹壁肌的第二层,在腹外斜肌深层,肌纤维从后上方斜向前下方,起于髋结节及腰椎横突,向前下至腹侧壁下部转为腱膜,止于肋弓和腹白线上。

(3)腹直肌。为腹壁肌的第三层,呈带状,位于腹白线两侧的腹底壁内,起于胸骨和后部肋软骨,止于耻骨前缘,为长带状肌,由多个腱划将其分隔成多个肌腹。

(4)腹横肌。为腹壁肌的最内层,肌质较薄,以肉质起于腰椎横突及肋弓内侧,以腱膜止于腹白线,肌纤维上下行走(图 2.41)。

(5)腹股沟管。位于腹股沟部,是腹外斜肌、腹内斜肌的腱膜形成的楔形裂隙。它是胎儿时期睾丸及附睾从腹腔下降到阴囊的通道。有内外两个口,内口通腹腔称为腹股沟管腹环,外口称为腹股沟管浅环或皮下环,是腹外斜肌腱膜上的卵圆形裂孔。在母犬中,腹股沟管仅供血管神经通过。

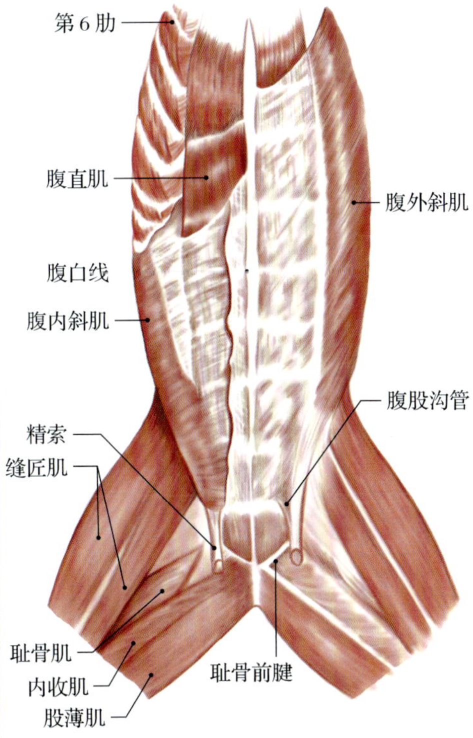

**图 2.40　腹壁肌肉(浅层)**

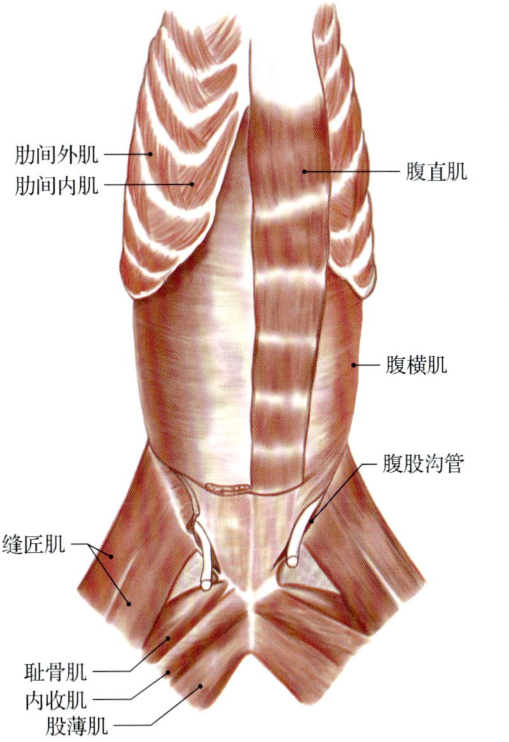

**图 2.41　腹壁肌肉(深层)**

## (三)前肢肌肉

前肢肌肉包括肩带肌、肩部肌、臂部肌、前臂及前脚部肌(图 2.42)。

### 1. 肩带肌

肩带肌把前肢骨和躯干骨联系起来,该部肌肉多呈板状。起于躯干骨,止于肩胛骨、臂骨,它们收缩时能使肩胛骨、臂骨前后摆动,并可提举肩胛骨。根据其所在位置分为背侧肌群和腹侧肌群。

(1)背侧肌群主要有斜方肌、菱形肌、臂头肌、背阔肌、肩胛横突肌。

①斜方肌:为扁平的三角形肌,肌质较薄,起于项韧带索状部、棘上韧带,止于肩胛冈。分为颈、胸两部分。

②菱形肌:位于斜方肌深面,起自项嵴至第 7 胸椎之间的项韧带索状部、棘上韧带及胸椎棘突,止于肩胛骨背侧缘内侧面,分为颈胸两部,颈部的肌肉呈带状,胸部菱形肌呈四边形。主要是提前肢,固定肩胛骨。

③臂头肌:犬的臂头肌很长,由锁骨腱划分为锁头肌、锁颈肌和锁臂肌三部分,在颈侧部皮下浅层,构成颈静脉沟上界。起于枕骨、颞骨、颈正中缝,止于臂骨内侧。该肌可牵引前肢向前,起伸肩、提举或侧偏头颈的作用。

④背阔肌:位于胸侧壁上部,呈扇形的板状肌,肌纤维由后上方斜向前下方。以宽阔的腱膜起于腰背筋膜,向下止于臂骨内侧的圆肌结节。该肌可向后上方牵引前肢并屈肩关节。

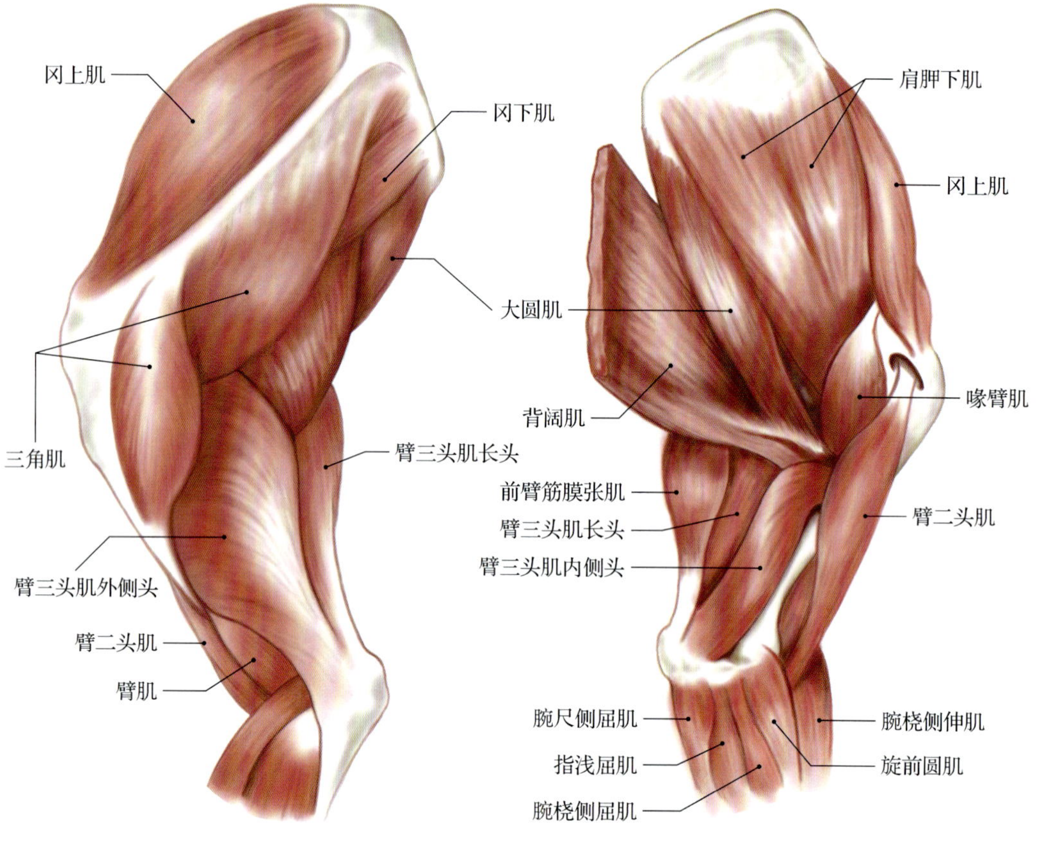


图 2.42 **左前肢肌肉**

⑤肩胛横突肌：起于寰椎翼，止于肩胛冈肩峰。起前拉肩胛骨作用。

(2)腹侧肌群主要包括腹侧锯肌和胸肌。

①腹侧锯肌：胸腹侧锯肌起于前 2~8 肋骨外侧，肌纤维斜向前上方；颈腹侧锯肌起于第 2~7 颈椎横突，肌纤维斜向后上方，止于肩胛骨内侧上部锯肌面。

②胸肌：分胸浅肌和胸深肌。胸浅肌位于臂部、前臂内侧与胸骨之间的皮下，分前部的胸降肌和后部的胸横肌，但两部分界线不明显。胸降肌起于胸骨柄，止于臂骨大结节嵴。胸横肌薄而宽，起于胸骨腹侧面，止于前臂内侧筋膜。主要作用为内收前肢。胸深肌分为两部分，前部狭小的锁骨下肌和后部发达的胸升肌。胸升肌起于胸骨腹侧面及胸黄膜，止于臂骨内、外侧结节；锁骨下肌为一小肌肉，起于第 1 肋软骨，止于臂头肌的锁骨腱划。有内收、后退前肢；前肢踏地时，可牵引躯干向前。

### 2. 肩部肌

肩部肌分布于肩胛骨的外侧面及内侧面，可分外侧肌群和内侧肌群。

(1)外侧肌群包括冈上肌、冈下肌、三角肌、小圆肌。

①冈上肌：位于冈上窝内，全为肌质，起于冈上窝，止于臂骨的内、外侧结节。该肌可伸张及固定肩关节。

②冈下肌:位于冈下窝内,部分被三角肌覆盖,可屈肩关节并外展前肢。

③三角肌:位于冈下肌浅层,有两个头,以腱膜起于肩胛冈、肩胛骨后角及肩峰,止于臂骨的三角肌结节。

(2)内侧肌群包括肩胛下肌、大圆肌。

①肩胛下肌:位于肩胛骨内侧的肩胛下窝内,起于肩胛骨内侧,止于臂骨近端内侧,可内收前肢。

②大圆肌:呈带状,位于肩胛下肌后缘,起于肩胛骨后角,止于臂骨内侧的圆肌结节,可屈肩关节。

### 3. 臂部肌

臂部肌主要作用于肘关节,分为屈肌群和伸肌群。

(1)屈肌群有臂二头肌、臂肌,位于臂骨和肘关节前方,有屈肘关节的作用。

①臂二头肌:呈纺锤形,起于肩臼前上方的肩胛结节,止于桡骨近端的前内侧,屈肘关节。

②臂肌:位于臂骨的臂肌沟,起于臂骨后上部,止于桡骨近端内侧,屈肘关节。

(2)伸肌群有臂三头肌、前臂筋膜张肌,可伸肘关节。

①臂三头肌:犬的臂三头肌有三个头,分别是长头、内侧头和外侧头,共同止于鹰嘴。除长头起自肩胛骨外,其余两个头都起自臂骨的近端,起屈肩关节、伸肘关节的作用。

②前臂筋膜张肌:位于臂三头肌后缘内侧,形成一狭长肌,起自肩胛骨后角,止于鹰嘴。

### 4. 前臂及前脚部肌

前臂及前脚部肌为作用于腕关节、指关节的肌肉,分为背外侧肌群和掌侧肌群,此部肌的肌腹部分多在前臂部,至腕关节附近则移行为肌腱。

(1)背外侧肌群。肌腹位于前臂骨的背外侧,主要是腕、指关节的伸肌。由前向后依次为腕桡侧伸肌、指总伸肌、指外侧伸肌、腕尺侧伸肌和腕斜伸肌 5 块。

(2)掌侧肌群。肌腹位于前臂骨上部的后侧,是腕、指关节的屈肌。主要包括腕桡侧屈肌、腕尺侧屈肌、指浅屈肌、指深屈肌。

(3)前臂正中沟。为桡骨内后缘与腕桡侧屈肌之间的沟。

## (四)后肢肌肉

后肢肌肉较前肢发达,是推动躯体前进的主要动力。后肢肌肉可分为臀股部肌、小腿部肌及后脚部肌(图 2.43、图 2.44)。

### 1. 臀股部肌

臀部和股部背外侧的肌肉主要有股二头肌、臀肌、股四头肌、半腱肌、半膜肌、股阔筋膜张肌。起于荐骨、髂骨,止于股骨、小腿骨和跗骨。

主要作用于髋关节、膝关节,对跗关节也有作用。

(1)股二头肌。长而宽大,位于臀肌之后,起点有两个肌头,分别起自荐坐韧带及坐骨结节,向下以腱膜止于膝部、胫部及跟结节。该肌有伸髋关节、膝关节及跗关节的作用,也可推进躯干,参与站立与踢蹴运动。

(2)臀肌。有三个头,分别是臀浅肌、臀中肌和臀深肌。其中臀中肌最发达,起于髂骨翼和荐坐韧带,前与背最长肌筋膜相连,止于股骨大转子。臀肌有伸和外展髋关节的作用。

(3)股四头肌。很强大,在股骨的前方和两侧,起点有四个肌头,分别起于髂骨体两侧和股骨近端内、外侧及前方,向下共同止于髌骨和胫骨近端。股四头肌的肌组织发达,是膝关节的强

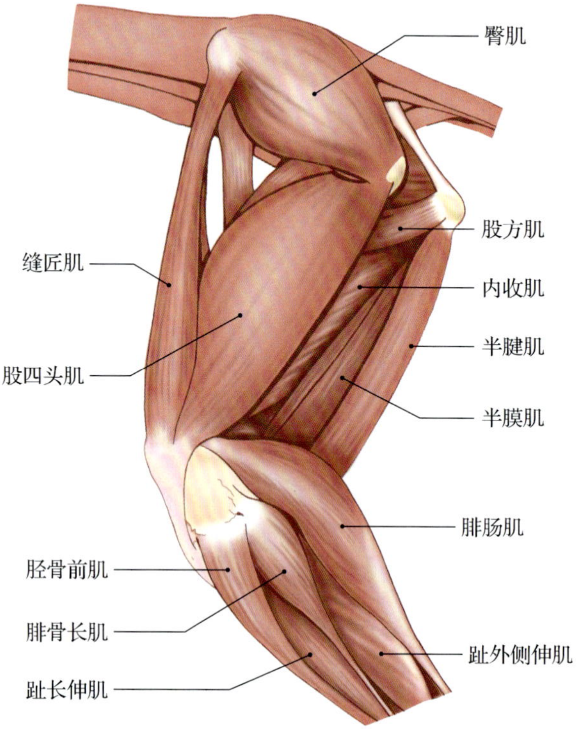


图 2.43　左后肢肌肉外侧

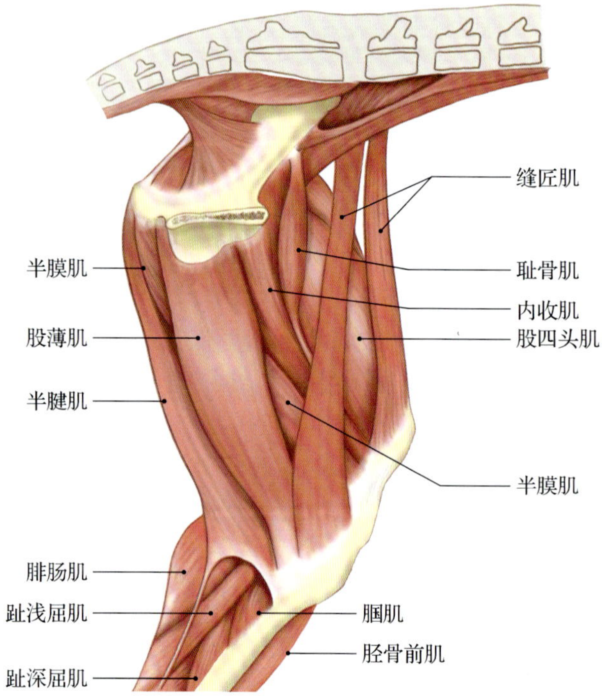


图 2.44　左后肢肌肉内侧

有力的伸肌。

(4)半腱肌。位于股二头肌之后，起自坐骨结节，以腱膜止于胫骨脊和跟结节。起伸髋关节、屈膝关节及伸跗关节的作用。

(5)半膜肌。位于半腱肌后内侧，起自坐骨结节，止于股骨远端、胫骨近端内侧。半膜肌有伸髋关节、屈膝关节的作用。

(6)股阔筋膜张肌。位于股部前方浅层，起于髋结节，向下呈扇形展开，上部较厚属肌质部，下部则变为腱膜，止于髌骨和胫骨近端。它有屈髋关节和伸膝关节的作用。

臀部和股部内侧的肌肉主要有股薄肌、内收肌、耻骨肌和缝匠肌，这些肌肉有内收后腿、屈髋关节的作用。

### 2. 小腿部肌及后脚部肌

小腿部肌及后脚部肌多为纺锤形肌，起自股骨、小腿骨，止于跗骨、跖骨和趾骨。肌腹在小腿上部，近跗关节处变为肌腱，有伸、屈跗、趾关节的作用。分为背外侧肌群和跖侧肌群。

(1)背外侧肌群。包括屈跗关节和伸趾关节的肌肉，肌腹位于小腿上部的背外侧。主要有胫骨前肌、趾长伸肌、腓骨长肌、趾外侧伸肌和腓骨短肌等。

(2)跖侧肌群。肌腹位于小腿的跖侧，主要有腓肠肌，很发达，肌腹呈纺锤形，有内、外两个肌头分别起于股骨远端后面的两侧，在小腿中部合为一强腱，止于跟结节，为跗关节强大的伸肌。趾浅屈肌、趾深屈肌主要起屈趾关节作用。

(3)跟腱。为圆形强腱，由腓肠肌、趾浅屈肌、股二头肌、半腱肌等附着于或通过跟结节的跖侧肌群的腱构成，对跗关节有伸张作用。

(4)股二头肌沟。为位于股二头肌与半腱肌之间的沟。

## 思考题

1. 骨的成分对骨的物理特性有什么影响？
2. 筋膜的作用有哪些？
3. 为什么关节不会因为运动而磨损？
4. 体表能看到或触摸到的骨性标志，你能列出多少？
5. 描述骨盆的结构。
6. 肋弓是怎么构成的？
7. 说明颈静脉沟的肌肉构成。
8. 说明背髂肋肌沟的构成。
9. 详细描述膝关节的结构。
10. 详细描述腹壁肌肉的构成。

# 第三章　被皮系统

## 学习重点

掌握皮肤的基本结构。了解腺体、毛和爪的结构特点。

## 素质要求

培养热爱科学、实事求是的精神。具备开拓进取、勇于创新的素质。

被皮系统是由皮肤及其衍生物构成的，犬猫皮肤的衍生物主要有毛、肉垫、爪、皮脂腺、乳腺等。

## 一、皮肤

### (一)皮肤的构造

皮肤由表皮、真皮和皮下组织构成(图 3.1)。

#### 1. 表皮

表皮为皮肤的表层，由复层扁平上皮细胞构成。表皮的最表层是由大量已角化的扁平细胞

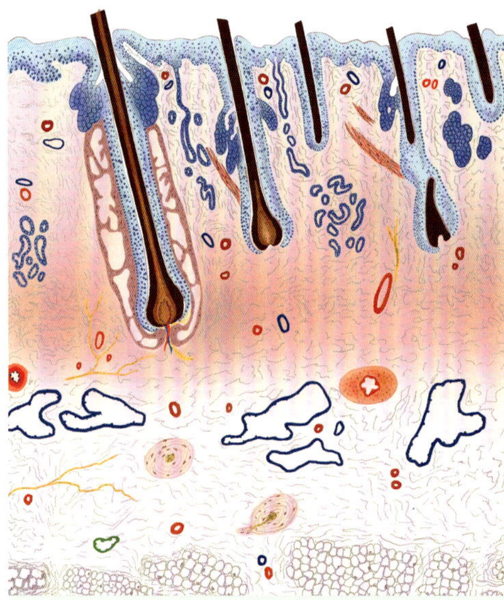

图 3.1　皮肤结构模式图

构成。浅层的细胞死亡后，脱落形成皮屑，以清除皮肤上的污垢和寄生异物。表皮的最深层细胞分裂增生能力强，所增生的细胞不断向表面推移，以补充表皮脱落的细胞。深层中还有呈星状的色素细胞，胞质内含有色素颗粒。色素与皮肤及毛的颜色有关，并能防止日光中的紫外线损伤深部组织。表皮中没有血管，细胞的营养供应和代谢产物的排泄都是依靠细胞间隙的组织液与真皮毛细血管内的血液之间的物质扩散来实现的。

#### 2. 真皮

真皮位于表皮的深面，由致密结缔组织构成，坚韧而富有弹性，是皮肤最主要、最厚的一层，皮革就是由真皮鞣制而成的。真皮内有汗腺、皮脂腺、毛囊及丰富的毛细血管、淋巴管和神经等。由于真皮内纤维致密，药液不容易扩散，所以在临床上常作为药物敏感性实验的部位。皮内注射，就是把药液注入真皮。

#### 3. 皮下组织

皮下组织位于真皮下面，由疏松结缔组织构成。由于结构疏松，有很好的容纳性，所以在皮下组织发达的部位，如颈部，临床上常选作皮下注射的部位。

### (二) 皮肤的机能

皮肤包被身体，既能保护深层的软组织，防止体内水分蒸发；又能防止病原微生物、有害的物理化学因素侵入体内，是机体和周围环境的屏障。此外，皮肤能产生溶菌酶和免疫体，从而提高皮肤对微生物的抵抗力。因此，皮肤是机体的重要保护器官。皮肤中存在着各种感受器，能够感受触、压、温、痛等不同刺激。

皮肤能吸收一些脂类、挥发性液体(如醚、乙醇等)和溶解在这些液体里的物质，但不吸收水和水溶性物质。因此，在使用外用药物治疗皮肤病时，应当注意药物浓度和擦药面积的大小，以防止吸收过多而引起中毒。皮肤还能通过排汗排出体内的代谢产物，并具有调节体温、分泌皮脂、合成维生素 D 和贮存脂肪的功能。

## 二、皮肤衍生物

### (一) 毛

毛是一种角化的表皮结构，主要起到保暖和防护的作用。

#### 1. 毛的结构

毛可分为露在皮肤外面的毛干和埋在真皮和皮下的毛根两部分。毛根末端的膨大部称为毛球，毛球的细胞分裂能力很强，是毛的生长点。毛球的底部有毛乳头，内有丰富的血管、神经，可营养毛球。毛根周围有由上皮组织和结缔组织形成的毛囊，在毛囊的一侧有一束斜行的平滑肌，称为竖毛肌，该肌收缩时，可使毛竖立。

#### 2. 换毛

毛长到一定时期，毛乳头的血管衰退，血流停滞，毛球细胞停止增殖，并逐渐角化和萎缩，最后与毛乳头分离，毛根逐渐脱离毛囊向皮肤表面移去。由于靠近毛乳头的细胞增殖形成新毛，最后旧毛被新毛推出而发生换毛。

犬每年换 2 次毛，以适应气候的变化。每年晚春季节，冬毛脱落，逐渐换为夏毛；晚秋季节，逐渐换为冬毛。一般猫每年也换 2 次，有的要换 3～4 次。

## (二)皮肤腺

### 1. 汗腺

汗腺为管状的皮肤腺,位于皮肤的真皮内。其腺体分泌部盘曲成小球状,腺导管开口于表皮或毛囊。汗腺分泌汗液,汗液中除水(占 98%)外,还含有盐类和一些代谢废物,故汗腺分泌不仅能散发热量,调节体温,还有排泄废弃物的作用。犬猫的汗腺均不发达,犬只在趾球与趾间的皮肤上有少量的汗腺分布,汗液分泌量很少;而猫只有脚底有大汗腺分布,故猫出汗只在脚底。因此,犬猫的体温调节主要是通过皮肤和呼吸来进行的。

### 2. 皮脂腺

皮脂腺位于毛囊附近,排泄管多数开口于毛囊。分泌物为皮脂,是一种脂肪物质,有滋润皮肤和被毛的作用。猫的皮脂中还含有维生素 D,当猫舔毛时即可摄入。

### 3. 特殊的皮脂腺

(1)肛门周围腺。局限于肛门周围的皮肤内,为特殊的汗腺,其分泌物易唤起异性的注意。

(2)肛门旁腺。开口于肛门周缘的皮肤性囊状的肛门旁陷凹处,其分泌物具有特殊的恶臭味。

### 4. 乳腺

(1)乳腺的位置。犬乳腺一般形成 4~5 对乳丘,沿胸腹部正中线对称排列,最前面的 2 对称为胸乳房,位于腹部的称为腹乳房,最后一对称为腹股沟乳房。其中产乳较多的只有后面 3 对,处在胸部的乳腺发育程度较差,泌乳量较少。猫有 4~5 对乳腺,2 对位于胸部,3 对位于腹部。在哺乳期的乳腺非常发达,而在非哺乳期并不明显。

(2)乳腺的结构。乳腺的最外面是薄而柔软的皮肤,乳腺实质分成许多腺小叶。腺小叶由腺泡和腺小管组成。腺泡和腺小管具有泌乳机能,分泌的乳汁经输乳管集合而成的乳道,进入乳池,再经乳头末端的乳头管排出。乳头管开口处有括约肌。

(3)乳腺的发育。雌性动物发育到性成熟后,卵巢分泌的雌性激素、腺垂体分泌的催乳素和生长激素刺激乳腺的导管系统生长。妊娠期卵巢分泌的雌激素和孕激素的协同作用促使乳腺快速生长,此时胎盘催乳素的分泌也增加,与雌激素和孕激素的协同作用促进乳腺导管和腺泡进一步快速增长。哺乳停止后,乳腺逐渐退化,腺泡和腺导管萎缩,乳腺实质又逐渐被结缔组织和脂肪组织所代替,于是泌乳量下降,乳房体积缩小,最后停止泌乳。当再次妊娠时,乳腺又重新生长发育。

(4)泌乳。血液中的营养物质在乳腺内转化为乳汁并分泌入腺泡腔内的过程,称为泌乳。乳是在乳腺腺泡和腺小管分泌上皮细胞内制造的。生成乳的各种原料都来自血液,其中乳中的球蛋白、酶、激素、维生素和无机盐等,都是由乳腺的分泌上皮细胞从血浆中选择性吸收和浓缩的结果;而乳中的酪蛋白、乳白蛋白、乳脂和乳糖等则是由上皮细胞利用血中的原料,经复杂的生物合成而来的。乳中含有仔畜生长发育所需的一切营养物质。

母畜分娩后 3~5 d 所分泌的乳汁,称为初乳;之后的称为常乳。初乳色黄、浓稠、稍有咸味,煮沸后易凝固。初乳中含有丰富的蛋白、无机盐和免疫物质(母源抗体)。初乳中的蛋白质通过消化道可迅速吸收入血液,以补充新生仔畜免疫物质(母源抗体)和新生仔畜血浆蛋白的不足;初乳中的镁盐有轻泻作用,可促使胎粪排出;母源抗体对仔畜更为重要,因为仔畜体内无抗体,而且其免疫系统发育又不完善，所以，初乳可使其被动获得免疫，增强免疫力。但随着时间的推移，母源抗体含量会迅速下降，有的母畜在分娩 12 h 后，其抗体含量能下降 70%，所以，新生犬猫应尽早吃上初乳。

### (三)枕和爪

#### 1. 枕

犬猫的足底都有角质化的肉垫称为枕(图 3.2)，根据其所在的部位，分为腕(跗)枕、掌(跖)枕和指(趾)枕，分别位于腕(跗)部、掌(跖)部和指(趾)部的内侧面、后面和底面。枕有和皮肤相同的结构，分为枕表皮、枕真皮和枕皮下组织。枕表皮角化，柔软而有弹性；枕真皮有发达的乳头和丰富的血管、神经；枕皮下组织，由发达的胶原纤维、弹性纤维和脂肪构成。

#### 2. 爪

爪是包裹指(趾)骨末端的角质化组织(图 3.3)。爪的生长速度很快，如果爪过长而弯曲，不但影响其自身行走，伤及自身皮肉，也会伤人，所以应及时修剪。修剪时不能一下剪得太短，以免伤及肉质部而出血。

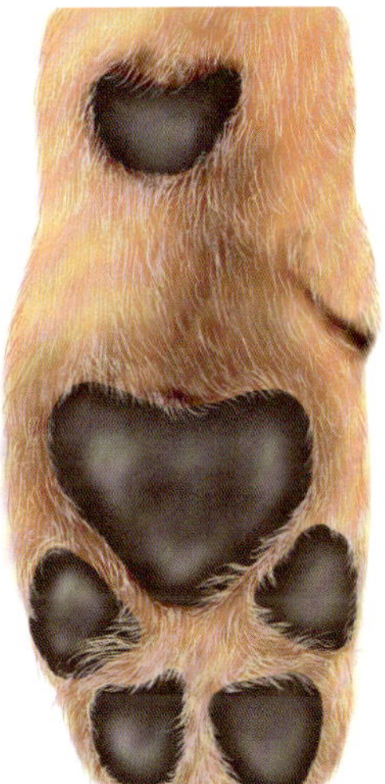

图 3.2　枕

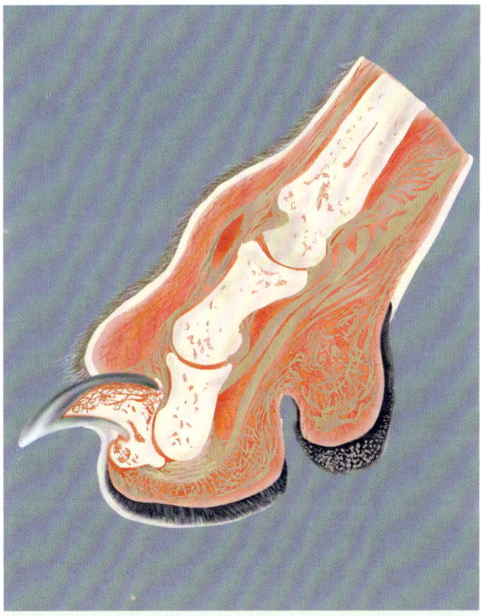

图 3.3　爪

### 思考题

1. 皮肤的结构是什么样的？
2. 举几个特殊的皮肤腺体，并说明它们的作用。
3. 给犬猫剪指甲(爪)时要注意不能损伤到什么结构？
4. 犬的乳腺分布有什么特点？

# 第四章　消化系统

## 学习重点

了解消化系统的基本构成，掌握消化管的一般结构。了解各消化器官的形态、位置、结构和功能。理解消化吸收的概念。了解各种消化形式的特点。了解三大营养物质的消化吸收过程和机理。

## 素质要求

培养珍爱生命的意识，尊重和爱护宠物。增强自我防护意识，在接触宠物和进行相关操作时，能采取正确的防护措施，保障自身安全。

消化系统是一个庞大而复杂的系统，是由许多器官构成的，它的功能是摄取、转运、消化食物、吸收营养、排泄废物。

## 第一节　概　述

### 一、消化系统的组成

消化系统由消化管和消化腺两类器官组成（图 4.1）。消化管是食物经过的通道，也是食物被消化分解的场所，由口腔、咽、食管、胃、小肠、大肠和肛门等器官构成。消化腺是分泌消化液的腺体，由分布在消化管壁里的壁内腺和独立于消化管之外的壁外腺组成。壁外腺均有导管与消化管相连，分泌的消化液经这些导管进入消化管中；壁内腺分布在消化管黏膜或黏膜下层中，分泌物直接分泌到消化管中。

### 二、消化管的一般结构

除口、咽外，各段消化管的管壁结构一般都可分为 4 层：黏膜、黏膜下层、肌层、外膜（浆膜）（图 4.2）。

1. 黏膜

黏膜为消化管的最内层，当管腔内空虚时，常形成皱褶。黏膜具有保护、吸收和分泌等功能。黏膜又分为以下 3 层。

(1) 黏膜上皮。黏膜表面覆盖着上皮组织，除口腔、咽、食管的无腺部及肛门为复层扁平上皮外，其他部分均为单层柱状上皮，以利于消化、吸收。

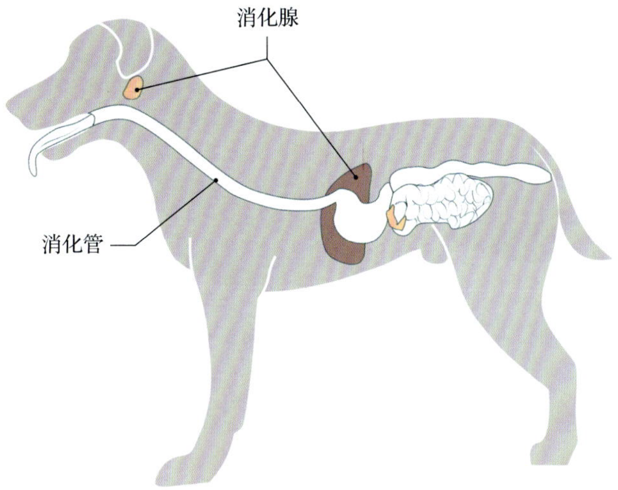


图 4.1 消化系统示意图

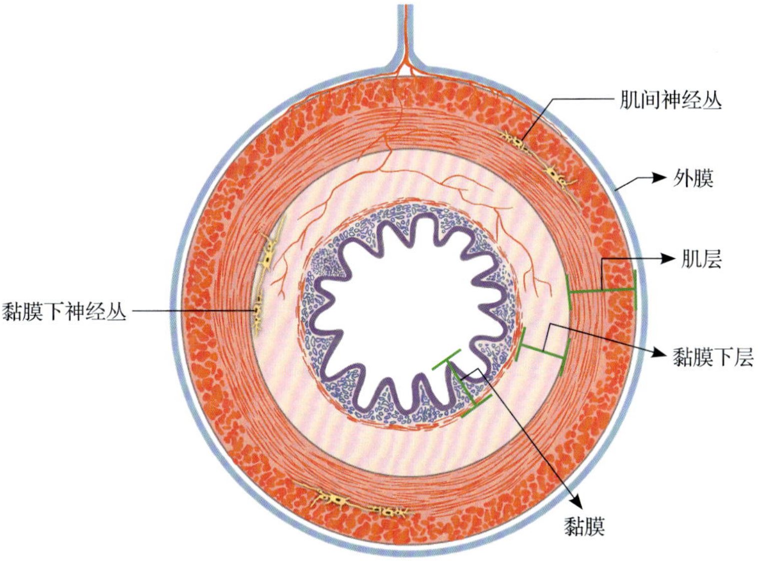


图 4.2 消化管壁结构模式图

(2) 固有层。由一层疏松结缔组织构成，内含丰富的血管、神经、淋巴管、淋巴组织和腺体。

(3) 黏膜肌层。是固有层以下的薄层平滑肌。当平滑肌收缩时可帮助腺体排出分泌物。

### 2. 黏膜下层

黏膜下层是位于黏膜和肌层之间的一层疏松结缔组织，内含较大的血管、淋巴管和神经丛，在食管和十二指肠处还含有腺体。

### 3. 肌层

除口腔、咽、食管和肛门的管壁为横纹肌外，其余各段均由平滑肌构成。一般可分为内层的环行肌和外层的纵行肌，两层之间有肌间神经丛。肌层的收缩和舒张，可使消化管产生运动。

4. 外膜（浆膜）

外膜（浆膜）为富含弹性纤维的疏松结缔组织层，位于管壁的最表面。在食管前部、直肠后部与周围器官相连接处称为外膜；而在胃、肠外膜表面尚有一层单层扁平上皮（也称为间皮）覆盖，称为浆膜。

## 三、腹腔、骨盆腔和腹膜

1. 腹腔

腹腔是体内最大的体腔，其前壁为膈，后通骨盆腔，两侧和底壁为腹肌与腱膜，顶壁为腰椎和腰肌。

在解剖学上，腹腔被划分为前、中、后三个部分，每个部分又划分成几个小的区域，这样就可以较为准确地描述器官在腹腔中的位置（图 4.3、图 4.4）。

（1）腹前部。沿浮肋的后缘做横断面，断面之前的部分就是腹前部，腹前部又分成三部分。

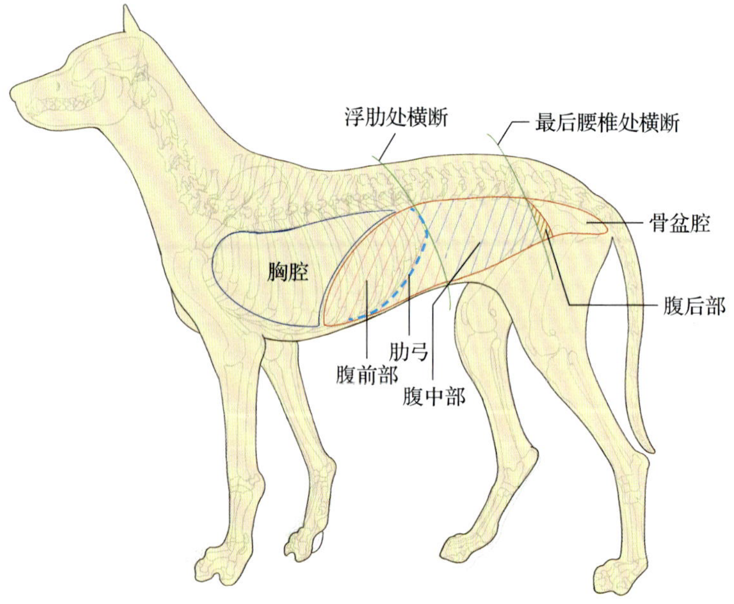


图 4.3　腹腔的分区示意图

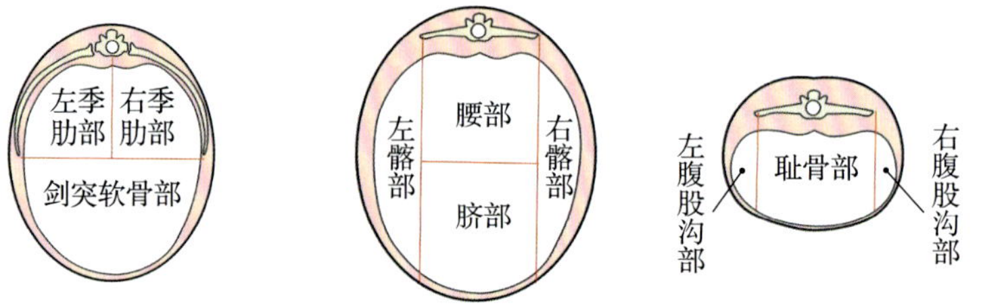


图 4.4　腹腔各分区的内部划分示意图

肋弓以下的为剑状软骨部;肋弓以上的为季肋部,正中矢状面将季肋部分成左、右季肋部。

(2)腹中部。在髋结节前缘做与腹前部后界平行的横断面,前后这两个断面之间就是腹中部。沿腰椎横突两侧顶端各做一个侧矢状面,将腹中部分为左、右髂部和中间部;在中间部沿肋弓的中点向后延伸做额面,使中间部分为背侧的腰部和腹侧的脐部。

(3)腹后部。分为三部分,把腹中部的两个侧矢状面平行后移,使腹后部分为左、右腹股沟部和中间的耻骨部。

### 2. 骨盆腔

骨盆腔是腹腔向后的延续,其背侧为荐骨和前几个尾椎,两侧为髂骨和荐坐韧带,底壁为耻骨和后侧的坐骨。前口由荐骨岬、髂骨及耻骨前缘围成;后口由尾椎、荐坐韧带、臀部肌肉和坐骨弓围成。骨盆腔内有直肠、膀胱和生殖系统的部分器官。

### 3. 腹膜

腹腔和骨盆腔内的浆膜都称为腹膜。紧贴于腹腔和骨盆腔壁的部分称为腹膜壁层。壁层从腔壁折转而包裹内脏器官表面的部分称为腹膜脏层。

腹膜壁层与脏层之间的腔隙称为腹膜腔(图 4.5)。腔内的液体为腹膜液(浆液),液体澄清透明或略带黄色透明,具有润滑作用,减少脏器运动时的摩擦,腹膜液的成分在临床诊断时也有重要意义。腹膜从腹腔、骨盆腔移到肠管上的称为肠系膜;从胃大弯处发出包裹胃肠的称为大网膜;固定肝脏的称为肝韧带。

(1)大网膜。大网膜起于胃背侧腹壁,附着在胃大弯上(图 4.6)。它向尾侧延伸并折叠形成一个囊,称为网膜囊,它围成网膜后隐窝。根据腹壁和脏器的关系,大网膜分为壁层和脏层。

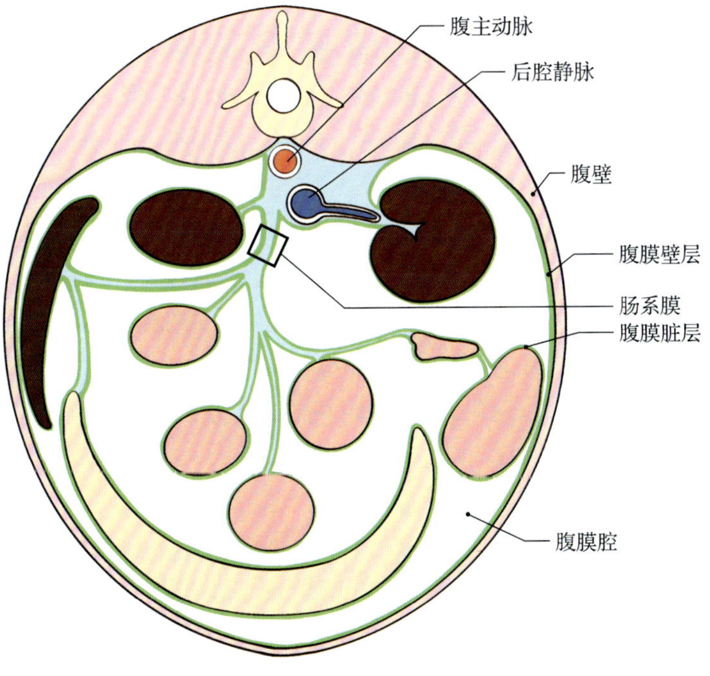


**图 4.5 腹膜与腹膜腔模式图**

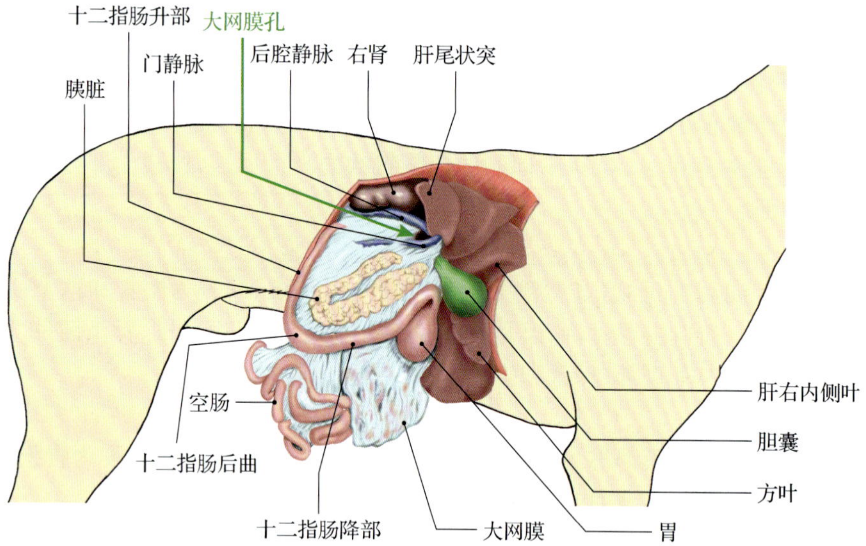


图 4.6 大网膜

(2)小网膜。小网膜位于胃小弯至肝门,在肝与胃的贲门部之间。小网膜与前部十二指肠系膜相延续,附着在胃的贲门和肝脏之间膈的食管裂孔缘。从十二指肠延伸至肝脏的小网膜部分即肝十二指肠韧带。

(3)肠系膜。十二指肠肠系膜起自腹腔背侧壁和肠系膜根,前方经门静脉的腹侧面与大网膜相延续;后方经肠系膜根至十二指肠后曲,在左侧空肠曲部与空肠系膜相延续。升十二指肠通过十二指肠结肠褶附着于结肠系膜。空肠、回肠系膜通过肠系膜根附着于第 2 腰椎相对的腹腔背侧壁。肠系膜上有许多肠系膜淋巴结,是肠道的免疫结构,保护肠道不受细菌或病毒的侵害。

## 第二节 消化器官

消化系统的器官很多,根据功能可以分为两大类:一类器官是管道状器官,称为消化管,主要有口腔、咽、食管、胃、小肠、大肠和肛门。这些器官主要是粉碎食物、运输食物,并提供消化和消化的场所。另一类器官是消化腺,主要分泌消化液,有些消化腺分布在消化管的管壁内,称为壁内腺,还有一些独立于消化管之外,称为壁外腺。壁外腺有唾液腺、肝脏和胰脏,这些壁外腺除有分泌消化液的功能外,还参与物质代谢和内分泌方面的功能。

### 一、口腔

口腔由唇、颊、硬腭、软腭、口腔底、舌、齿和齿龈组成,是消化管的起始部,具有采食、吸吮、咀嚼、味觉感知、吞咽和攻击等功能。唾液腺分泌唾液,辅助完成消化功能。

口腔的前壁为唇,侧壁为颊,底部为下颌骨和舌,顶壁为硬腭、软腭。前端经口裂与外界相通,后端与咽相通。

口腔以齿弓为界可分为口腔前庭和固有口腔。齿弓与唇、颊之间的空隙称为口腔前庭;齿弓以内的空间称为固有口腔。舌位于固有口腔内。

口腔内面衬有黏膜,呈粉红色,色质较深的犬种常有色素沉着,黏膜在唇缘处与皮肤相连。黏膜上皮为复层扁平上皮;黏膜下组织有丰富的毛细血管、神经和腺体。口腔黏膜是临床检查的重要内容,健康犬的口腔黏膜保持一定的色彩和湿度。

1. 唇

唇构成口腔最前壁,主要以口轮匝肌为基础,内衬黏膜,外被皮肤。

唇黏膜具有唇腺,开口于唇黏膜上。犬口裂大,分上唇和下唇。下唇短小且薄而灵活,常松弛,后部常形成游离的锯齿状突起;上唇有中央沟或中央裂,将上唇分为左右两半。上唇与鼻端间形成光滑湿润的暗褐色无毛区,称为鼻镜,其色彩随犬的品种而定,多数为黑色。鼻镜内有腺体,常分泌水样液体,使鼻镜保持湿润状态。犬鼻镜湿润与否,是犬临床诊断疾病的依据之一。有的品种犬的上唇部特别松,可覆盖下唇,且唾液易从松弛部流下,如圣伯纳犬、巴哥犬、法国斗牛犬、沙皮犬、德国牧羊犬等。

2. 颊

颊以颊肌为基础,内衬黏膜、外被皮肤,构成口腔的侧壁。颊黏膜光滑并常有色素,有颧腺和腮腺管的开口。

3. 硬腭

硬腭构成固有口腔的顶壁。上颌骨和颌前骨的腭突、腭骨水平部是硬腭的骨质基础。硬腭黏膜厚而坚实,上皮高度角质化。在硬腭的正中矢状面处,有一纵行的腭缝,腭缝的两侧各有一些横行的腭褶。在硬腭的前端有一突起,称为切齿乳头。硬腭向后连接软腭。

4. 软腭

软腭是口腔与鼻腔的分界,为硬腭向后的延续,构成固有口腔的后壁。软腭的后壁游离缘称为腭弓,向两侧各有两条弓状黏膜褶,伸向后方到咽侧壁的称为腭咽弓,伸向前方连于舌根侧缘的称为腭舌弓。位于口咽侧壁有凹陷,称为扁桃体窝。

软腭由肌肉和黏膜构成。在黏膜深层有分散的混合腺以及弥散淋巴组织、淋巴小结和扁桃体。

软腭构成口咽的活瓣叶,参与吞咽活动。平常呼吸时,软腭垂向后方达会厌处;用口腔呼吸时,软腭上提。大部分短头犬的软腭相对较长,完全封住喉口,故成为呼吸困难的主要原因。

5. 舌

舌位于口腔底,当口闭合时,占据口腔的绝大部分。舌运动灵活,参与采食、吸吮、协助咀嚼和吞咽食物、发声、发汗,并有感受味觉等功能。

舌可分为舌根、舌体和舌尖三个部分(图 4.7)。舌根为腭舌弓以后附着于舌骨的部分,仅背部游离;在舌尖和舌体交界的腹侧,有一条与口腔底相连的黏膜褶,称为舌系带。舌系带的两侧各有一突起,称为舌下肉阜。舌尖腹侧有明显的舌下静脉,可作为静脉麻醉药的注射部位。

舌主要由骨骼肌构成,附着于下颌骨和舌骨上。舌表面覆盖有黏膜,其上皮为复层扁平上皮。在舌根背侧和两侧的黏膜内含有大量淋巴组织,构成舌扁桃体。舌黏膜内还有舌腺,能分泌黏液,以许多小管开口于舌黏膜表面。舌黏膜的表面形成许多角质化的突起,称为舌乳头,主要有丝状乳头和锥状乳头,仅起机械摩擦作用,无味蕾;菌状乳头分散于舌背面及侧面;叶状乳头在腭舌弓附近舌外侧缘的浅沟上;轮廓乳头有 4~6 个,位于舌体后部中线两侧的上皮中含有味蕾,为味觉感受器。

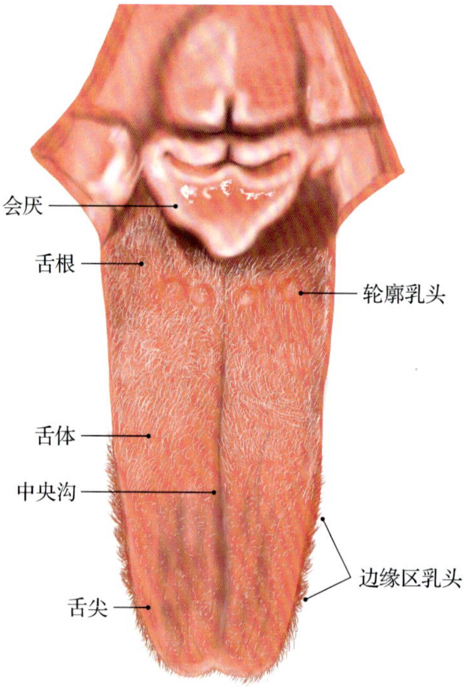


图 4.7　犬的舌

### 6. 齿

齿是体内最坚硬的器官，镶嵌于颌前骨和上、下颌骨的齿槽内，因其排列成弓形，所以又分别称为上齿弓和下齿弓（图 4.8）。

(1)齿的种类和齿式。齿按形态、位置和功能可分为切齿、犬齿和臼齿三种。用字母来表示，I 代表切齿，C 代表犬齿，P 代表前臼齿，M 代表后臼齿；在字母的四个角加上数字就可以标识出每个牙齿，如 $I_2$ 就是右侧下方第二个切齿。齿的种类和数目可以用齿式来表示。

切齿位于齿弓前部，由内向外分别称为门齿、中间齿和隅齿；犬的犬齿大而尖锐并弯曲；犬第一上后臼齿和第一下后臼齿格外发达，称为裂齿或肉食齿，具有强有力的咬断食物的能力。

与其他哺乳动物一样，犬猫都是两期齿，即牙齿在出生后逐个长出。除后臼齿和第 1 前臼齿外，其余齿到一定年龄时均按一定顺序进行更换。更换前的齿称为乳齿，一般个体较小，颜色乳白，磨损较快；而更换后的齿相对较大，坚硬，颜色较白，称为恒齿。

犬的恒齿式：$2\left(\frac{3\quad 1\quad 4\quad 2}{3\quad 1\quad 4\quad 3}\right)=42$

犬的乳齿式：$2\left(\frac{3\quad 1\quad 3\quad 0}{3\quad 1\quad 3\quad 0}\right)=28$

猫的恒齿式：$2\left(\frac{3\quad 1\quad 3\quad 1}{3\quad 1\quad 2\quad 1}\right)=30$

猫的乳齿式：$2\left(\frac{3\quad 1\quad 3\quad 0}{3\quad 1\quad 2\quad 0}\right)=26$

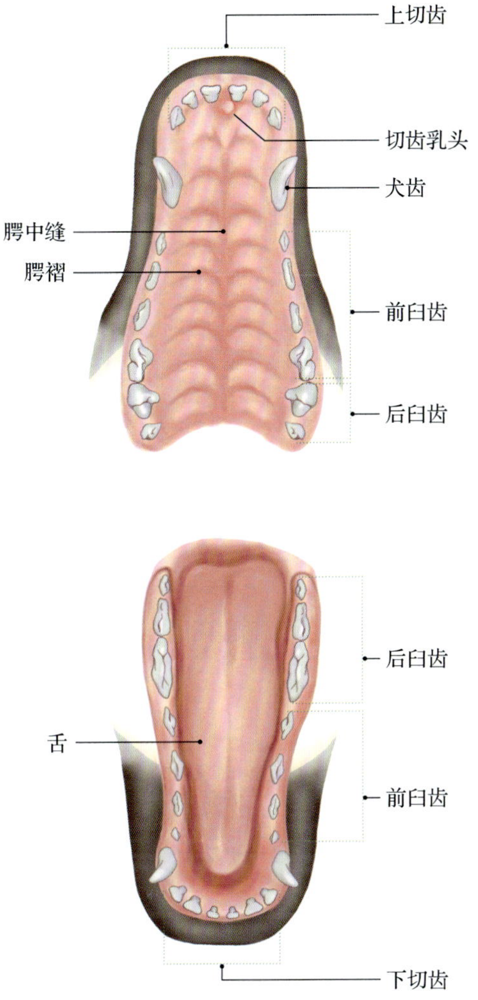


图 4.8 犬的齿弓

(2)齿的结构。齿在外形上可分为三部分,埋于齿槽内的部分称为齿根,露于外部的称为齿冠,介于两者之间被齿龈覆盖的部分称齿颈(图 4.9)。

齿壁由齿质、釉质和齿骨质构成。齿质位于内层,呈淡黄色,是构成齿的主体;在齿冠部齿质的外面包有光滑、坚硬、乳白色的釉质,它是体内最坚硬的组织;在齿根部齿质的外面则包被有略带黄色的齿骨质,齿骨质含有骨细胞,而齿质内没有细胞。齿的中心部为齿髓腔,腔内有富含血管、神经的齿髓,齿髓有生长齿质和营养齿组织的作用。

(3)齿龈。为被覆于齿颈及邻近骨表面的黏膜,与骨膜紧密相连,呈粉红色,有固定齿的作用。齿龈无黏膜下层。正常齿龈的颜色为粉红色,齿龈的颜色是犬诊断疾病的重要依据。

7. 唾液腺

唾液腺是导管开口于口腔,能分泌唾液的腺体(图 4.10)。犬的唾液腺较发达,能不断产生唾液,包括腮腺、颌下腺、舌下腺和颧腺。

(1)腮腺。位于耳根下方,下颌骨后缘,较小,呈三角形,淡红色,背侧两角围绕并高出耳郭

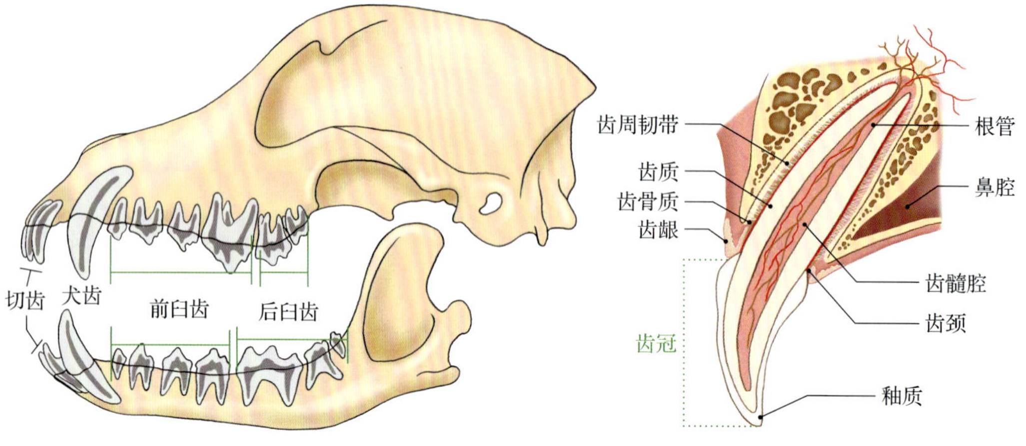


图 4.9　牙齿的形态与结构

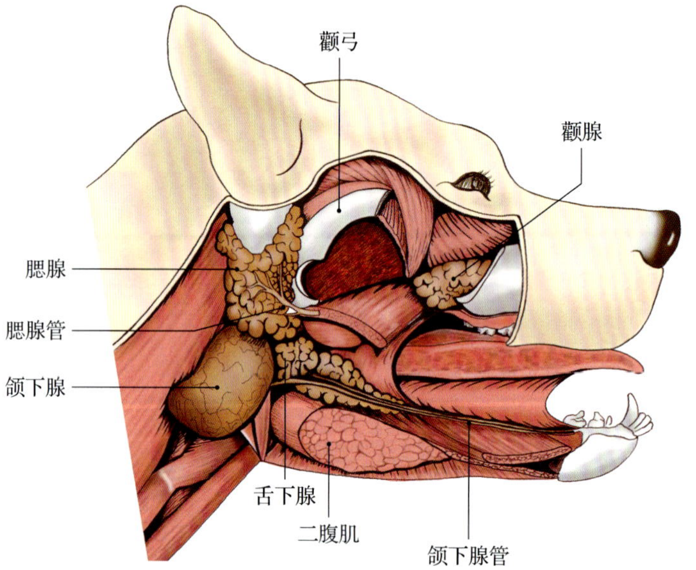


图 4.10　唾液腺结构图

基部，其腺管开口于颊黏膜上。

(2)颌下腺。位于下颌角后方，较大，呈椭圆形，淡黄色，部分被腮腺所覆盖，腺管开口于舌下肉阜。

(3)舌下腺。位于舌体和下颌骨之间的黏膜下，腺管很多，有长管和短管两种，分别开口于口腔底部黏膜和舌下肉阜。

(4)颧腺。又称眶腺，位于眼球后下方，有 4~5 条颧腺管，开口于最后上臼齿附近的颊黏膜上。

猫的头部还有一对臼齿腺。

## 二、咽

咽位于颅底下方、口腔和鼻腔的后方、气管的背侧，前宽后窄，呈漏斗状，是一个肌性管道。咽又分为鼻咽部、口咽部和喉咽部(图 4.11)。鼻咽部位于鼻腔后方软腭背侧，是鼻腔向后的延续，鼻咽部两侧有耳咽鼓管口与中耳相通。口咽部位于软腭和舌根之间，平坦而扁平，前端以咽峡与口腔相通。喉咽部位于喉口的背侧，较短，后下方经喉口通喉和气管，后上方以食管口通食管，前上方经软腭游离缘与舌根形成的咽内口与鼻咽部相通，前下方在会厌软骨处与口咽部相接。

咽壁由黏膜、肌层和外膜构成。在咽和软腭的黏膜内分布有大量淋巴组织，分别称为咽扁桃体和腭扁桃体。

咽是消化道和呼吸道的共同通道。呼吸时，软腭下垂，空气通过鼻腔、咽、喉和气管，进出肺；吞咽时，软腭上提关闭鼻后孔，而会厌软骨翻转盖住喉口，暂停呼吸，此时食团经咽进入食管。

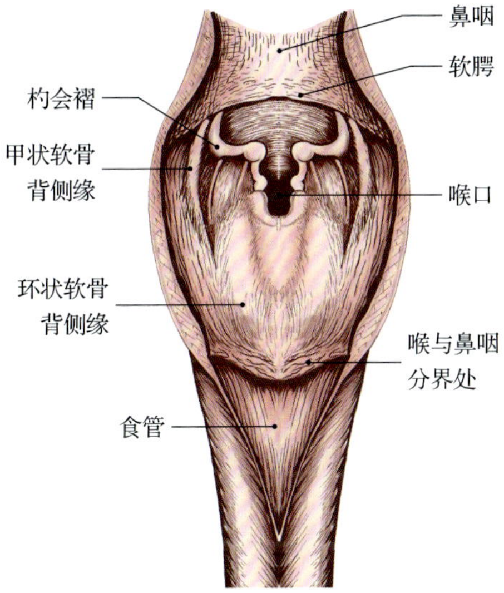


图 4.11 咽

## 三、食管

食管是将食物由咽运送入胃的肌性管道，颈前部位于气管背侧，颈后部和胸前部位于气管的左侧。食管起于喉咽部，连接于咽和胃之间，根据食管所在位置可分为颈、胸、腹三段，颈段位于颈前 1/3 处的气管背侧与颈长肌之间，沿颈中部至胸腔前口处偏至气管左侧；胸段位于纵隔内，又转至气管背侧与颈长肌的胸部之间继续向后伸延，越过主动脉右侧和心脏的背侧，然后穿过膈的食管裂孔进入腹腔；腹段很短，连接于胃。

食管由黏膜、黏膜下层、肌层和外膜(或浆膜)构成。黏膜表面形成许多纵褶，当食物通过时，管腔扩大，纵褶展平。黏膜上皮为复层扁平上皮；黏膜下层发达，有较多的混合腺，称为食管腺；肌层为横纹肌；外膜在颈段为疏松结缔组织，在胸、腹段为浆膜。

## 四、胃

### 1. 胃的形态和位置

犬的胃位于腹前部。胃的左端膨大部位于左季肋部，幽门部位于右季肋部，背侧壁为腰椎、腰肌和膈肌脚，侧壁和底壁为假肋的肋骨下部、肋软骨和腹肌，前与膈、肝接触，后与大网膜、十二指肠、肠系膜及胰接触。胃的左侧壁与脾紧邻。

犬的胃容积较小，在空虚状态下，胃体呈圆筒状，而当胃内充满食物时呈梨状囊(图 4.12)。胃的前口为贲门与食管相连，后口为幽门，通十二指肠。胃的左侧部大，下方的凸曲部称为胃大弯。贲门与幽门距离较近，两门之间的凹曲部称为胃小弯。在胃黏膜表面，根据黏膜形态和分布部位的不同，可分为贲门腺区、幽门腺区和胃底腺区。其中，贲门腺区较小，颜色为淡黄色；胃底腺区黏膜较厚，呈红褐色，占全胃黏膜面积的 2/3；幽门腺区黏膜较薄，色苍白。

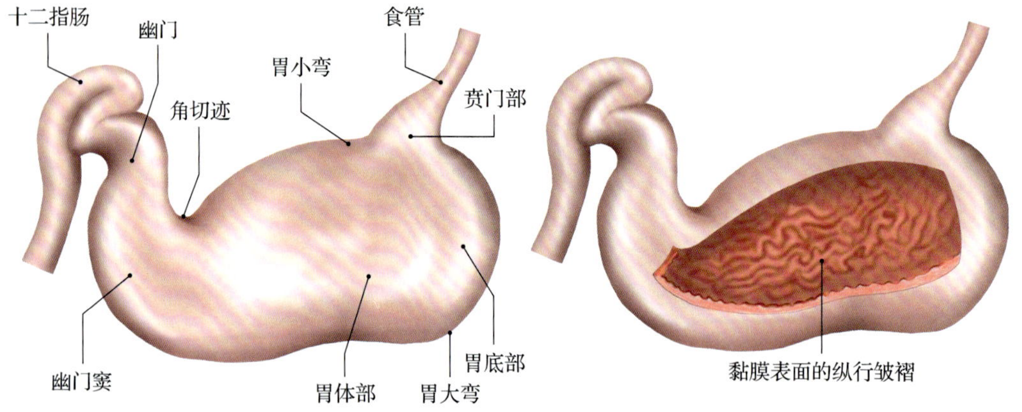


图 4.12　胃的形态特征

### 2. 胃的组织结构

犬胃属于腺型胃，胃壁由内向外分为四层。

(1)黏膜。形成许多皱褶，当食物充满时，皱褶变低或消失。黏膜表面有许多凹陷，称为胃小凹，是胃腺的开口处(图 4.13)。

①黏膜上皮：为单层柱状上皮，排列整齐。

②固有层：发达，含有密集的胃腺。

根据胃腺的结构和分泌物的性质，可分为贲门腺、幽门腺和胃底腺。其中，胃底腺是胃的主要腺体(图 4.14)，主要由主细胞、壁细胞、颈黏液细胞和内分泌细胞构成。

主细胞主要分泌胃蛋白酶原，故又称为胃酶原细胞。主细胞数量较多，主要分布在胃腺的体部和底部，细胞呈矮柱状，胞核圆形，位于胞基底部，胞质嗜碱性；壁细胞能分泌盐酸，又称为盐酸细胞，主要分布在胃腺的颈部和体部，细胞体积较大，呈圆形，胞核圆形，位于细胞中央，胞质强嗜酸性。

③黏膜肌层：薄层平滑肌，有助于胃液排出。

(2)黏膜下层。由疏松结缔组织构成，神经节和神经纤维的数量非常多，这些神经称为黏膜

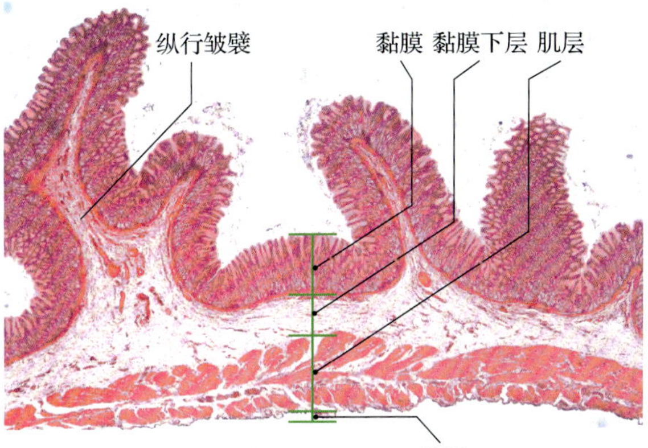

图 4.13 胃黏膜(低倍镜下)

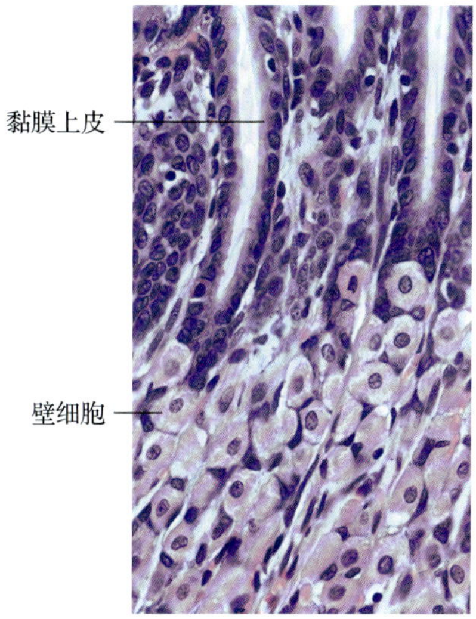

图 4.14 胃底腺(高倍镜下)

下神经丛或欧氏丛。

(3)肌层。由三层平滑肌构成。在胃的入口部,内层为斜行肌,形成贲门括约肌,中层为环行肌,在幽门部特别发达,形成强大的幽门括约肌,肌层之间存在大量神经节和神经纤维,称为肌间神经丛或麦氏丛;外层为纵行肌,在胃大弯和胃小弯处发达。

(4)浆膜。位于最外层,被覆于胃的表面。

## 五、小肠

### 1. 小肠的形态和位置

犬的小肠是体长的3~4倍,前接胃的幽门,后端止于盲肠。可根据其形态和结构的变化分为十二指肠、空肠和回肠三部分(图 4.15)。

(1)十二指肠。十二指肠位于右季肋部和腰部,位置较为固定。形态上呈曲别针状,可分为前曲、降部、后曲和升部。前曲最短,起于胃的幽门,沿肝的脏面下行,在右侧第9肋间隙相对应处转为降部;降部系膜较长,并游离于大网膜外,在右肾后端,第5~6腰椎间向左侧折转,移行为后曲;升部系膜较短,行于右侧的盲肠、升结肠、肠系膜根和左侧的降结肠、左肾之间,在腹腔右侧向后行,在肠系膜前动脉根部转向左侧,于肠系膜根部左侧向前移行连接空肠。十二指肠起始段有胆管和胰管的开口。

(2)空肠。空肠是最长的一段,有6~8个肠袢组成。位于肝、胃和骨盆前口之前,前连十二指肠,后接回肠。

(3)回肠。回肠是小肠的末段,短而直,由腹腔的左后部伸向右前方。前连空肠,后开口于盲肠和结肠的交界处,其开口处称为回盲口。回肠与盲肠之间借回盲韧带相连。

### 2. 小肠的组织结构

小肠壁分黏膜、黏膜下层、肌层和浆膜四层。

(1)黏膜。小肠黏膜形成许多环形皱褶和微细的肠绒毛,突入肠腔内,以增加与食物接触的

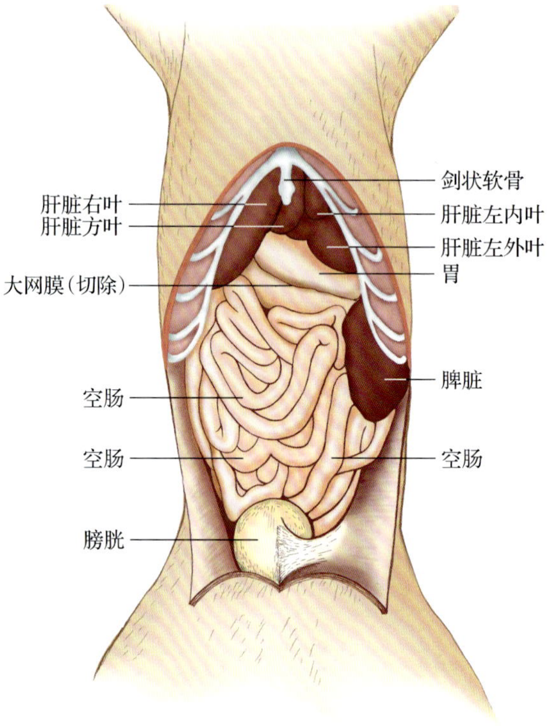


图 4.15 犬小肠形态

面积(图 4.16、图 4.17)。其中,空肠的环形皱褶发达,肠绒毛也密集。

①黏膜上皮:被覆于黏膜和绒毛的表面,由单层柱状上皮构成。上皮细胞之间夹有杯状细胞和少量内分泌细胞。杯状细胞在十二指肠较少,空肠逐渐增多,到回肠则更多。

②固有层:由富含网状纤维的结缔组织构成,固有层内除有大量的肠腺外,还有毛细血管、淋巴管、神经和免疫细胞(如淋巴细胞、嗜酸性粒细胞、浆细胞和肥大细胞等)。肠腺主要由柱状细胞、杯状细胞、未分化细胞和内分泌细胞组成。固有层中的毛细淋巴管突入小肠绒毛内,形成中央乳糜管。中央乳糜管管壁由一层内皮细胞构成,无基膜,通透性很大,一些较大分子的物质可进入管内。毛细血管的内皮有窗孔,有利于物质的吸收。

③黏膜肌层:由平滑肌组成。

(2)黏膜下层。黏膜下层由疏松结缔组织构成,内有较大的血管、淋巴管、神经丛以及淋巴小结等。在十二指肠,靠近幽门的区域还分布有十二指肠腺,是黏液腺,能分泌碱性黏液。

(3)肌层。由内层环行肌和外层纵行肌两层平滑肌构成。

(4)浆膜。位于肠管最外层。

## 六、大肠

### 1. 大肠的形态和位置

犬的大肠与小肠相比较短,长 60~75 cm,管径较细,几乎与小肠近似,无肠带和肠袋,可分为盲肠、结肠和直肠(图 4.18)。

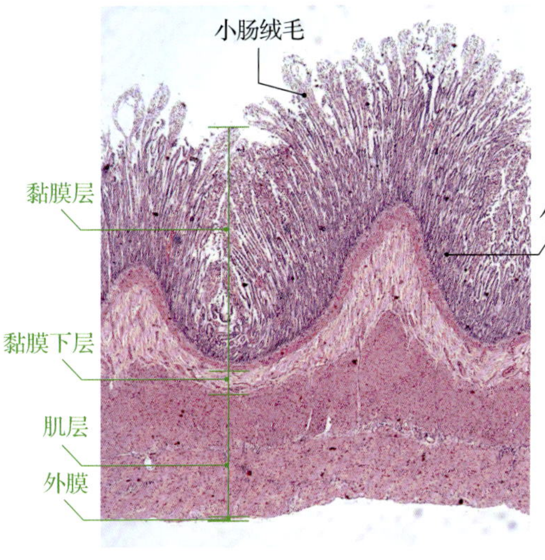

图 4.16 犬小肠黏膜结构

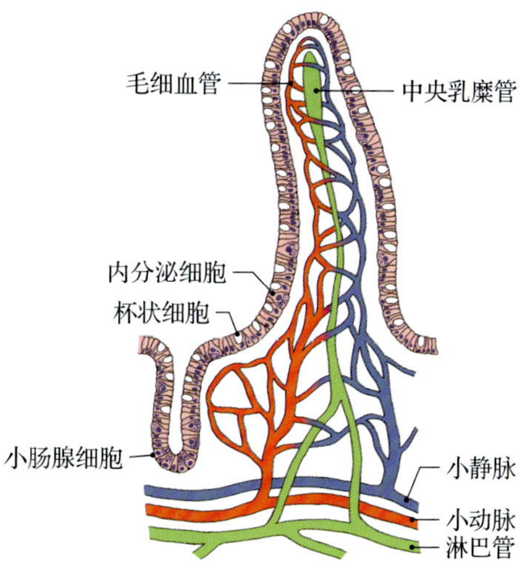

图 4.17 小肠绒毛结构模式图

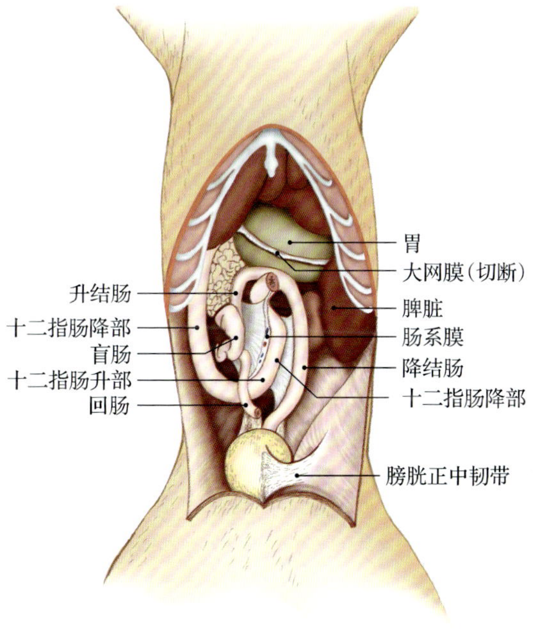

图 4.18 犬大肠形态

(1)盲肠。长 12~15 cm,呈螺旋状弯曲,位于右肾后端的腹侧,小肠袢的背侧,十二指肠降部和胰右叶的腹侧,第 2、3 腰椎横切面处。盲肠与结肠相通,其相通处称为盲结口,位于回盲口的外侧;盲肠的尖端为盲端。

(2)结肠。位于腹腔背侧,依次分为以下几段:升结肠,自盲结口向前行,沿十二指肠降部和胰右叶的内侧面向前至胃幽门部,位于肠系膜根的左侧,并越过正中矢状面延续为横结肠;横结肠,位于肠系膜根的前方,自右侧幽门处至左侧左肾腹侧,由升至横的转折部称为结肠右曲,由横结肠至降结肠的转折部称为结肠左曲；降结肠，是最长的一段，起始部位于肠系膜根的左侧，然后斜向正中矢状面，至骨盆入口处与直肠衔接。降结肠与十二指肠升段之间以十二指肠结肠韧带相连。

(3)直肠。位于骨盆腔内，生殖器官、膀胱和尿道的背侧，以直肠系膜附着于荐骨下面。犬的直肠很短，前连结肠，后部直径增大，称为直肠壶腹。

### 2. 大肠的组织结构

大肠壁的构造与小肠壁基本相似，也由黏膜、黏膜下层、肌层和浆膜构成。但大肠的黏膜表面光滑，不形成特殊的皱褶，无肠绒毛；黏膜上皮及固有层的大肠腺中有大量的杯状细胞；在固有层中有许多散在的淋巴小结，特别是在直肠，黏膜有明显的小结节状隆起；肌层为内环、外纵两层平滑肌，较厚，特别是在直肠(图 4.19)。

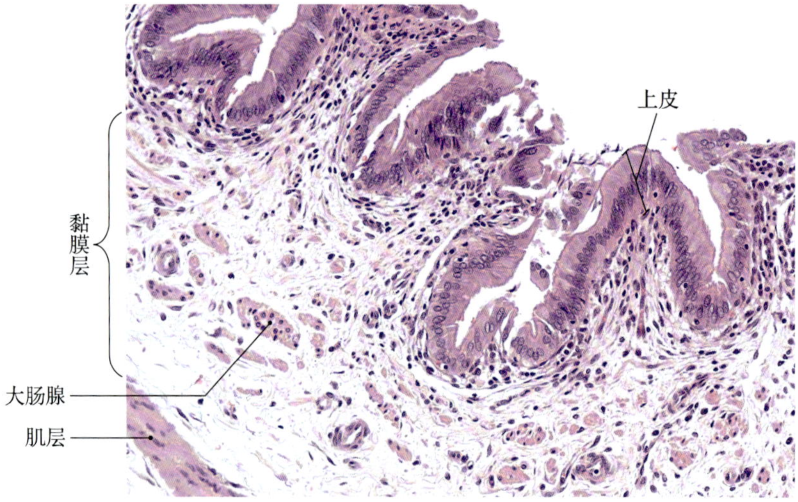


图 4.19　犬大肠黏膜组织结构(20 倍镜下)

## 七、肛管及肛门

大肠的末端连接肛管，肛管(图 4.20)是消化管的终段，通过肛门与外界相通。肛门由内外括约肌控制开合。内括约肌由平滑肌构成，它由直肠的外层环行肌形成；外括约肌是起于尾椎的横纹肌。肛门位于第四尾椎下方，肛门两侧各有肛旁窦的开口，肛旁窦的壁内有微小皮肤腺，其分泌物滞留于窦内，经窦管向外排出。

## 八、肝脏

### 1. 肝的形态和位置

犬的肝位于腹前部，膈的后方，大部分偏右侧。肝前面隆凸，与膈及腹腔侧壁相贴，称为膈面。右侧部有深的肾压迹，肾压迹的左侧有腔静脉沟，供后腔静脉通过；后方凹称为脏面，形成与胃、十二指肠前部和胰右叶相接的压迹。脏面的中部有肝门，门静脉和肝动脉经肝门入肝，肝管和淋巴管经肝门出肝。肝的表面被覆有浆膜，并形成左、右冠状韧带、镰状韧带、圆韧带、三角韧带与周围器官相连。

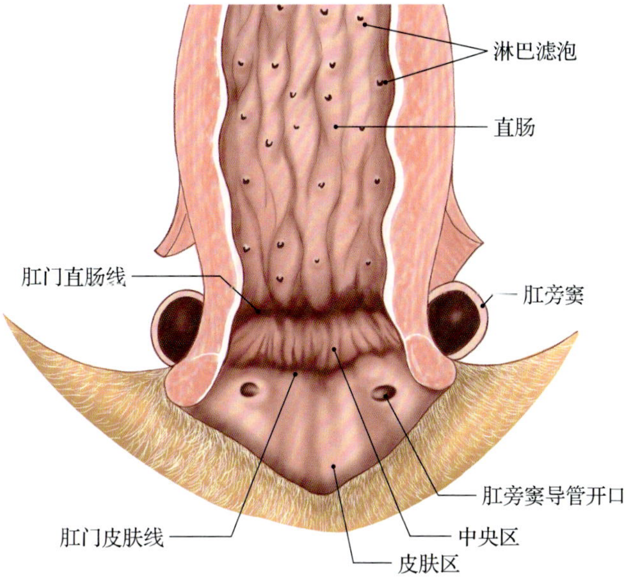


图 4.20 **犬肛管**

犬的肝呈红褐色，是体内最大的腺体，中部厚而边缘薄(图 4.21、图 4.22)。由叶间切迹和肝门分为左外侧叶、左内侧叶、右外侧叶、右内侧叶、方叶和尾叶。肝圆韧带切迹的左侧为左叶，又以较深的叶间切迹分为左外侧叶和左内侧叶，左外侧叶较大，呈卵圆形，左内侧叶较小，棱柱状；胆囊右侧为右叶，同样以深的叶间切迹分为右外侧叶和右内侧叶；在肝门的下方，胆囊与圆韧带之间有方叶，在肝门上方有尾叶，尾叶又分为左侧的乳头突及右侧的尾状突。

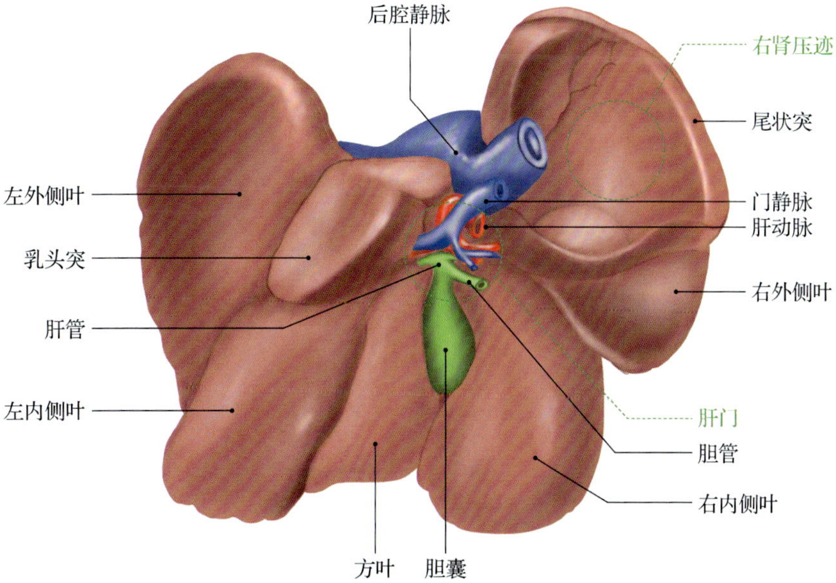


图 4.21 **犬肝脏脏面形态**

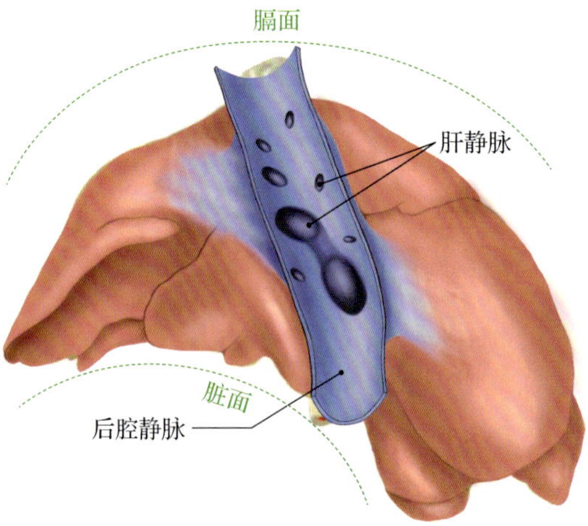


图 4.22　犬肝脏背侧面形态

犬的胆囊呈弯曲的囊状,隐藏在肝脏的脏面方叶和右内侧叶之间。肝管出肝门与胆囊管汇合成胆总管,开口于距幽门 2~3 cm 的十二指肠乳头上。

2. 肝的组织结构

肝脏是实质性器官,由实质和间质构成,间质部分对肝脏形成保护,并构成肝脏的框架,包括肝的表面覆盖的浆膜,浆膜的结缔组织形成小梁伸入肝实质内,并将肝分隔成许多肝小叶,肝小叶就是肝脏的实质部分。

(1)肝小叶。为肝的基本结构单位,呈不规则的多面棱柱状体(图 4.23)。每个肝小叶的中央沿长轴都贯穿着一条中央静脉。肝细胞以中央静脉为轴心呈放射状排列形成肝上皮,又称为肝板,在切片上则呈索状,称为肝细胞索。肝上皮互相吻合连接呈网状,肝上皮之间的腔隙称为窦状隙,是血窦。窦状隙极不规则,并通过肝上皮上的孔彼此沟通。

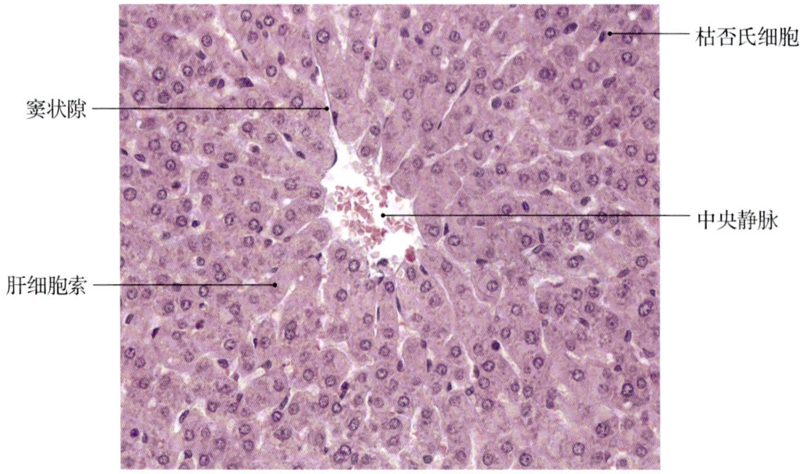


图 4.23　犬肝小叶

(2)肝细胞。呈多面形,胞体较大,界线清楚。胞核圆而大,位于细胞中央(常有双核细胞),核膜清楚。

(3)窦状隙。位于肝板之间,是由小动脉和小静脉汇合后形成的血窦。窦壁由扁平的内皮细胞构成,核呈扁圆形,突入窦腔内。此外,在窦腔内还有许多体积较大、形状不规则的星形细胞,以突起与窦壁相连,称为枯否细胞,这种细胞是体内单核吞噬细胞系统的组成部分,具有很强的吞噬能力。

(4)胆小管。由相邻肝细胞的细胞膜围成的细小管道,在肝板内互通连成网,以盲端的形式从肝小叶中央向周边延伸,胆小管在肝小叶边缘处汇集成小叶内胆管。

(5)肝门与汇管区。门静脉、肝动脉和肝管由肝门进出肝,它们以结缔组织包裹,总称为肝门管。三个管道在肝内分支都是伴行的,分别称为小叶间静脉、小叶间动脉和小叶间胆管。在肝脏组织切片上,几个肝小叶相邻的结缔组织内常可见到伴行管的切面,称为汇管区(图 4.24)。

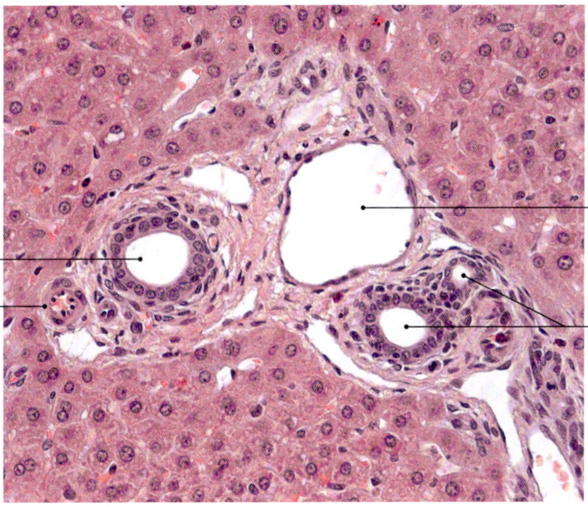


**图 4.24 犬肝脏汇管区**

### 3. 胆汁的排出途径

肝细胞分泌的胆汁排入胆小管内,并由小叶的中央向边缘运送。在肝小叶边缘,胆小管汇合成短小的小叶内胆管。小叶内胆管穿出肝小叶,汇入小叶间胆管。小叶间胆管向肝门汇集,最后形成肝管出肝,与胆囊管汇合成胆总管后,再通入十二指肠内。

### 4. 肝的血液循环

进入肝的血管有门静脉和肝动脉,出肝的血管为肝静脉。

(1)门静脉。门静脉是肝脏的功能血管,是来自胃、脾、肠、胰的静脉血的静脉干,经肝门入肝,在肝小叶间分支形成小叶间静脉,在肝小叶内形成终末分支开口于窦状隙,最后流向小叶中心的中央静脉。门静脉内的血液既含有经消化吸收来的营养物质,又含消化吸收过程中产生的毒素、代谢产物及细菌、异物等有害物质。其中,营养物质在窦状隙处可被吸收、贮存或经加工、改造后再排入血液中,运到机体各处,供机体利用;而代谢产物、有毒有害物质,则可被肝细胞结合或转化成无毒无害物质,细菌、异物可被枯否细胞吞噬。

(2)肝动脉。肝动脉是肝脏的营养血管,来自腹腔动脉。经肝门入肝后,在肝小叶间分支形成小叶间动脉,并伴随小叶间静脉分支进入窦状隙,与门静脉血混合。部分分支还可分布到被膜和小叶间结缔组织等处。

(3)肝静脉。肝窦状隙内的血液自肝小叶周边向中央流动,汇集于中央静脉。若干中央静脉再汇合成小叶下静脉。小叶下静脉单独行走于小叶间结缔组织内,最后汇集成数支肝静脉,直接开口于肝脏背侧腔静脉沟内的后腔静脉。

## 九、胰脏

### 1. 胰脏的形态和位置

犬胰脏呈"V"字形,正常胰为浅粉色,由一个体部和两个叶组成。体部位于幽门附近;右叶位于右肾腹侧、十二指肠降部的背侧;左叶位于胃和肝之后、横结肠之前(图 4.25)。犬通常有两条腺管,分别通入十二指肠,其中一条称为胰管,另一条称为副胰管(图 4.26)。

### 2. 胰脏的组织结构

胰脏是实质性器官,由间质和实质两个部分组成。间质形成保护和框架部分,包括被膜和被膜结缔组织伸入胰腺内部的小梁。小梁将胰腺实质部分隔成许多小叶。胰的实质分外分泌部和内分泌部。

(1)外分泌部。属消化腺,为分支管泡状腺,占腺体的绝大部分。腺泡呈球状或管状。腺腔很小,均由浆液性腺细胞组成,分泌胰液。胰液在细胞顶端排入腺腔内,再由各级导管(闰管、小

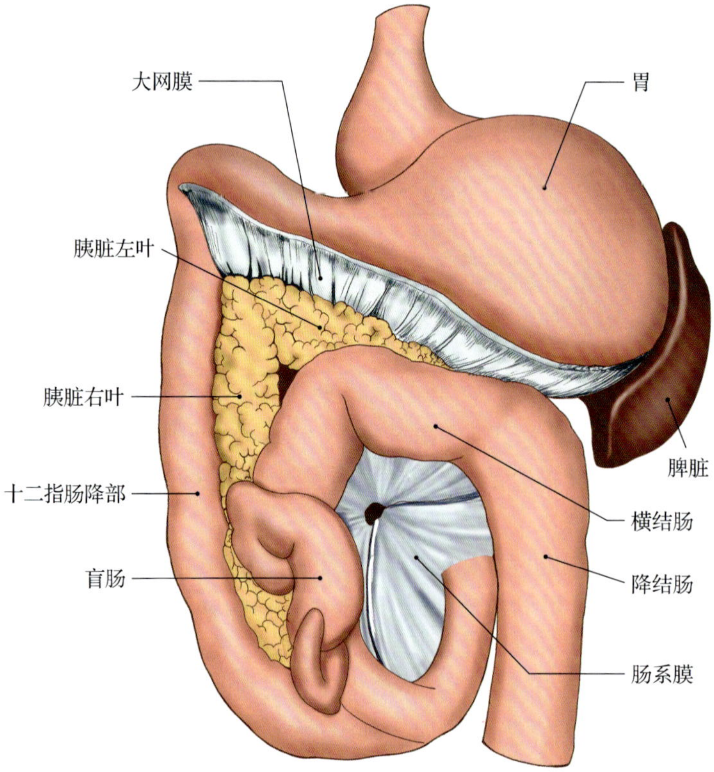


图 4.25　犬胰脏的形态和位置

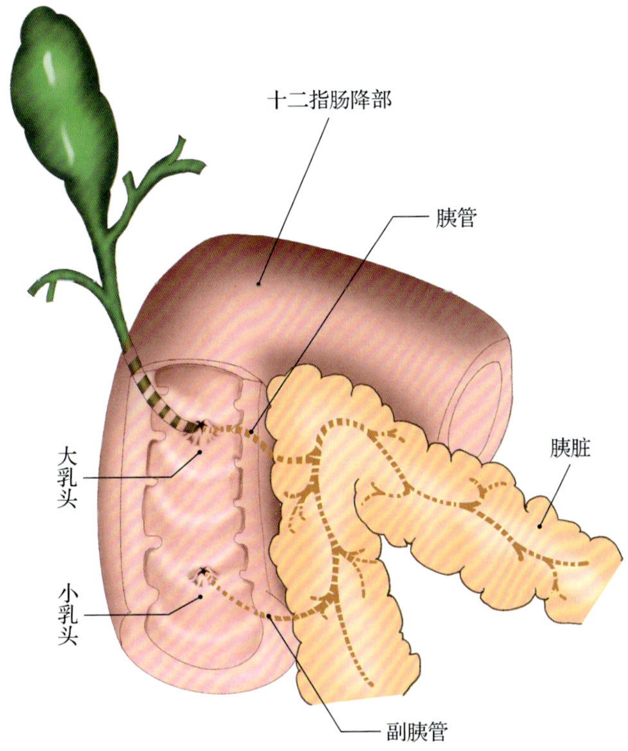


图 4.26　犬胰脏腺管在十二指肠的开口

叶内导管、小叶间导管、叶间导管和总导管）汇集后，由胰管注入十二指肠。

（2）内分泌部。在腺泡之间有一些大小不等的细胞群，称为胰岛。胰岛由两种细胞构成，其中 $\alpha$ 细胞分泌胰高血糖素、$\beta$ 细胞分泌胰岛素，经毛细血管进入血液，有调节血糖代谢的作用。

## 第三节　消化生理

消化系统的功能是消化和吸收，消化是指食物在消化管内被分解的过程，吸收是指在消化管内食物的分解产物进入血液和淋巴的过程。

### 一、消化方式

食物在消化管内的分解形式有 3 种。

#### 1. 化学性消化

化学性消化的本质是酶促反应，就是通过消化酶的催化作用将食物分解。酶是动物体中重要的物质转化的推动者，是一种特殊的蛋白质。大多数酶在刚分泌出来时没有催化能力，需要通过激活物激活作用后才具备功能活性。有的酶在发挥功能时还需要有相应的辅酶帮助。酶的活性是受环境条件影响的，最重要的两个环境条件就是温度和酸碱度（pH）。

2. 机械性消化

犬通过用牙齿咬断食物，在口腔内咀嚼、吞咽进入胃，通过胃、肠运动等，将大块食物变小块，并沿消化管向后移行，同时与消化液充分混合，使食糜与消化管壁充分接触，以利于营养物质的吸收。最后把消化吸收后的残渣通过肛门排出体外。

3. 生物性消化

生物性消化是指食物在消化道内受到微生物的发酵作用而进行的分解。犬的生物性消化场所在大肠，因大肠内的环境适宜细菌的繁殖，这些细菌能把食物分解。

上述三种消化方式的作用是相互协调进行的。

## 二、消化道各部的消化作用

### （一）口腔的消化

口腔的消化功能包括采食、饮水、咀嚼、尝味、吞咽和泌涎等。

1. 采食

采食就是犬猫寻找食物和吃食的过程。采食是很复杂的反射活动。视觉、味觉、饥饿等刺激都可以通过相应的反射弧引起采食行为。这些反射大都是先天就有的非条件反射，利用采食反射，可以帮助我们对犬猫进行训练和调教。

2. 饮水

饮水就是犬猫寻找水和喝水的过程，是非常复杂的反射活动。在延髓有渗透压感受器，当机体缺水，血浆晶体渗透压升高时就会产生渴觉，引起饮水反射。

3. 咀嚼

咀嚼是机械地将饲料粉碎，并破坏其结构，使饲料的消化面积增加，有利于消化。同时，反射性地引起消化腺的分泌和促进胃肠运动。犬摄入食物一般随吃随咽，咀嚼不充分，常不混合唾液。只有在啃咬骨头或较硬的食物时才稍加咀嚼。

4. 唾液的作用

犬唾液为无色透明的黏性液体。犬在安静时分泌的唾液，pH 偏弱酸性，而有食物刺激时分泌的唾液呈碱性，pH 为 7.5 左右。唾液由约 99.4% 的水分、0.6% 的无机物及有机物组成。无机物中有钾、钠、钙、镁的氯化物以及磷酸盐和碳酸氢盐等；有机物主要是黏蛋白和溶菌酶。

唾液的分泌受生理状态和食物组成的影响。平时分泌量较少，在采食时明显增加。食物的气味、形状及饲喂信号等均可增加唾液的分泌。

唾液的主要作用是浸润饲料，利于咀嚼。唾液中的黏液能使嚼碎的饲料形成食团，便于吞咽；能溶解饲料中的可溶性物质，刺激舌的味觉感受器引起食欲，促进各种消化液的分泌；唾液中含溶菌酶，具有抗菌作用，能帮助清除一些食物残渣和异物，清洁口腔；能协助散热，尤其是在炎热的夏季，犬通过张口呼吸，并将舌伸出口腔外来散发体内的热量。

### （二）咽和食管的消化

食物在咽和食管内停留时间很短，所以没有消化作用，它们只负责把食物送至胃。

### （三）胃的消化

犬是单胃动物，其消化方式主要以化学性消化为主。

1. 胃液的消化作用

胃液是胃腺分泌的混合液，无色透明，pH 呈弱酸性，在高分泌率时呈强酸性。胃液成分主要包括盐酸、胃蛋白酶原、凝乳酶、黏液、内因子等。

(1)盐酸。主要由胃底腺壁细胞分泌。大部分为游离酸，小部分是与黏液中的有机物结合的结合酸。能激活胃蛋白酶原，维持胃内酸性环境以保证胃酶的活性；使蛋白质变性而易于分解；有一定的杀菌作用；促进胰液、胆汁及肠液的分泌；造成酸性环境有助于 $Fe^{2+}$、$Ca^{2+}$ 的吸收。

(2)胃蛋白酶原。主要由胃底腺主细胞分泌。刚分泌的胃蛋白酶原是没有活性的，在胃酸或已激活的胃蛋白酶的作用下转变为具有活性的胃蛋白酶。胃蛋白酶在较强酸性环境(pH 1.8～3.5)下将蛋白质水解为蛋白脲和蛋白胨。

(3)凝乳酶。凝乳酶能使乳凝固，也具有分解蛋白质的作用，哺乳期幼犬胃液中含量较高。刚分泌的凝乳酶没有活性，在胃的酸性环境下能使凝乳酶激活，使乳中的酪蛋白原转变为酪蛋白，后者与钙离子结合成不溶性酪蛋白钙，延长乳在胃内的停留时间，促进胃液对乳汁的消化。

(4)黏液。黏液的主要成分是糖蛋白。不溶性黏液由表面上皮细胞分泌，呈胶胨状，黏稠度很大；可溶性黏液是胃腺的黏液细胞和贲门腺、幽门腺分泌的。黏液经常覆盖在胃黏膜表面，有润滑作用，使食物易于通过；保护胃黏膜不受食物中坚硬物质的损伤；还可防止酸和酶对黏膜的侵蚀。

(5)内因子。内因子能和食物中维生素 $B_{12}$ 结合成复合物，通过回肠黏膜受体将维生素 $B_{12}$ 吸收。

2. 胃的运动

在进食的时候，胃平滑肌呈现出容受性舒张，随着食物进入胃，胃内压力不会增大。当胃平滑肌不再舒张时，继续进食会引起胃内压力增大，抑制采食中枢，产生饱感，从而使动物停止采食。

采食后，胃内食物随着初步消化，分批次排空到十二指肠，胃的平滑肌会持续收缩，使胃内始终保持足够的压力。胃的主要消化运动是蠕动，食物在胃内长时间保持着分层排列而不混合是因为蠕动在幽门窦处最为强烈，可以使食物在这里充分与胃液混合，并被研磨，最终将食糜排入十二指肠。

胃的运动受神经和体液的调节。迷走神经使胃的运动和分泌增强，交感神经则抑制胃的运动。胃泌素能增加胃肌肉收缩，促胰液素和抑胃肽能抑制胃的收缩。

胃内食糜排入十二指肠称为胃排空，犬的胃排空速度较快。胃排空的速度决定于食物的性质和胃收缩运动的动力及动物的状况。胃排空后数小时，胃体出现节律性蠕动收缩，这种收缩称为饥饿性收缩，动物会有饥饿感。

### (四)小肠的消化

1. 小肠内消化液的消化作用

小肠的消化液有胰液、胆汁和小肠液。

(1)胰液。胰液是胰的外分泌部分泌的，经胰管进入十二指肠参与小肠内消化。胰液中含有大量的消化酶，如胰蛋白酶、胰脂肪酶、胰淀粉酶及糖类分解酶。这些酶进入小肠后在肠激酶和胆盐的作用下产生活性，能分解蛋白、脂肪及糖类物质。其中，胰脂肪酶对肉食动物较为重要。脂类物质在小肠内由于肠蠕动与胆汁中的胆酸盐混合，分散形成乳胶体，并在胰腺分泌的胰脂肪酶作用下使脂肪分解成甘油三酯和脂肪酸，甘油三酯继而组成乳糜微粒进入淋巴循环，再进入血液循环被吸收利用或贮存为脂肪组织。

犬胰液的分泌一般是在消化过程中进行，当犬进食后胰液分泌增多，消化结束后胰液的分泌就停止。胰腺分泌受神经和体液双重控制。当犬采食时，可通过神经反射调节促使胰腺分泌增加；当犬在采食大量酸性食物时，酸性物质刺激十二指肠和空肠黏膜产生促胰液素，促进胰腺小管上皮细胞分泌胰液。犬一昼夜可分泌 5～6 L 胰液。

(2)胆汁。犬的胆汁由肝脏产生，因含有胆红素，故呈红褐色，具有强烈的苦味，较黏稠。肝脏分泌的胆汁呈弱碱性，而贮存在胆囊内的胆汁呈弱酸性。胆汁中没有消化酶，其主要成分为胆色素、胆酸、胆固醇、卵磷脂、脂肪、胆酸盐及矿物质等。

胆汁的作用有以下几方面：胆酸盐是胰脂肪酶的辅酶，能增加脂肪酶的活性；胆酸盐能降低脂肪滴表面的张力，乳化脂肪，增加脂肪与脂肪酶接触面积，有利于脂肪酶消化脂肪；胆酸盐能与脂肪酸结合成水溶性复合物，促进脂肪酸的吸收；促进脂溶性维生素的吸收（如维生素 A、维生素 D、维生素 E、维生素 K）；胆汁中的碱性无机盐可中和由胃进入小肠的酸性食糜，维持肠内环境；胆汁可刺激小肠的运动。

犬的胆汁是连续分泌的，一般在消化期有 1/2 的胆汁直接进入十二指肠，另外 1/2 的胆汁贮存于胆囊中；在消化间期，胆汁全部进入胆囊。由于胆汁中 NaCl、$NaHCO_3$ 和水在胆囊中被吸收，所以胆囊中的胆汁是浓缩状态。

(3)小肠液。小肠液是一种混合物，由小肠腺分泌物、黏膜上皮分泌物及脱落的上皮细胞组成。小肠液为无色或灰黄色浑浊液，呈弱碱性，其主要成分有肠激酶、肠肽酶、肠脂肪酶、肠糖酶、肠蛋白酶等。这些酶以两种形式存在于肠内：一种形式存在于小肠液中，另一种形式存在于小肠黏膜脱落的上皮中。小肠液消化酶的活性随饲料性质而发生变化，饲料中的某一种成分增多时，其某种肠酶分泌就增加。小肠液中各种酶的分布随部位不同有一定的差异，如空肠中的糖酶比回肠高，肠激酶只存在于十二指肠和空肠上部的分泌物中。小肠液的分泌受神经支配。当食糜刺激肠黏膜中的机械和化学感受器时，能反射性地引起小肠分泌肠液。迷走神经兴奋也可引起小肠液的分泌。

### 2. 小肠的运动

小肠平滑肌持续保持着一定的紧张性，能使肠内保持足够的压力，使食糜与消化液充分混合，同时使消化道内的消化产物与肠壁黏膜密切接触，以便充分吸收。

小肠运动的基本形式有蠕动、分节运动、钟摆运动。

(1)蠕动。蠕动是由肠壁环行肌收缩、舒张产生的运动。小肠某一部分的环行肌收缩，相邻近部位的环行肌舒张，紧接着原来收缩部分出现舒张，而舒张部分出现收缩，这种收缩和舒张运动连续进行，从外观上看呈波浪状收缩，形似蠕虫运动。小肠蠕动速度缓慢，为 1～2 cm/min。小肠的蠕动与胃运动有着密切关系，特别是幽门的运动，当胃运动加强时，小肠蠕动随之增加。此外，有时会产生逆蠕动，将食糜向相反方向推动，其收缩力量较弱，但十二指肠逆蠕动较明显。

(2)分节运动。分节运动是以小肠分节段的环行肌产生节律性收缩与舒张为主的运动（图 4.27）。当一段肠管充满食糜时，间隔一定距离的环行肌同时收缩，邻近的环行肌则舒张，将肠管内的食糜分成许多节段，随后收缩的环行肌舒张，舒张的环行肌则收缩，使原来的小节分为两半，后一半与后段的前一半合并形成新小节。小肠这样有节律性的运动，使食糜切断、合拢、翻转并与肠壁黏膜充分接触，有利于将营养物质吸收进入肠壁毛细血管内。

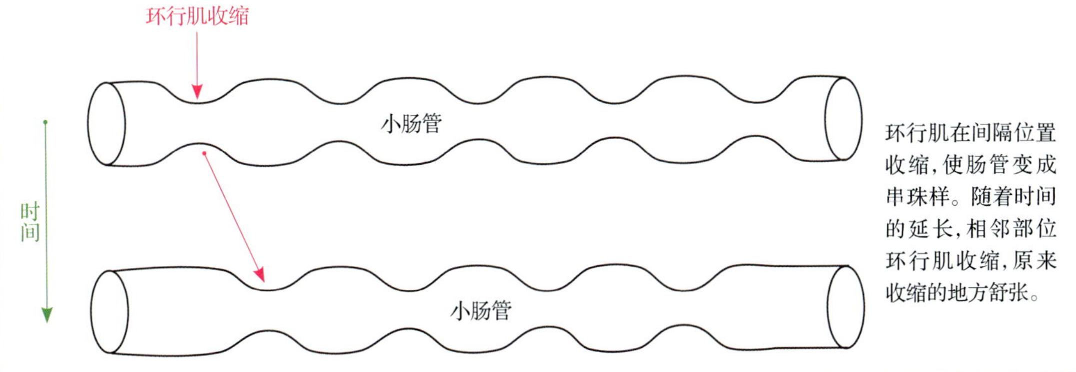


**图 4.27　小肠的节律性分节运动模式图**

(3) 钟摆运动。以纵行肌产生节律性舒缩为主的运动。当食糜进入小肠后，小肠的纵行肌一侧发生节律性的舒张和收缩，对侧发生相应的收缩和舒张，使肠段左、右摆动，肠内容物随之充分混合并与肠壁接触，以利于营养物质的消化和吸收。这种节律性运动次数和强度由前向后逐渐减弱。

### (五) 大肠的消化

大肠不分泌消化酶，它的主要功能是吸收水分并促进微生物的发酵。

#### 1. 大肠内的生物学消化作用

大肠腺分泌的大肠液呈碱性，故大肠内的环境很适宜微生物（如大肠埃希菌、葡萄球菌）的生长繁殖。大肠液的 $HCO_3^-$、$PO_4^{3-}$ 形成重要的缓冲系统，维持微生物生存所需的稳定 pH。在大肠内的食糜中，蛋白质经细菌分解生成吲哚、甲酚等有害物质，这些有害物质经肠黏膜吸收进入血液，经肝脏解毒后随尿液排出体外，未被吸收的部分随粪便排出。

由小肠排入大肠内未消化的脂肪和糖类，经大肠内的细菌作用，分解成甘油、脂肪酸、单糖及其他产物（如甲酸、乙酸、草酸、乳酸、丁酸、甲烷及二氧化碳等）。

#### 2. 大肠的运动

大肠也和小肠一样产生蠕动，但它蠕动速度较小肠慢，强度较小肠弱。盲肠和结肠除蠕动外，还有逆蠕动。

大肠通过蠕动和逆蠕动，推动食糜在肠管内来回移动，使食糜与肠液得以充分混合。食糜在大肠内停留较长时间，这样能使细菌充分消化纤维素，并保证挥发性脂肪酸和水分的吸收。此外，还有一种进行得很快的蠕动，称为集团蠕动，它能把粪便推向直肠引起便意。如果大肠运动机能减弱，则粪便停留时间延长，水分吸收过多，粪便干涸以至便秘；若大肠或小肠运动增强，水分吸收过少，则粪便稀软，甚至发生腹泻。大肠运动受两种神经支配，副交感神经兴奋时运动加强，交感神经兴奋时则运动减弱。

## 三、吸收

食物经过复杂的消化过程后，分解为小分子物质。这些物质及水分、盐类等通过消化道上皮细胞进入血液和淋巴的过程，称为吸收。被吸收的营养物质经血液循环输送到全身各部位，供组织、细胞的生命活动利用。

### 1. 吸收部位

在消化道的不同部位，吸收的能力、速度会有所不同。小肠是营养物质吸收的主要部位。小肠黏膜表面有许多环状皱褶和密集的肠绒毛，绒毛表面有微绒毛，大幅度增加了肠内表面积（图 4.28）。此外，食物在小肠内停留的时间也最长。

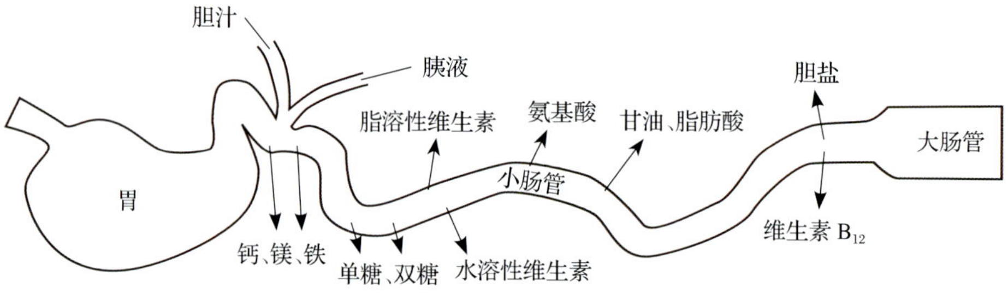


图 4.28　各段消化管的物质吸收特点

### 2. 吸收机制

营养物质通过膜的转运机制包括单纯扩散、易化扩散、主动转运和胞吞胞饮作用等。营养物质吸收进入血液和淋巴的途径有两条：第一条途径为跨细胞途径，即通过小肠上皮腔面进入细胞内，再通过细胞基底面与基底膜到达细胞间隙，最后进入血液或淋巴，如葡萄糖和氨基酸的吸收；第二条途径是旁细胞途径，即肠腔内的物质通过上皮细胞间的连接，进入细胞间隙，然后再转运到血液或淋巴，如水和一些大离子的吸收。其中，水和某些小离子可以通过两条途径被吸收。

### 3. 各种营养物质的吸收

(1) 水分的吸收。动物体内的水分主要是在小肠和大肠吸收，胃吸收的水分较少。水分经胃黏膜时，借助滤过、渗透作用吸收。

(2) 糖的吸收。食物中所有的糖类，都要经消化酶降解成溶解性的单糖或双糖。单糖吸收后经门静脉送到肝脏，部分糖进入肠毛细淋巴管经淋巴入血。但有些双糖不能直接被吸收利用，需要在肠双糖酶的作用下分解成单糖后才能被吸收。

(3) 脂肪的吸收。甘油三酯在肠道内分解为甘油、脂肪酸、甘油一酯，其吸收主要在小肠完成。甘油可以直接溶于肠液被吸收。脂肪酸和甘油一酯与胆盐结合形成水溶性的复合物，这种复合物可以聚合成混合微粒，由于胆盐的亲水性，能携带脂肪水解产物穿过覆盖在小肠绒毛表面的非流动水膜，到达微绒毛。在小肠微绒毛表面微粒中的脂肪酸、甘油一酯、卵磷脂、胆固醇等逐渐从混合微粒中释放出来，通过被动的弥散作用进入上皮细胞。胆盐则留在肠腔被重新利用，或依靠主动转运在回肠被吸收。进入上皮细胞的长链脂肪酸及其甘油一酯重新合成甘油三酯，并与细胞内的载脂蛋白组成乳糜微粒，然后进入淋巴管。短链脂肪酸、部分中链脂肪酸及其组成的甘油一酯可直接从细胞底侧膜扩散，被吸收入毛细血管。因此脂肪的吸收有血液和淋巴两条途径。但因动植物脂肪中长链脂肪酸占多数，所以脂肪的吸收以淋巴为主(图 4.29)。

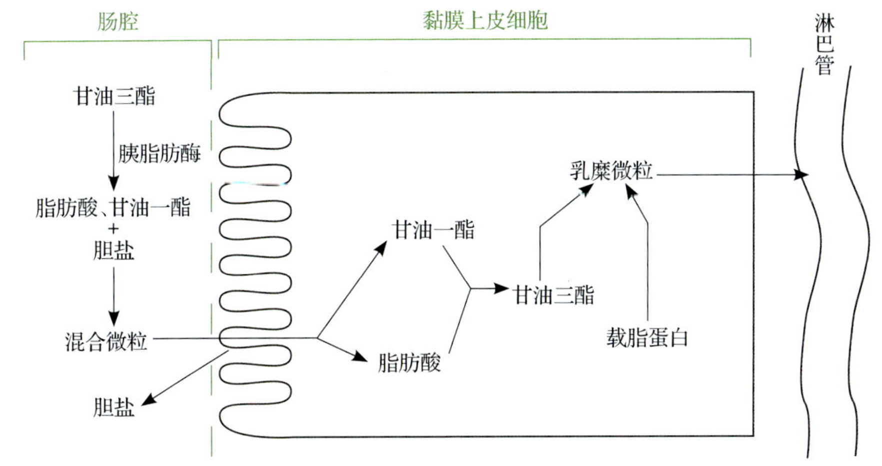


**图 4.29 脂肪在小肠内消化和吸收的主要方式**

胆固醇在胆盐、胰液和脂肪酸的作用下，通过单纯扩散进入肠上皮细胞并转入淋巴管被吸收。磷脂大部分完全水解为脂肪酸、甘油、磷酸盐才能进入肠腔上皮转入淋巴管被吸收。小部分可直接吸收。

(4)盐类的吸收。主要以钠、铁、钙等离子的形式被小肠吸收。不同的盐类被吸收的难易程度不同。氯化钠、氯化钾最易被吸收，其次是氯化钙和氯化镁，而磷酸盐和硫酸盐最难被吸收。

(5)蛋白质的吸收。蛋白质吸收部位主要是小肠，蛋白质进入消化道后，经蛋白酶分解，成为能吸收的小分子氨基酸。游离氨基酸通过主动运输方式，未经消化的天然蛋白质及蛋白质的不完全分解产物只能被微量吸收进入血液。在某种情况下，天然蛋白质可直接吸收，如新生犬从母体初乳进入消化道的免疫球蛋白，可依赖肠黏膜上皮细胞的胞饮作用吸收，再经淋巴进入血液循环。

(6)维生素的吸收。维生素有脂溶性维生素和水溶性维生素两大类。

①脂溶性维生素有维生素 A、维生素 D、维生素 E 及维生素 K。吸收部位主要在小肠前段，维生素的吸收与脂类吸收有密切关系。维生素 D、维生素 E、维生素 K 为被动扩散吸收。维生素 A 是通过载体主动吸收。脂溶性维生素在肠道中吸收后进入肠壁黏膜细胞，再经淋巴管循环进入血液循环送至全身。

②水溶性维生素包括维生素 C 和 B 族维生素(维生素 $B_1$、维生素 $B_2$、维生素 $B_6$、维生素 $B_{12}$、生物素、尼克酸等)。维生素 $B_1$、维生素 $B_2$、生物素、尼克酸依赖载体主动转运吸收；维生素 $B_6$ 为单纯扩散转运吸收。维生素 $B_{12}$ 的吸收需要与胃黏膜分泌的内因子形成复合物，并与肠黏膜上特异受体结合后吸收。

## 四、粪便的形成和排粪

经消化吸收后的食物残渣一般在大肠内停留 10 h 以上，大部分水分在此被吸收，其余经细菌发酵和腐败作用后，残渣逐渐浓缩而形成粪便。

排粪是一种复杂的反射动作。直肠内存在许多感受器，肛门括约肌正常处于收缩状态。当残渣积聚到一定量时，刺激肠壁压力感受器，通过盆神经传至荐部脊髓的排粪调节中枢，再传至延脑和大脑皮层的高级中枢，由中枢发出冲动传至大肠后段。引起肛门括约肌舒张和后段肠壁肌肉的收缩，且在腹肌收缩配合下，增加腹压进行排粪。大脑皮层对排便活动有抑制或促进作用。

## 思考题

1. 腹腔是如何划分的？
2. 消化管能分泌消化液的是哪几部分？
3. 准确描述胃的位置及胃与肝脏的联系结构。
4. 咽部淋巴组织的扁桃体有哪些？描述其分布的位置。
5. 十二指肠的形态是怎样的？它与哪些器官毗邻？结构上与这些器官有什么关系？
6. 肝门处的结构是什么样的？
7. 详细描述胰脏的位置。
8. 小肠的哪些特征使得它成为消化管中最重要的消化器官？
9. 犬肛管的结构是什么样的？
10. 食物中的各种成分分别以什么样的形式被消化吸收？

# 第五章　呼吸系统

**学习重点**

了解呼吸的概念，了解呼吸系统的构成。掌握各呼吸器官的形态、位置及结构。能在体表判断肺的投影位置。了解气体分压的概念，理解气体交换的机制。

**素质要求**

培养科学思维和严谨的学习态度。提高实践操作能力和分析问题、解决问题的能力。增强团队协作意识。

呼吸活动主要由呼吸系统完成，动物有机体在新陈代谢过程中，不断从外界吸入氧气并呼出在代谢过程中产生的二氧化碳，这种气体交换过程称为呼吸。

## 第一节　呼吸器官

呼吸系统由鼻、咽、喉、气管、支气管和肺等器官组成（图 5.1）。其中鼻、咽、喉、气管和支气管是气体进出肺的通道，称为呼吸道。肺由肺泡及肺内各级支气管组成，是容纳气体和进行气体交换的场所。胸膜和胸膜腔等是呼吸系统的辅助装置。

### 一、鼻

鼻由外鼻、鼻腔以及鼻旁窦构成。

1. 外鼻

外鼻由鼻背、鼻尖、鼻根以及鼻侧部构成。鼻尖两侧有鼻孔，为鼻腔的入口，是由内侧鼻翼和外侧鼻翼围成的皮肤褶。鼻翼中含有软骨，构成鼻孔的支架。在鼻的前部有由皮肤衍生而来的鼻镜，健康犬鼻镜始终保持湿润状态，它是皮肤中的腺体分泌浆液所致，当机体发生发热性疾病时，会出现鼻镜干燥。

2. 鼻腔

鼻腔由鼻前庭和固有鼻腔构成（图 5.2）。

（1）鼻前庭。鼻前庭为鼻腔前部衬有皮肤的部分，在鼻腔底壁的后方有鼻泪管的开口。此外，鼻前庭有分泌浆液的鼻外侧腺分泌管口。

（2）固有鼻腔。固有鼻腔是鼻腔的主要部分，位于鼻前庭之后，由骨性鼻腔覆以黏膜构成。左、右侧鼻腔间有鼻中隔相隔，每侧鼻腔由上鼻甲、下鼻甲将鼻腔分为若干鼻道。上鼻道位于鼻

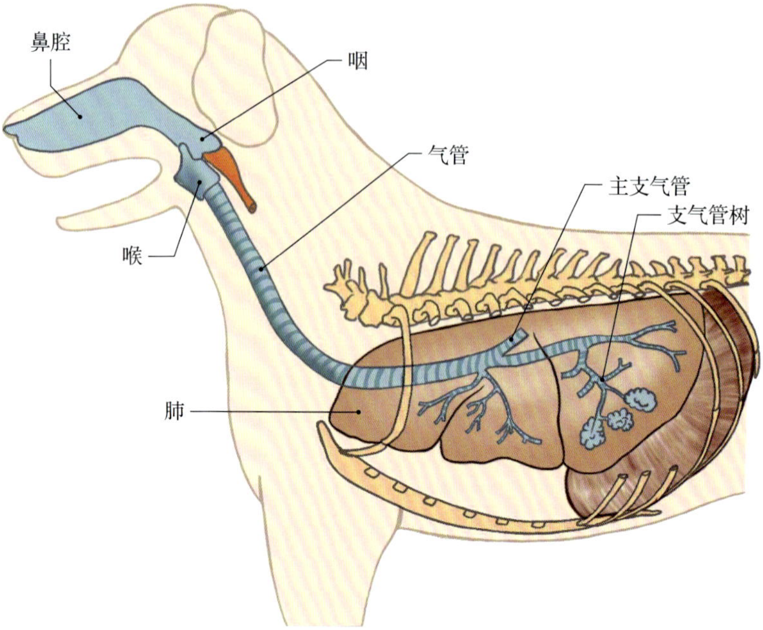


图 5.1　犬呼吸系统的组成

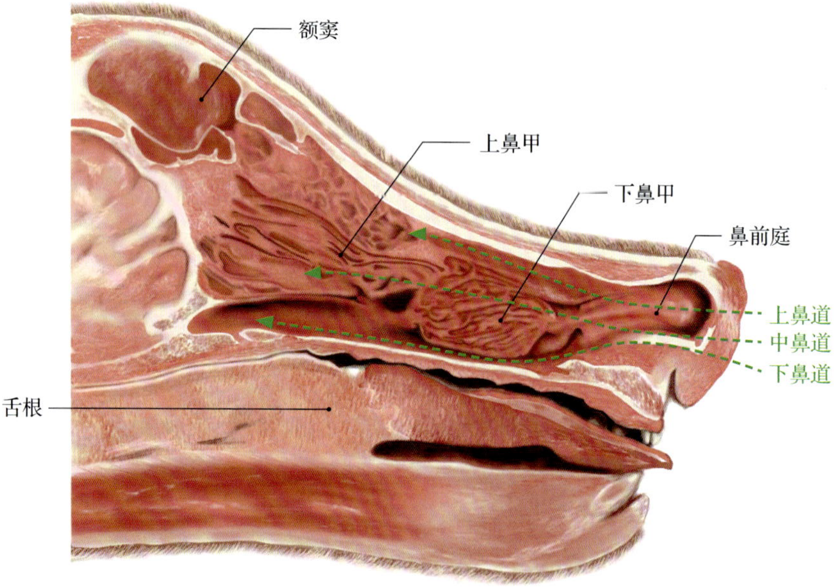


图 5.2　犬鼻腔与鼻旁窦

腔顶壁与上鼻甲之间,后端为盲端。中鼻道较短,是上鼻甲与下鼻甲之间的裂隙,与鼻旁窦相通。下鼻道最宽,位于下鼻甲与鼻腔底壁之间,经后鼻孔通咽。在上、下鼻甲和鼻中隔之间的裂隙,称为总鼻道,它与上、中和下鼻道都相通。鼻腔内表面覆盖鼻黏膜,黏膜呈粉红色,表面覆盖假复层柱状纤毛上皮，黏膜内分布有腺体、淋巴组织和发达的血管丛，可迅速温暖、湿润和净化吸入的空气。上鼻道后端黏膜呈黄色，含有丰富嗅觉感受器，称为嗅区。犬猫嗅区发达，具有很强的嗅觉功能。

3. 鼻旁窦

鼻旁窦也称为副鼻窦，最大的是上颌窦，其次是额窦，其他的鼻旁窦较小。鼻旁窦与鼻腔相通，当鼻黏膜发生炎症时，常可蔓延至鼻旁窦。鼻旁窦可减轻头骨的重量，在发声时也可起共鸣作用。

## 二、咽

详见第四章消化系统。

## 三、喉

喉位于头颈交界处的腹侧，前端与咽相通，后端与气管相接，既是气体出入肺的通道，具有防止食物和水分进入气管的作用，又是发声器官，由喉软骨、喉肌和喉黏膜构成。

1. 喉软骨

喉软骨共有 5 块，会厌软骨、甲状软骨、环状软骨和成对的杓状软骨（图 5.3）。会厌软骨位于喉的最前部，其表面被覆黏膜，合称为会厌。会厌与呼吸和吞咽密切相关，呼吸时，空气可直接通过喉腔，而在吞咽时，会厌发生翻转盖住喉口，使动物呼吸暂停，食物通过喉口背侧进入食管。甲状软骨是喉软骨中最大的一块，构成喉腔侧壁和底壁的大部分。环状软骨位于甲状软骨之后，呈环形。杓状软骨为一对，形似角锥形。

2. 喉肌

喉肌附着于喉软骨外侧，收缩时可改变喉的形状。喉肌均为骨骼肌。

3. 喉腔和喉黏膜

喉腔是衬于喉软骨内面的黏膜所围成的腔隙，前方借喉口（图 5.4）通咽，后方与气管相通。喉腔中部的侧壁上，有一对黏膜褶，称为声带，是发声器官。猫喉腔内有 1 对假声带和声带，前者振动时猫发出呼噜声，后者振动时猫发出喵喵声。两声带之间的裂隙称为声门裂。

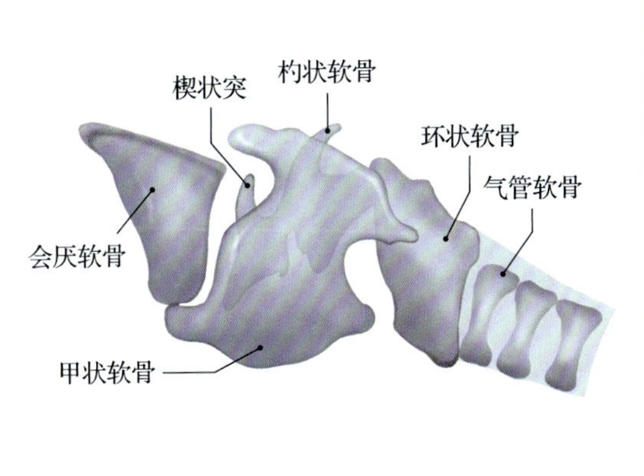


图 5.3　犬喉软骨

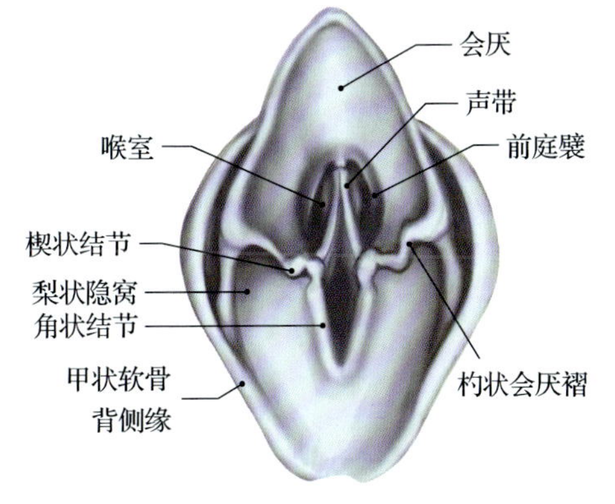


图 5.4　犬喉口背侧观

## 四、气管和支气管

### 1. 气管

(1)气管的形态和位置。气管起于喉，按其所在部位分为颈段和胸段。颈段位于食管的腹侧，从第2颈椎处沿颈部腹侧的中线向后延伸到胸腔前口。胸段从胸前口进入胸腔，位于胸腔纵隔的前部和中部，在心脏的上方，第5肋骨中部(猫大约在第6肋骨)相对处分支成左、右主支气管进入左肺和右肺。

(2)气管的结构。气管由内向外分为黏膜、黏膜下层和外膜3层。

①黏膜：由黏膜上皮和固有层构成。上皮为假复层柱状纤毛上皮，其纤毛可向喉的方向摆动，将附在黏膜上的尘埃、过剩的黏液等向体外排出。

②黏膜下层：由疏松结缔组织构成，内含气管腺，可分泌黏液，黏液可吸附灰尘等异物。

③外膜：由气管软骨和致密结缔组织构成，气管软骨呈环状弯曲的软骨片，环的背侧有缺口，通过环外的平滑肌和结缔组织连接起来。

### 2. 支气管

支气管是气管的分支，分为左、右两支，分别进入左、右肺，并继续分支形成支气管树。支气管的结构与气管相似，也是由黏膜、黏膜下层和外膜构成的。

## 五、肺

### (一)肺的形态和位置

肺位于胸腔内，在纵隔两侧，左右各一，右肺比左肺大(图5.5至图5.8)。健康犬猫的肺呈粉红色，质轻而柔软，富有弹性，放入水中时不下沉。左、右肺均呈半圆锥体，肺尖向前，位于胸腔前口处，肺底向后，与膈相接。左、右两肺都有3个面(肋面、膈面和纵隔面)和3个缘(背侧缘、腹侧缘和底缘)。与胸腔侧壁接触的隆凸面称为肋面。与膈相接触的凹面称为膈面。纵隔面较平，与纵隔相对，并有心压迹以及食管和大血管的压迹。在心压迹的背侧有肺门，为支气管、肺动脉、肺静脉和神经等出入处。背侧缘钝而圆，位于肋椎沟中。腹侧缘薄而锐，位于胸外侧壁和胸纵隔间的沟内。底缘位于胸外侧壁与膈之间，呈弧形，投影在体表上为从第12肋骨上端至第5肋骨下端，凸向后下方。腹侧缘有心切迹，左肺心切迹较大，与第3~5肋软骨间隙相对应，

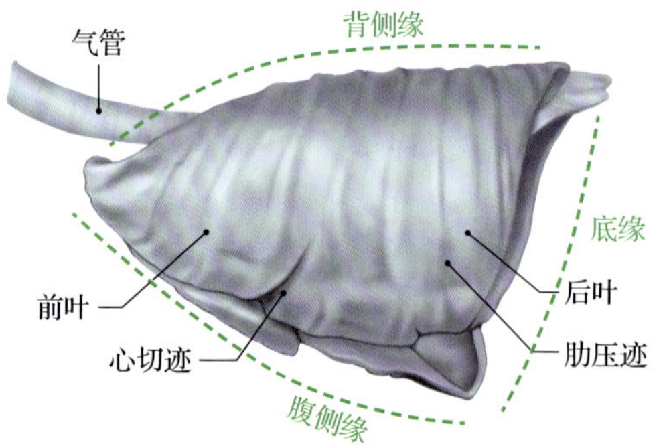


图5.5 犬肺的形态(左侧)

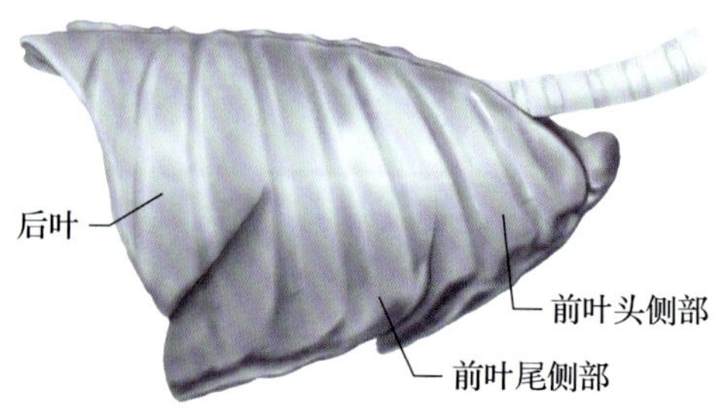


图5.6 犬肺的形态(右侧)

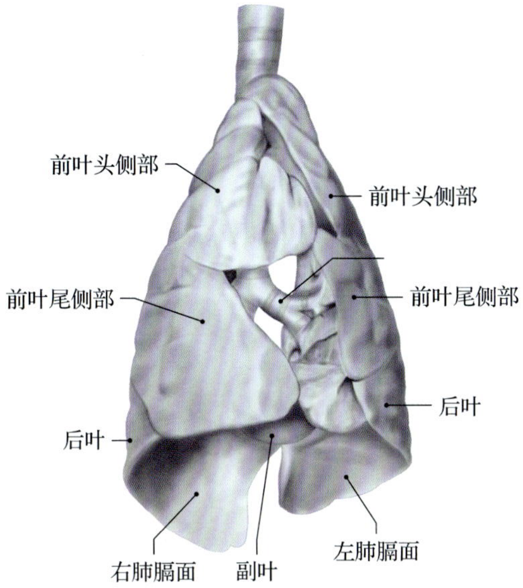


图 5.7　犬肺的形态（腹侧）

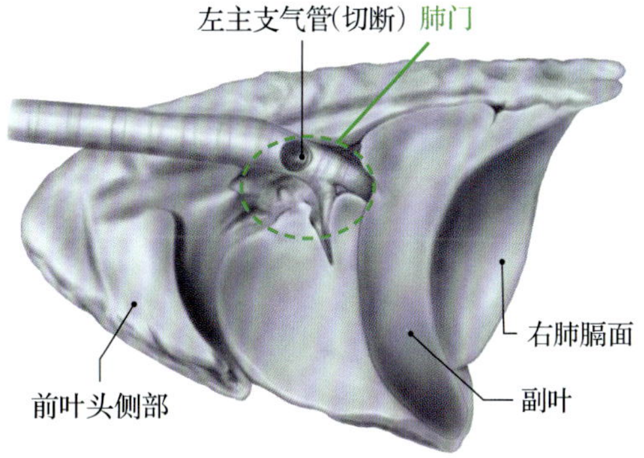


图 5.8　犬右肺的形态（膈面）

在该处心包直接与胸壁相接触。右肺心切迹较小，位于第 4～5 肋软骨间隙。右肺以深的切迹分为前叶、后叶和副叶，而左肺分为前叶和后叶。猫的右肺也比左肺大，右肺有 4 叶，即尖叶、心叶、膈叶和副叶；左肺只有 3 叶，即尖叶、心叶和膈叶。

### （二）肺的结构

肺是实质性器官，由间质和实质两部分构成。间质部分提供保护和形成支架，实质部分完成呼吸功能。间质部分包括肺胸膜和肺胸膜的结缔组织向肺内分支形成的小梁，这些小梁把肺分隔成许许多多的小叶，而每个小叶则是容纳呼吸作用的实质部分（图 5.9、图 5.10）。

#### 1. 肺胸膜

胸腔内壁附着一层结缔组织浆膜，为胸膜壁层，胸膜壁层在纵隔折转后包裹于肺的表面，就是肺胸膜。肺胸膜由间皮及其深部的结缔组织构成，结缔组织通过肺门伸入实质内形成小梁，将肺实质分为许多小叶。

#### 2. 肺实质

肺实质为每个肺小叶内各级支气管的分支（图 5.11）和大量的肺泡囊及肺泡，根据功能性质可分为导气部和呼吸部两个部分。导气部是指所有支气管分支中没有气体交换作用的部分，主要有主支气管、肺叶支气管、肺段支气管、小叶支气管、细支气管等，分支到最细的部分为终末细支气管。这些分支均没有气体交换作用，只有导气作用，而终末细支气管的继续分支就是呼吸性细支气管，管壁上有肺泡出现，开始具有气体交换的功能，从这继续产生的分支均具有气体交换功能，称为肺的呼吸部，包括呼吸性细支气管、肺泡管、肺泡囊和肺泡。每个细支气管及其所属分支和肺泡被容纳在一个肺小叶中，肺小叶呈锥体形，尖端朝向肺门，底部朝向肺表面。

（1）导气部的结构。肺内支气管与小支气管，管壁结构与气管相似，黏膜上皮为假复层柱状纤毛上皮，细支气管的黏膜上皮变为单层柱状纤毛上皮，软骨片基本消失，环行平滑肌明显。终末细支气管上皮为单层柱状纤毛上皮，杯状细胞、腺体和软骨片均消失，平滑肌形成完整的环层，肌纤维的收缩或舒张，可调节进入肺泡内的气流量。

(2)呼吸部。

①呼吸性支气管：其管壁上有肺泡开口。

②肺泡管：每个呼吸性细支气管分出2～3条肺泡管(图5.12)。管壁有较多的肺泡囊和肺泡开口。

③肺泡囊：是多个肺泡具有共同开口所围成的囊泡状结构。

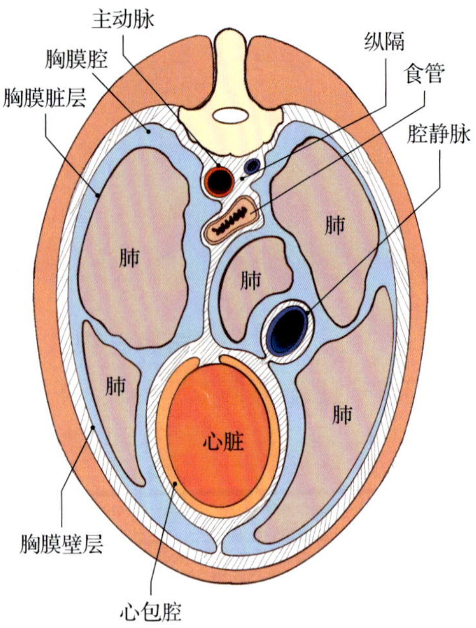


图5.9　胸膜腔模式图

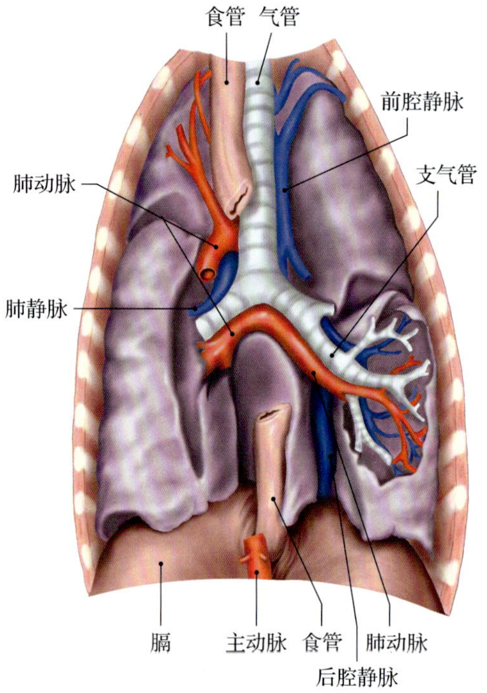


图5.10　胸腔内结构(俯视图)

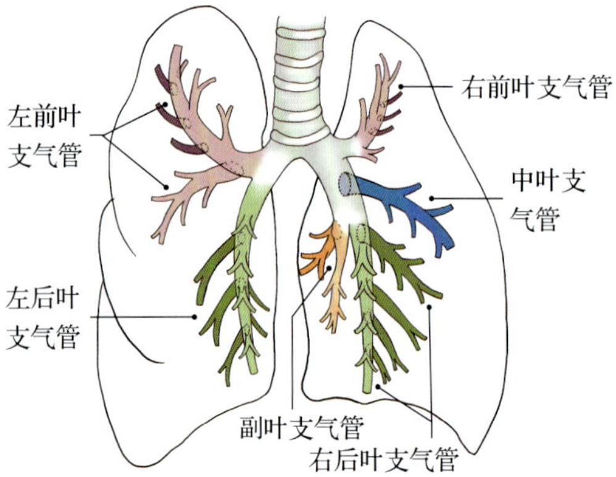


图5.11　支气管树

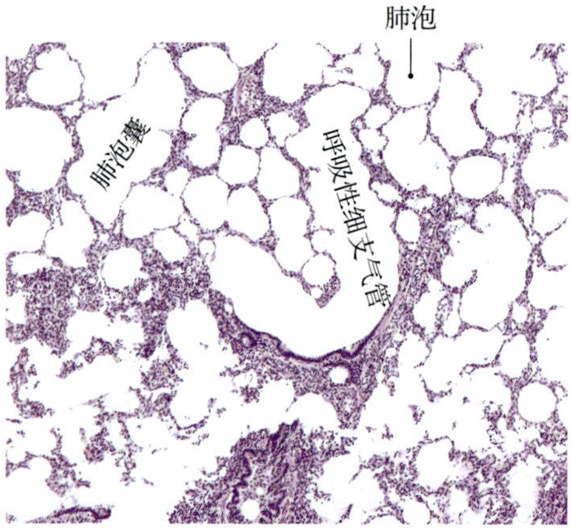


图5.12　肺的组织结构(低倍镜)

④肺泡：为多面形的薄壁囊泡，开口于肺泡囊、肺泡管或呼吸性细支气管。肺泡壁很薄，由单层扁平上皮和其下所附着的基膜构成。相邻肺泡之间有薄层结缔组织，称为肺泡隔。肺泡上皮由两种类型的上皮细胞构成。Ⅰ型肺泡细胞为扁平细胞，构成肺泡内皮；Ⅱ型肺泡细胞夹杂于Ⅰ型肺泡细胞之间，此型细胞可分泌肺泡表面活性物质，该物质分泌后涂布于肺泡表面，具有降低肺泡表面张力，稳定小肺泡的作用。

⑤肺泡隔：为相邻肺泡间薄层结缔组织，含有丰富毛细血管网和大量弹性纤维。毛细血管网对于血液与肺泡之间的气体交换起着重要作用，弹性纤维使肺具有一定的回缩力，故动物在平静呼吸时呼气是被动过程。在肺泡隔中，还含有胶原纤维细胞、网状纤维细胞、成纤维细胞、浆细胞、肥大细胞和巨噬细胞等。吞噬了尘粒后的巨噬细胞称为尘细胞。

⑥气血屏障：又称为呼吸膜，是肺泡和血液之间进行气体交换时气体必须通过的结构，包括肺泡上皮、肺泡基膜、肺泡隔、毛细血管基膜与毛细血管内皮。当肺部组织发生炎症或水肿时，气血屏障通透性下降，导致的气体交换能力下降，机体缺氧。

# 第二节 呼吸生理

呼吸过程包括肺部的气体交换过程（外呼吸）、气体在血液中的运输过程以及在组织处血液与组织液的气体交换过程（内呼吸）。通过呼吸过程，机体将自身新陈代谢产生的 $CO_2$ 排出体外，把氧气送入机体组织。

## 一、呼吸运动

呼吸运动就是通常说的“喘气”，通过呼吸肌的收缩与舒张，引起胸腔和肺有规律地扩大和缩小，使气体吸入肺或从肺排出体外。呼吸运动包括吸气动作和呼气动作。呼吸运动受神经和体液调节，调节呼吸运动的基本中枢在延髓，体液中 $CO_2$ 增多、$H^+$ 浓度升高时，都可引起吸气中枢兴奋性增高，呼吸运动加深、加快。

### 1. 胸内压及其生理意义

胸内压是指胸膜腔内的压力（图 5.13）。由于肺组织中含有大量弹性纤维，所以肺具有良好的弹性。动物出生后肺形成扩张状态，肺组织会产生很大的弹性回缩力，由于肺的回缩力的作用，胸膜腔内的压力低于大气压，形成负压。胸内压存在负压的现象有重要的生理意义。首先，负压对肺有牵拉作用，使肺泡内经常能保留一定的余气，有利于持续进行气体交换。其次，负压有利于静脉血和淋巴的回流。但当胸膜腔因穿透损伤等原因破裂时，负压消失，这种现象称为气胸，丧失肺通气功能。

### 2. 吸气动作和呼气动作

（1）吸气动作。平静呼吸时，主要的吸气肌（肋间外肌和膈肌）收缩，增加了胸腔的横径和前后纵径，使整个胸廓容积扩大，肺随之扩张，肺内压迅速下降。当肺内压低于大气压时，外界气体顺着压力差通过呼吸道进入肺内，完成吸气的动作。

（2）呼气动作。平静呼吸时，呼气动作是被动的。当吸气动作完成后，吸气肌立即舒张而自动回位，胸廓容积和肺随之缩小，肺内压迅速升高。当肺内压高于大气压时，气体被排出体外，完成呼气动作。在动物剧烈运动、紧张、缺氧时或者在炎热的天气中，呼气动作为主动进行，以加大肺的通气量。

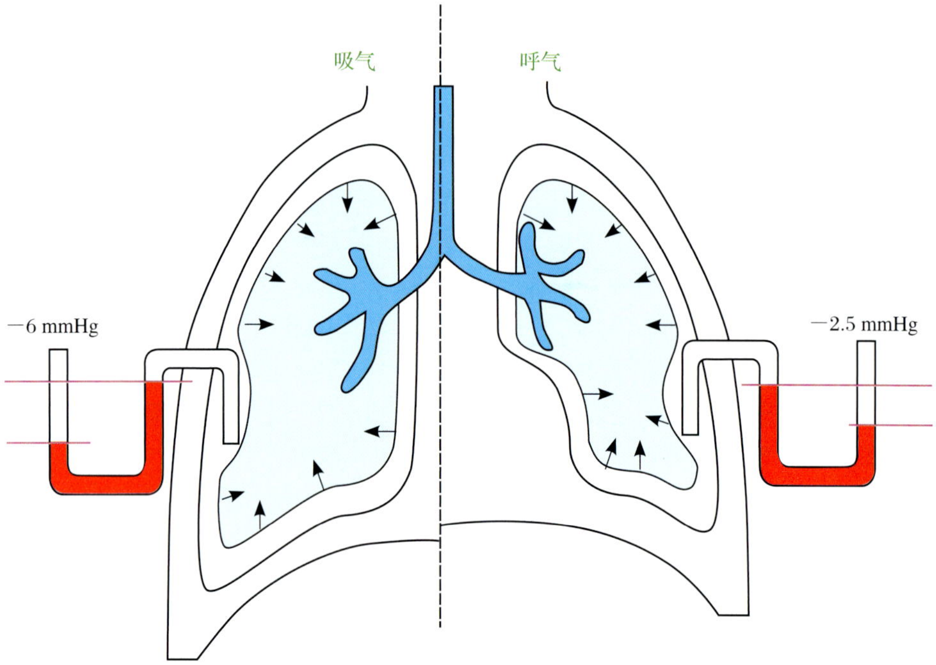


图 5.13　胸内压直接测量示意图

3. 呼吸型、呼吸频率和呼吸音

(1)呼吸型。犬呼吸的形式有胸式呼吸、腹式呼吸和胸腹式呼吸三种。以肋间外肌的舒缩活动为主,表现为胸廓起伏明显的呼吸式是胸式呼吸。以膈肌收缩为主的呼吸表现为腹部明显起伏,这是腹式呼吸。健康状态下犬的呼吸通常为胸腹式呼吸。在腹部疾病或妊娠期,腹式呼吸的参与会导致腹部疼痛或不适,犬会单纯地表现出胸式呼吸。在胸部损伤时,犬会单纯地表现出腹式呼吸。所以,认识犬的呼吸型,有助于临床诊断。

(2)呼吸频率。为每分钟的呼吸次数。安静状态下犬的呼吸频率为 10～30 次 /min。呼吸频率可能会因种别、年龄、外界环境和生理状况等因素而有所不同,在诊断时应综合考虑。

(3)呼吸音。呼吸音为呼吸时气体通过呼吸道及出入肺泡时摩擦产生的声音。听诊部位为胸廓的表面或颈部气管附近,根据呼吸音,可判断呼吸道有无异常。

## 二、气体交换与运输

### 1. 气体分压与气体交换

气压的产生是由气体分子做无规则热运动撞击器壁产生的,所以影响气压的因素有两个,一是气体分子的密度,二是温度。气体分子密度高,则单位时间内撞击器壁的频率高,气压就大,而温度高时,气体分子运行速度快,同样会在单位时间内撞击器壁频率增高,使气压增大。因为空气是混合气体,所以空气的气压是由各种气体组分共同产生的,各气体组分在混合气体中所占压力的份额就称为气体分压。在呼吸系统中,肺部呼吸膜两侧各种气体的分压决定了气体扩散的趋势。

(1)肺换气。新鲜空气不断进入肺内,肺泡内的氧分压高于周围毛细血管血液中的氧分压,而二氧化碳分压则相反，所以氧气从肺泡扩散入静脉血，二氧化碳由静脉血向肺泡扩散。肺换气使静脉血变成了动脉血。

(2)组织换气。组织细胞在代谢过程中不断消耗氧气，产生二氧化碳，使组织中的氧分压低于周围动脉血，而二氧化碳分压高于动脉血，所以氧气进入组织中，二氧化碳进入动脉血中。组织换气使动脉血变成静脉血。

### 2. 气体运输

在呼吸过程中，血液以物理溶解和化学结合两种方式不断地将氧从肺运到组织，同时将二氧化碳从组织运到肺。

(1)氧的运输。氧进入血液后，少量直接溶于血液中，大多数与血红蛋白结合，以氧合血红蛋白的形式进行运输。氧与血红蛋白间是一种可逆的结合，存在方式受氧分压的影响。在肺部，氧分压高，血液中氧以氧合血红蛋白的形式存在，静脉血变为动脉血；在组织内，氧分压低，氧和血红蛋白分离，扩散到组织中，动脉血变为静脉血。

(2)二氧化碳的运输。二氧化碳溶解度很低，所以二氧化碳主要以化学结合的形式在血液中运输。约有30%的二氧化碳与血红蛋白结合生成氨基甲酸血红蛋白进行运输。二氧化碳与血红蛋白的结合也是可逆的，但结合能力大于氧气。在组织血管处，血红蛋白释放氧，与二氧化碳结合生成氨基甲酸血红蛋白；在肺部血管处，二氧化碳与血红蛋白分离，释放出的二氧化碳进入肺泡而排出体外。大部分的进入红细胞的二氧化碳在碳酸酐酶的作用下与水反应生成碳酸，碳酸进一步迅速解离成碳酸氢根和氢离子。生成的碳酸氢根与$K^+$结合，以$KHCO_3$形式存在。当红细胞中碳酸氢根的浓度大于血浆中的碳酸氢根浓度时，碳酸氢根由红细胞扩散入血浆中，与$Na^+$结合，以$NaHCO_3$的形式存在。当碳酸氢盐随血液运输到肺部时，因二氧化碳分压较低，二氧化碳解离出来，进入肺泡从而排出体外。

## 思考题

1. 鼻腔的结构决定了气体在吸入时会受到什么样的影响？
2. 喉软骨的组成是什么样的？在体表如何判断你触摸到的是喉的哪个部分？
3. 胸内负压的作用是什么？
4. 什么是气体分压？在肺内气体交换的机制是什么？
5. 二氧化碳在血液中是怎样被运输的？

# 第六章 泌尿系统

## 学习重点

掌握肾和膀胱的结构；理解尿生成的原理；掌握肾和膀胱的位置；了解输尿管的结构特点；理解尿生成的影响因素。

## 素质要求

培养严谨的科学态度和实事求是的精神，准确掌握各器官结构和生理过程。提高观察能力和实践操作能力，在解剖和观察泌尿系统器官时能够细致入微，准确操作。增强职业素养和责任感，认识到泌尿系统知识在宠物疾病诊断和治疗中的重要性，为今后从事宠物医疗工作奠定良好的基础。

宠物（犬、猫）在新陈代谢过程中产生的各种代谢废物会破坏内环境平衡，导致细胞损伤或中毒，机体通过各种排泄途径来排出这些代谢废物和水。排泄的途径有皮肤、消化器官、呼吸器官、泌尿器官，其中最主要的排泄途径是泌尿系统的器官。泌尿系统不仅起排泄作用，同时还能调节酸碱平衡，并有内分泌的功能。犬猫的泌尿系统由肾、输尿管、膀胱和尿道组成。

## 第一节 泌尿器官

### 一、肾

#### （一）肾的形态、位置和一般构造

1. 形态、位置

犬的肾呈豆形，红褐色，表面光滑，位于腹主动脉两旁的肾脂肪囊中（图 6.1）。左右两个肾的位置不对称，左肾偏后，位于第 2~4 腰椎横突腹侧，右肾偏前位于前 3 个腰椎横突腹侧。右肾与肝、胰、十二指肠和腰小肌相接触，左肾与胃、脾、胰、结肠左部及腰小肌相接触，在胃空虚时位于腰椎横突下方，在胃充满时稍向后移。左肾的外缘经常与左腹壁接触，可在皮外用手触及。但有的犬，因脾脏呈纵向方位，常把左肾与腹部隔开，故不能触及。

2. 一般构造

肾的表面包有被膜（正常情况下，此膜较易剥离）。肾内缘凹陷为肾门，肾门向内部扩大形成肾窦。肾门有血管、输尿管出入。沿正中矢状面切开可见肾实质分为皮质和髓质两部分（图 6.2）。

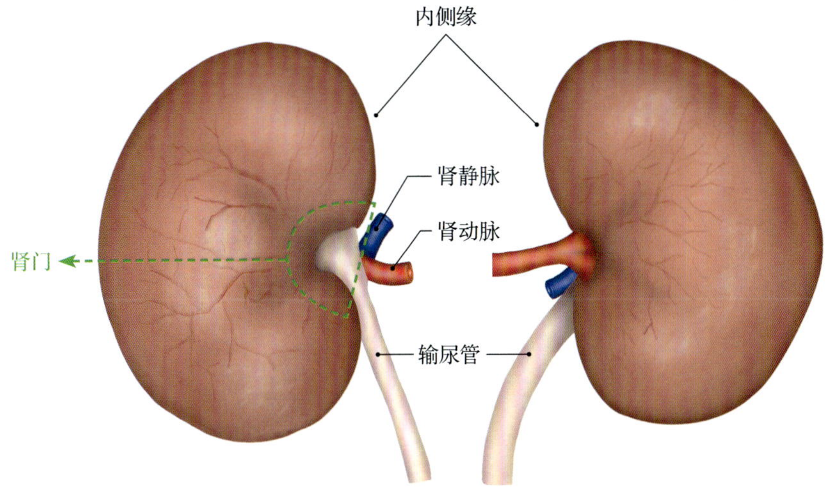


图 6.1　肾脏的形态

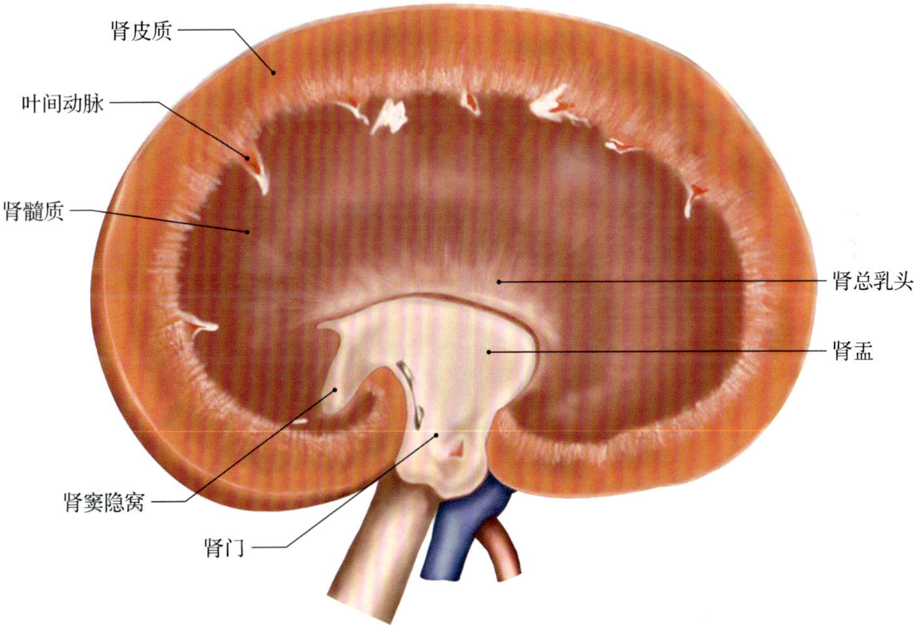


图 6.2　肾的矢状面结构

皮质位于外周，呈棕红色。髓质位于深部，颜色较淡，呈放射状，内缘有肾总乳头。肾窦内有囊状结构的肾盂包裹着肾总乳头，肾盂底部有漏斗口连接于输尿管起始端（图 6.3）。在皮质部和髓质部之间，还有一层显深红色的狭窄带，称为中间部，是富有血管的部位。犬的肾没有肾盏，属于表面光滑的单乳头肾。

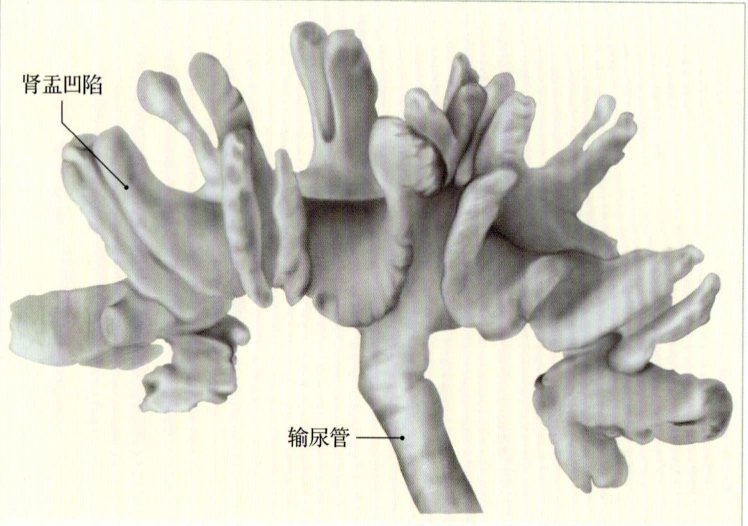

图 6.3 肾盂(铸型)

## (二)肾的组织结构

肾实质是肾的主要部分,由肾单位和集合小管组成(图 6.4、图 6.5)。

### 1. 肾单位

肾单位是肾的基本功能单位,由肾小体和肾小管组成。

(1)肾小体。肾小体分布于皮质,由肾小球和肾小囊两部分构成。

①肾小球:是由入球小动脉分支组成的毛细血管球,位于肾小囊内。血液从入球小动脉进入肾小球,最后从邻近入球小动脉处汇合成出球小动脉流出。

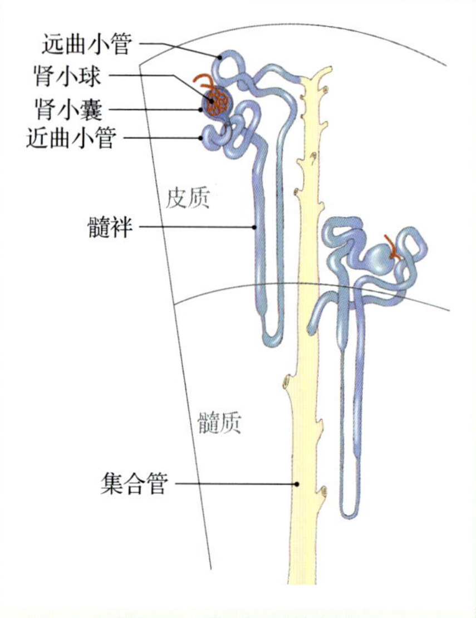

图 6.4 肾单位模式图

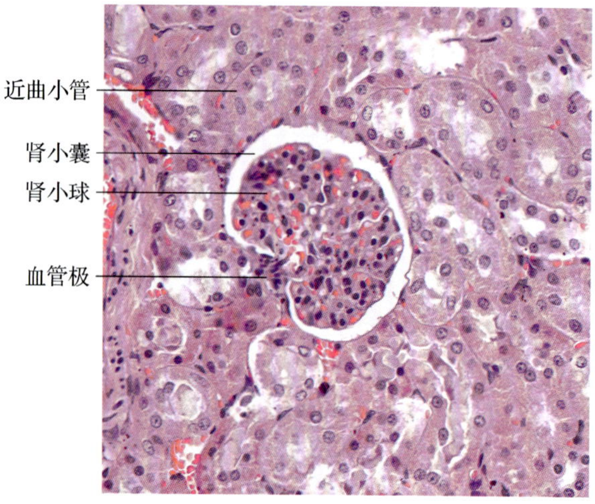

图 6.5 肾组织结构

②肾小囊：是肾小管起始部盲端膨大凹陷形成的囊，由肾小囊的脏层、囊腔和肾小囊的壁层构成。肾小囊的脏层上皮与肾小球毛细血管壁相贴附构成滤过膜，具有良好的通透性。

(2)肾小管。肾小管是一条细长而弯曲的小管，由肾小囊发出，分为三段，依次为近曲小管、髓袢和远曲小管。

①近曲小管：是肾小管中最长而弯曲的部分，位于肾小体附近，管壁由单层立方上皮构成，有分泌和吸收作用。

②髓袢：是从肾皮质进入髓质(降支)，又从髓质返回皮质(升支)的"U"形小管，连接近曲小管与远曲小管。

③远曲小管：位于皮质内，末端汇入集合小管。

#### 2. 集合管系

众多远曲小管的末端汇成较粗的集合小管，进入肾总乳头后，延续为更粗的乳头管，乳头管将尿液排入肾盂。

#### 3. 肾小球旁器

肾小球旁器是指位于肾小球处的一些具有内分泌功能的细胞群，主要包括球旁细胞、致密斑和球外系膜细胞。

(1)球旁细胞。球旁细胞是由位于入球小动脉管壁中的平滑肌细胞转变为上皮样细胞构成，细胞呈立方形或多角形，内有分泌颗粒，颗粒内含有肾素。

(2)致密斑。在肾小体入球小动脉和出球小动脉之间的远曲小管，其上皮细胞变为高柱状，呈斑状隆起，称为致密斑，它是化学感受器，可感受肾小管原尿中$Na^{+}$的浓度变化，并将信息传递给球旁细胞，调节肾素的释放。

(3)球外系膜细胞。球外系膜细胞位于入球小动脉、出球小动脉和致密斑之间的三角形区域内，细胞着色浅，胞质内有分泌颗粒。功能尚不清楚。

### (三)肾的血液循环特点

#### 1. 肾血液循环的途径

肾动脉由腹主动脉分出，从肾门进入肾脏后依次反复分支为叶间动脉、弓形动脉、小叶间动脉、入球小动脉、出球小动脉、球后毛细血管网，再汇合成与同名动脉伴行的静脉，最后汇合成肾静脉，进入后腔静脉。

#### 2. 肾血液循环的特点

肾的血液供应极丰富，约占心输出量的1/4；入球小动脉的管径比出球小动脉粗，从而使血管球内保持较高的血压，这对于肾小球生成原尿的滤过作用十分有利；出球小动脉离开肾小体之后，又围绕肾小管和集合管形成球后毛细血管网，压力更低，有利于重吸收作用。

## 二、输尿管

输尿管起始于肾盂，自肾门发出，沿腹腔顶壁向后延伸，后端在膀胱颈的背面进入膀胱，并在膀胱壁内斜行3～5 cm，开口于膀胱内壁，这种结构能防止尿液倒流。输尿管壁可分3层，由内向外依次为黏膜、肌层、浆膜。

## 三、膀胱

根据膀胱的形态，将膀胱分为前端钝圆的膀胱顶、后端渐细的膀胱颈及两者之间的膀胱体(图 6.6)。当空虚时，膀胱整体退入骨盆腔；当充满尿液时，膀胱顶和膀胱体向前下方移入腹腔后部。公犬的膀胱上方是直肠。母犬的膀胱上方是子宫和阴道。当膀胱空虚时，黏膜形成许多皱褶。在近膀胱颈部的背侧壁上，两侧输尿管开口之间有一个三角形区域，黏膜平滑无皱褶，称为膀胱三角。膀胱的侧面和腹侧面被双层腹膜连接到盆腔侧壁和腹底壁，这些腹膜褶分别形成膀胱的侧韧带和正中韧带。在膀胱顶残留有脐动脉退化后的痕迹，为膀胱圆韧带。膀胱壁由外向内可分为 3 层，即浆(外)膜、肌层和黏膜。肌层由数层平滑肌纤维构成。黏膜位于膀胱内表面，在颈部附近的黏膜上有 1 对输尿管后口，尿液由输尿管后口流入膀胱。膀胱上皮为变移上皮。猫的膀胱除体积相对较小外，在构造、位置和功能方面与犬基本相同。

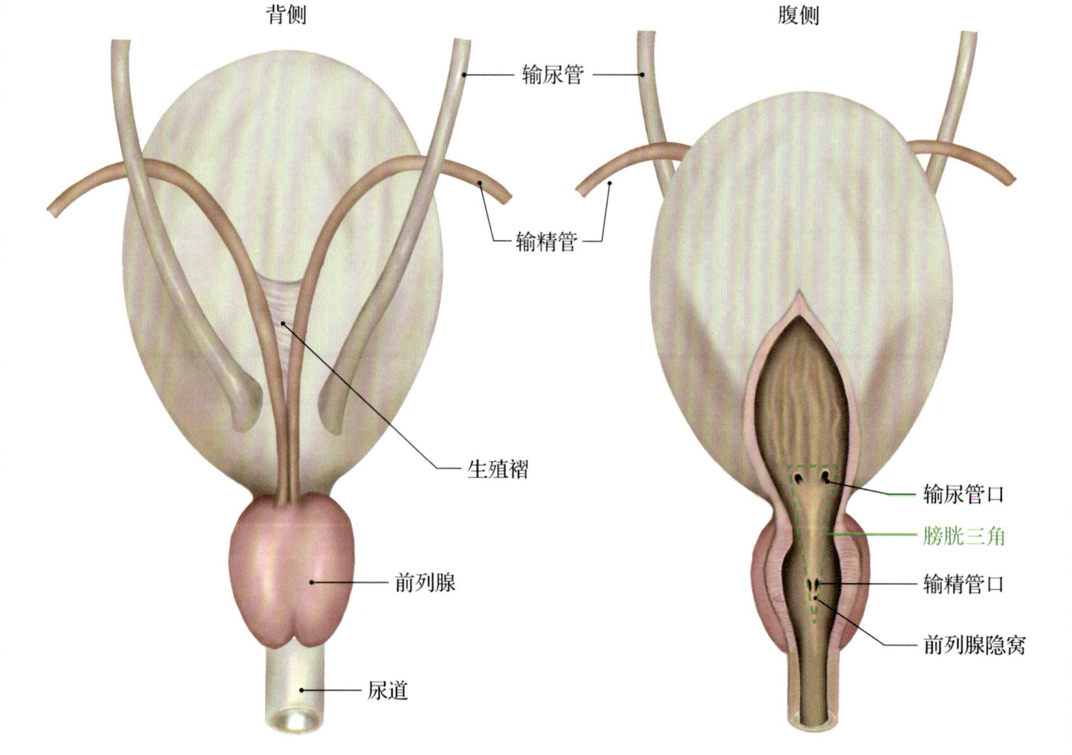


图 6.6　膀胱

## 四、尿道

尿道是尿液排出的肌性管道。公犬的尿道很长，起于膀胱颈的尿道内口，开口于阴茎头的尿道外口，因兼有排精作用，故称为尿生殖道。母犬的尿道比较短，10～12 cm，起于骨盆前口附近的膀胱颈的尿道内口，在阴道腹侧沿盆腔底壁向后延伸，以尿道外口开口于尿生殖前庭与阴道的交界处。

# 第二节 泌尿生理

## 一、尿的成分及理化特性

### 1. 成分

尿主要由水、无机物和有机物组成。水分占96%～97%，无机物和有机物占3%～4%。无机物主要是氯化钠、氯化钾，其次是碳酸盐、硫酸盐和磷酸盐等。有机物主要是尿素，其次是尿酸、肌酐、肌酸、氨、尿胆素等。在给犬使用药物后，尿液成分中还会出现药物的代谢产物。

### 2. 理化特性

犬的尿液一般呈淡黄色，相对密度为1.015～1.045，pH 5.0～7.0。刚排出的尿为清亮的水样，如放置时间较长，则因尿中碳酸钙逐渐结晶使尿变得浑浊。尿的成分和理化特性在一定程度上能反映体内代谢的变化和肾的机能，故在临床上，常采用尿液的镜检和化验法，进行某些疾病的诊断。

## 二、尿的产生

尿生成的过程包括两个阶段：一是经肾小球滤过作用生成"原尿"，二是由肾小管和集合小管重吸收、分泌及排泄作用形成"终尿"。

### 1. 肾小球滤过作用

当血液流经肾小球时，由于滤过膜具有良好的通透性，加之肾的有效滤过压，使得除血细胞和大分子蛋白质外的血浆通过滤过膜滤过到肾小囊腔中。这种过滤液被称为"原尿"，原尿的成分与血浆相似。原尿的生成取决于肾小球滤过膜的通透性和肾小球的有效滤过压。

(1)滤过膜的通透性。肾小球滤过膜有三层结构。内层是肾小球毛细血管的内皮细胞，极薄，内皮之间有许多贯穿的微孔。中间层为极薄的内皮基膜，膜上有许多网孔，这些孔隙很大，甚至比血浆蛋白分子大，但由于血浆蛋白分子呈负电性，与毛细血管内皮电性相同，有相斥作用，故血浆蛋白不易滤过。外层由具有突起的足细胞构成，紧贴于毛细血管的基膜上，突起间有许多缝隙。这些结构决定了滤过膜有良好的通透性。

(2)有效滤过压。肾小球滤过作用的发生，其动力是滤过膜两侧存在的压力差，称为肾小球的有效滤过压。血液在肾小球毛细血管一侧，促进滤过的动力是肾小球毛细血管血压，阻止滤过的是血浆胶体渗透压；在肾小囊腔一侧阻止滤过的动力是肾小囊内压，促进滤过的是肾小囊液中的胶体渗透压。由于囊液中的蛋白质含量极低，所以形成的胶体渗透压可以忽略不计。因此，肾小球的有效滤过压可用公式表示：

$$\text{肾小球有效滤过压} = \text{肾小球毛细血管血压} - (\text{血浆胶体渗透压} + \text{肾小囊内压})$$

在正常生理状态下，肾小球毛细血管血压为9.3 kPa，血浆胶体渗透压为3.33 kPa，肾小囊内压为0.67 kPa，代入上式，得出有效滤过压为5.3 kPa，即血浆胶体渗透压与肾小囊内压之和(阻止滤过的压力)小于肾小球入球小动脉端的血压(促进滤过压力)，从而保证了原尿的生成。

### 2. 肾小管和集合管的重吸收、分泌及排泄作用

原尿流经肾小管和集合管时，其中绝大部分的水和某些有用的物质被重新吸收回血液中，称为重吸收作用。同时，肾小管和集合管能将血浆或肾小管上皮细胞内形成的物质分泌到肾小管腔中，称为分泌作用；也能将某些不易代谢的物质（如尿胆素、肌酐）或由外界进入体内的物质（如药物）排泄到管腔中，称为排泄作用。原尿经过肾小管和集合管的重吸收、分泌及排泄作用后形成终尿。从量上看，终尿量一般仅占原尿量的1%。

(1)肾小管和集合管的重吸收作用。在成分上，肾小管和集合管的重吸收作用具有一定的选择性。凡是对机体有用的物质，如水、葡萄糖、氨基酸、$Na^+$、$Cl^-$、$K^+$、$HCO_3^-$ 等，几乎全部或大部分被重吸收；代谢废物如尿素、尿酸、肌酸、硫酸根、碳酸根等，则只有少量被重吸收或完全不被重吸收。

①葡萄糖的重吸收：原尿中的葡萄糖浓度和血糖浓度相同，但在正常尿液中几乎不含葡萄糖，这说明葡萄糖全部被重吸收回到血液中。但肾小管重吸收葡萄糖有一定的限度，当原尿中的葡萄糖浓度过高，超过了肾小管重吸收的极限时，尿液中就开始出现葡萄糖，此时的血糖浓度称为肾糖阈，它反映了肾小管对葡萄糖的最大吸收能力。葡萄糖重吸收的部位主要在近曲小管的前半段，其他各段肾小管都没有重吸收葡萄糖的能力。

②氨基酸的重吸收：氨基酸的重吸收部位主要在近曲小管，几乎可被全部重吸收。它的重吸收机制与葡萄糖重吸收相似。

③$Na^+$、$Cl^-$、$K^+$、$HCO_3^-$ 的重吸收：实验证明，在近曲小管前半段，$Na^+$ 主要与 $HCO_3^-$、葡萄糖、氨基酸一起被重吸收，而在近曲小管后半段，$Na^+$ 主要与 $Cl^-$ 和 $K^+$ 一起被重吸收。上述物质的重吸收部位主要在近曲小管，而只有一小部分是在髓袢、远曲小管中被进一步重吸收。在这些物质的重吸收过程中，$Na^+$ 是关键，许多溶质的重吸收过程都与“钠泵”有关。

④水的重吸收：原尿中65%～70%的水在近曲小管被重吸收，髓袢和远曲小管各重吸收约10%，其余(10%～20%)在集合管被重吸收。水的重吸收主要是在 $Na^+$ 等主动吸收后形成的渗透压梯度而被动转运的。远曲小管和集合管上皮细胞对水是不易透过的，这个部位对水的重吸收，是通过垂体后叶释放的抗利尿激素来调控。

(2)肾小管和集合管的分泌及排泄作用。肾小管和集合管除对小管液中各种成分进行重吸收外，还分泌管壁细胞代谢产物（如 $H^+$、$K^+$ 和 $NH_3$ 等）和排泄血液中某些物质。

① $H^+$ 的分泌：在近曲小管，管壁细胞内 $CO_2$ 和 $H_2O$ 在碳酸酐酶催化下生成 $H_2CO_3$，并解离成 $H^+$ 和 $HCO_3^-$（图6.7）。$H^+$ 被分泌入管腔，并与小管液中的 $Na^+$ 进行 $Na^+$-$H^+$ 交换。经交换进入细胞内的 $Na^+$，被细胞膜上的“钠泵”驱出并进入组织间液，$HCO_3^-$ 则可顺电化学梯度被动进入组织间液而回到血液。这样，肾小管细胞每分泌一个 $H^+$，可吸收一个 $Na^+$ 和 $HCO_3^-$ 回血。这对于保存血浆碱贮量，维持体内酸碱平衡具有重要意义。在远曲小管 $H^+$ 的分泌，除有 $Na^+$-$H^+$ 交换外，还发生 $Na^+$-$K^+$ 交换。两种交换过程中，相互间有竞争性抑制作用，即 $Na^+$-$H^+$ 交换多时 $Na^+$-$K^+$ 就减少，反之亦然。

② $NH_3$ 的分泌：远曲小管和集合管上皮细胞在谷氨酰胺酶的作用下，由谷氨酰胺脱氨基作用生成氨，并通过细胞膜分泌到小管液中，再与分泌出的 $H^+$ 结合生成 $NH_4^+$。$NH_4^+$ 是水溶性的，不能通过细胞膜返回胞内，而是与小管液的强酸盐（如NaCl等）的负离子结合生成铵盐（如 $NH_4Cl$），随尿排出。强酸盐的正离子 $Na^+$ 又与 $H^+$ 交换而进入细胞内，随后与 $HCO_3^-$ 一起被转运回血液。可见肾小管细胞分泌 $NH_3$ 也能促进 $Na^+$ 和 $HCO_3^-$ 的重吸收。

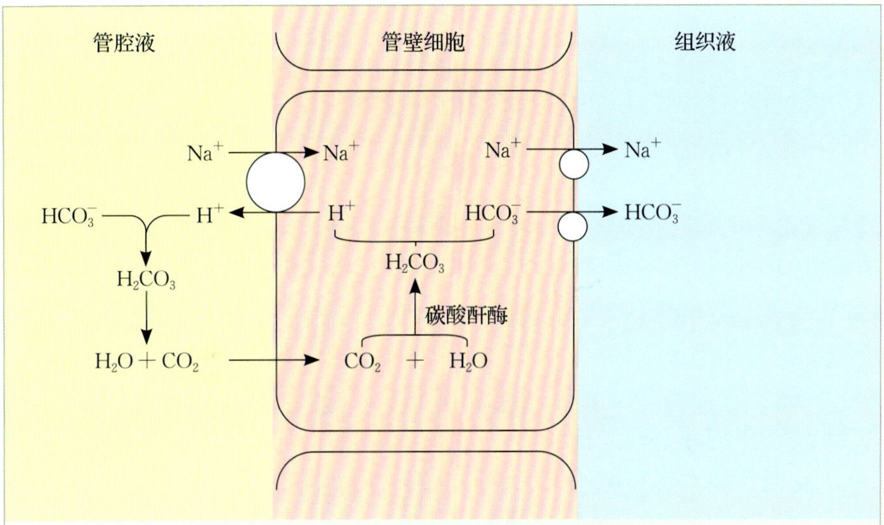


图 6.7　近曲小管吸收 $HCO_3^-$ 的机制

③其他物质的排泄：肌酐及对氨基马尿酸可经肾小球滤出，又可以从肾小管排泄。青霉素等进入体内的外来物质，主要通过近曲小管的排泄而排出体外。

### 3. 影响尿生成的因素

(1)滤过膜通透性的改变。在正常情况下，滤过膜的通透性比较稳定，但当某种原因使肾小球毛细血管或肾小囊上皮受到损害时，会影响滤过膜的通透性。如机体内缺氧或中毒时，肾小球毛细血管壁通透性增加，使原尿生成量增加，并引起血细胞和血浆蛋白滤过，出现血尿或蛋白尿；在发生急性肾小球肾炎时，肾小球内皮细胞肿胀，使滤过膜增厚，通透性减少，从而导致原尿生成减少，出现少尿。

(2)有效滤过压的改变。在正常情况下，有效滤过压比较稳定，但当决定尿生成的三种压力发生变化时，有效滤过压也随之发生变化，影响尿的生成。如当犬大量失血时，动脉血压降低，肾小球毛细血管的血压也相应下降，有效滤过压降低，从而导致原尿生成量减少，出现少尿或无尿现象；如静脉注射大量生理盐水后，一方面升高了血压，另一方面又使血液稀释，降低了血浆胶体渗透压，有效滤过压增大，原尿生成量增加，出现多尿；当输尿管结石或肿瘤压迫肾小管时，尿液流出受阻，肾小囊腔的内压增高，有效滤过压降低，原尿生成量减少，发生少尿等。由此可见，肾脏的这种机能也是保证机体水平衡的一个重要环节。

(3)原尿中溶质浓度的改变。当原尿中溶质的量超过肾小管重吸收限度时，会有部分溶质不能被重吸收。原尿的渗透压升高，阻碍水分的重吸收，引起多尿，称为渗透性利尿。在临床上常采用静脉注射高渗葡萄糖溶液的方法利尿。

(4)激素影响。影响尿生成的激素主要有抗利尿激素和醛固酮。抗利尿激素的作用是增加远曲小管对水的通透性，促进水的重吸收，从而使排尿量减少。血浆晶体渗透压升高和循环血量的减少，均可引起抗利尿激素的释放。创伤及一些药物也能引起抗利尿激素的分泌，减少排尿量。醛固酮对尿生成的调节是促进远曲小管重吸收 $Na^+$，同时促进 $K^+$ 排出，即“保钠排钾”作用。

## 三、排尿

终尿的生成过程是连续的，并由输尿管输送到膀胱贮存。膀胱内的尿液充盈到一定程度时引起排尿反射动作，将尿液经尿道排出体外。

### 1. 输尿管运动

输尿管起始部（与肾盂相连接）的平滑肌细胞有自动节律性，发出的节律性兴奋沿输尿管向后传导，兴奋波传到之处平滑肌收缩，以蠕动波形式推动尿液汇入膀胱。肾盂中尿量越多，内压越大；输尿管兴奋波频率越高，蠕动越强。

### 2. 排尿反射

腰荐部脊髓有排尿反射低级中枢。膀胱中的尿液贮存到一定容量时，对膀胱壁的牵张感受器构成有效刺激，产生的冲动经盆神经传入脊髓，引起排尿动作。脑干和大脑皮层有高级排尿反射中枢，它们控制着腰荐部脊髓的低级排尿反射中枢。采用建立条件反射的方法，使犬能定时、定点排尿，这在犬的驯养中具有实际意义。

## 思考题

1. 描述犬肾的位置。
2. 简述肾单位的结构。
3. 分析影响原尿生成的因素有哪些？
4. 肾脏是如何参与机体代谢调节的？

# 第七章　生殖系统

## 学习重点

了解犬猫的生殖系统的组成；掌握睾丸、卵巢、输卵管、子宫的形态、位置和结构；理解性成熟和体成熟的概念和意义。掌握发情周期的特点；理解雌激素、孕激素的作用。掌握犬猫的妊娠期和分娩过程。

## 素质要求

培养严谨的科学态度和实事求是的精神，准确掌握各器官结构和生理过程。增强职业素养和责任感，认识到生殖系统知识在宠物繁殖和疾病防治中的重要性。培养对自然的敬畏和对生命的尊重，理解宠物生殖过程的重要意义。

犬猫的生殖系统分为雄性生殖系统和雌性生殖系统。生殖系统的功能是产生生殖细胞、分泌性激素并繁殖后代。

## 第一节　雄性生殖系统的构造

犬猫的雄性生殖系统由睾丸、附睾、输精管、精索、副性腺、尿生殖道、阴茎、包皮和阴囊组成(图 7.1、图 7.2)。

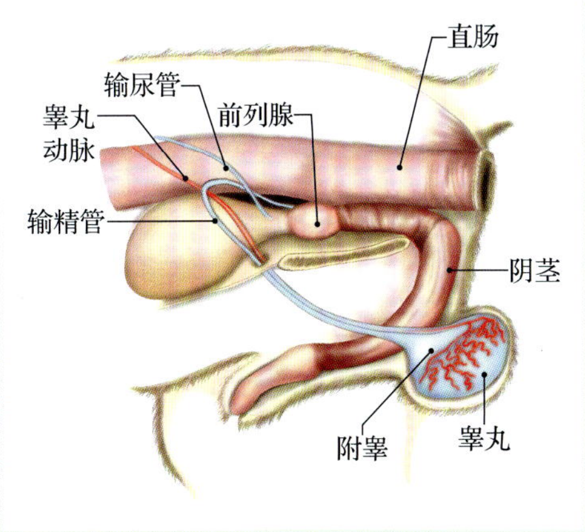


图 7.1　公犬生殖器官

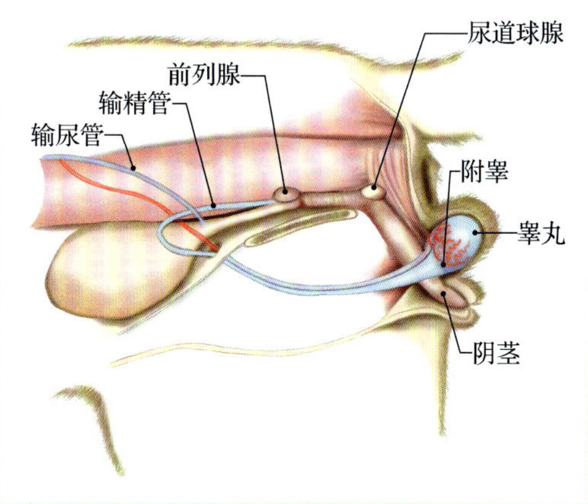


图 7.2　公猫生殖器官

## 一、睾丸和附睾

### (一)睾丸

睾丸是产生精子和分泌雄激素的生殖器官。

#### 1. 睾丸的位置、形态

犬猫的睾丸成对,位于阴囊中,呈卵圆形,分为头、体、尾三部分。长轴斜向前下方,腹侧为游离缘,背侧与附睾相连称为附睾缘。睾丸头位于后端,有血管、神经出入。

#### 2. 睾丸的组织结构

睾丸是实质性器官,由间质部分和实质部分构成。间质部分包括睾丸外表包着浆膜(又称固有鞘膜),浆膜下致密结缔组织构成的白膜,白膜在睾丸头处进入睾丸,沿长轴延续为睾丸纵隔,睾丸纵隔发出许多睾丸小梁,将睾丸内部分隔成许多睾丸小叶。实质部分是睾丸小叶内容纳的组织,这些组织主要是能产生精子的细小管道,包括曲精小管和直精小管以及小管之间的间质。曲精小管起于盲端,汇合为直精小管并进入睾丸纵隔中,在纵隔中互相交织形成睾丸网。睾丸网在睾丸头端延续为睾丸输出小管并穿出白膜进入附睾头部。

(1)曲精小管。曲精小管壁由基膜和基膜内侧的生殖上皮构成。生殖上皮为复层上皮,由多层细胞构成,这些细胞按功能和结构分为支持细胞和生精细胞。支持细胞互相连接,形成完整的一层,将小管内部与外部分隔开,称为血睾屏障,可以防止精子进入小管外的间质中,一旦精子进入间质就会引发严重的睾丸炎。生精细胞为许多不同发育阶段的生殖细胞,分别是精原细胞、初级精母细胞、次级精母细胞、精细胞和精子。

(2)睾丸间质。睾丸间质是位于曲精小管之间的疏松结缔组织,分布有睾丸间质细胞,可分泌雄性激素。

### (二)附睾

犬的附睾比较大,附着于睾丸的背外侧。附睾外部可区分为附睾头、附睾体、附睾尾三部分;附睾内部是由附睾管和部分睾丸输出小管构成的管道系统。

## 二、输精管和精索

### (一)输精管

输精管是输送精子的管道,在附睾尾由附睾管延续而来,包裹在精索内,向上经腹股沟管口进入腹腔、骨盆腔内,开口于精阜。

### (二)精索

精索(图 7.3)为扁圆的索状结构,包有血管、淋巴管、神经、睾内提肌和输精管,外部包以固有鞘膜。其基部附着于睾丸和附睾,在鞘膜管内经阴茎两旁入腹股沟管,止于腹股沟管内环。精索内的睾丸动脉长而盘曲,伴行静脉细而密,形成蔓状丛,它们构成精索的大部分,具有延缓血流和降低血液温度的作用。猫的精索较长,在骨盆腔前口处可触摸到腹内的精索。

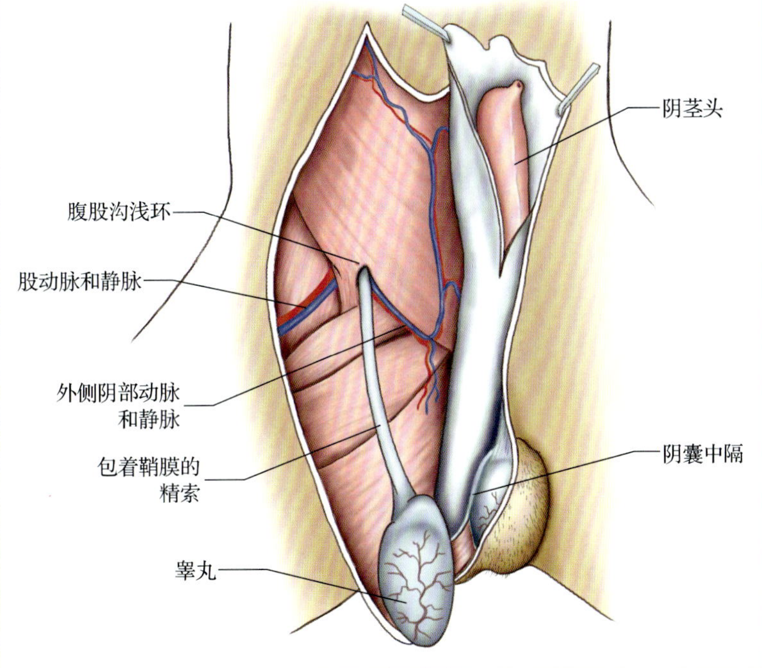


图 7.3　**公犬精索**

## 三、阴囊

阴囊呈球形，位于肛门和腹股沟部的中央部。阴囊颈很短，阴囊皮肤带有色素，并生有稀疏的细毛，阴囊正中缝不甚明显。阴囊壁分为皮肤、肉膜、筋膜和总鞘膜四层（图 7.4）。肉膜中分

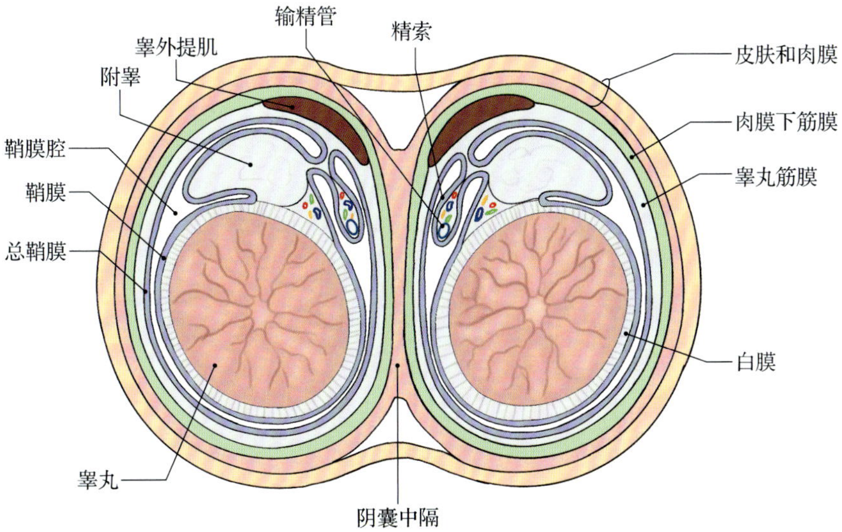


图 7.4　**阴囊的结构（横断面）**

布有平滑肌，对温度敏感。当温度升高时会舒张，使阴囊变长，远离腹壁，有利于散热。当温度降低时则收缩，使阴囊靠近腹壁，有利于保暖。阴囊的筋膜是由腹壁肌肉的腱膜延续而来，当腹壁肌肉收缩时可提升阴囊靠近腹壁，对睾丸起保护作用。

## 四、副性腺

犬的副性腺由一对发达的前列腺构成，与其他动物不同，没有精囊腺和尿道球腺。猫的副性腺除一对前列腺外，还有一对尿道球腺。犬的前列腺腺体部体积较大，位于耻骨前缘处，呈球状环绕在膀胱颈及尿道的起始部。猫的尿道球腺位于坐骨弓处的尿道球旁，呈豌豆状。前列腺略呈黄色，分为腺体部和扩散部，扩散部的前列腺体积很小，分布于尿道壁内。猫的副性腺由发达的前列腺和不发达的尿道球腺构成，在机能上与犬基本相似。前列腺的分泌物为精清，为精子提供生存环境。

## 五、阴茎和包皮

### （一）阴茎

阴茎为雄性动物的交配器，包裹在包皮内。阴茎起始端由阴茎脚固定于坐骨弓，经两股间延伸到脐部后方。阴茎可分为阴茎根、阴茎体、阴茎头三部分，由阴茎海绵体、阴茎骨和尿生殖道阴茎部组成（图 7.5）。

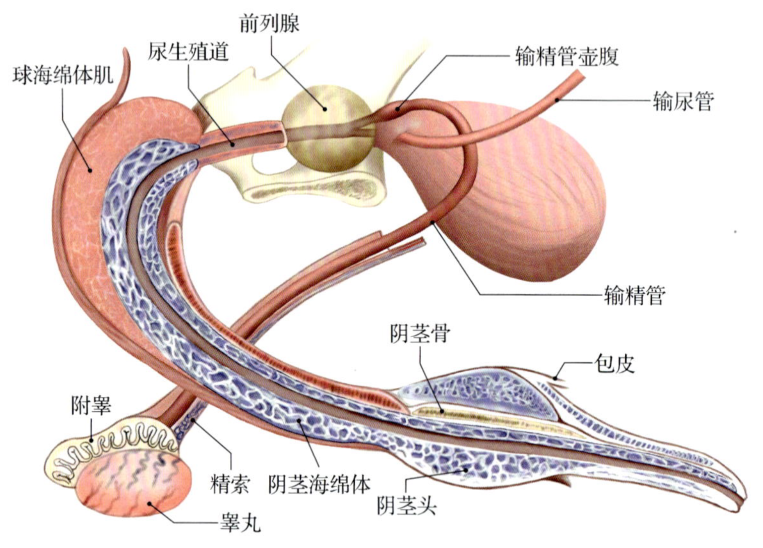


图 7.5　阴茎的结构

#### 1. 阴茎海绵体

由致密结缔组织构成，分布有丰富血窦，充血时体积和硬度增大，根部形成一对阴茎脚附着于坐骨弓两侧，并呈弓形向前延伸，结合后参与构成阴茎体。阴茎海绵体外周被覆着结缔组织构成的白膜，其腹侧部将阴茎海绵体与尿道海绵体隔开，称为阴茎中隔。此外，白膜的结缔组织呈放射状伸入阴茎海绵体形成小梁，在小梁及其分支间的腔隙，为海绵腔，就是血窦。

2. 阴茎骨

主要位于阴茎头的内部，与阴茎海绵体相接，其末端弯曲形成纤维软骨性突起。阴茎骨的腹侧有沟，容纳由尿道海绵体包裹的尿生殖道。

3. 尿生殖道阴茎部

由坐骨弓处伸入阴茎体腹侧的尿生殖道沟内，并沿阴茎体腹侧前行。在接近阴茎头起始部，尿道海绵体扩张形成阴茎头球，远端逐渐延续成筒状，称为阴茎头长部。阴茎头球和阴茎头长部包于阴茎骨的周围。

#### (二)包皮

从阴茎头的龟头球处皮肤双层折叠形成袖套状，称为包皮。包皮内层包着龟头球而紧密地包着龟头突。猫的阴茎和包皮在机能上与犬基本相似。猫的阴茎头皮肤有角化刺，阴茎骨在幼猫体上仅为软骨。

### 六、尿生殖道

参见第六章泌尿系统。

## 第二节　雌性生殖系统的构造

犬猫的雌性生殖系统由卵巢、输卵管、子宫、阴道、尿生殖前庭和阴门组成(图 7.6)。输卵管是输送卵子以及卵子受精的场所；子宫是孕育胎儿的场所；阴道是交配器官和产道；尿生殖前庭既是交配器官和产道，也是排尿通道。

### 一、卵巢

#### (一)卵巢的形态和位置

犬猫都有一对卵巢，呈椭圆形，稍扁平，体积较小。犬的卵巢平均长度约为 2 cm，猫的约为 1 cm。由卵巢系膜悬挂于两肾后方，犬猫每侧卵巢除卵巢系膜外另有两条韧带附着，即卵巢悬韧带和卵巢固有韧带。卵巢系膜、输卵管系膜和卵巢固有韧带共同围成一个狭小的腹膜腔隙，即卵巢囊，卵巢囊内包裹着卵巢。右侧卵巢与十二指肠和右外侧腹壁接触，位于第 3~4 腰椎的腹侧。左卵巢与脾接触，位于第 4~5 腰椎的腹侧。

#### (二)卵巢的组织结构

卵巢为实质器官，由被膜和实质两部分构成。

1. 被膜

被膜包括外表的生殖上皮和上皮下的白膜。卵巢表面在卵巢系膜附近被覆腹膜，其余大部分被覆生殖上皮。生殖上皮在胚胎期为立方上皮，是卵细胞的发源处，成年后变为扁平上皮。上皮深层有一层致密结缔组织构成的白膜。

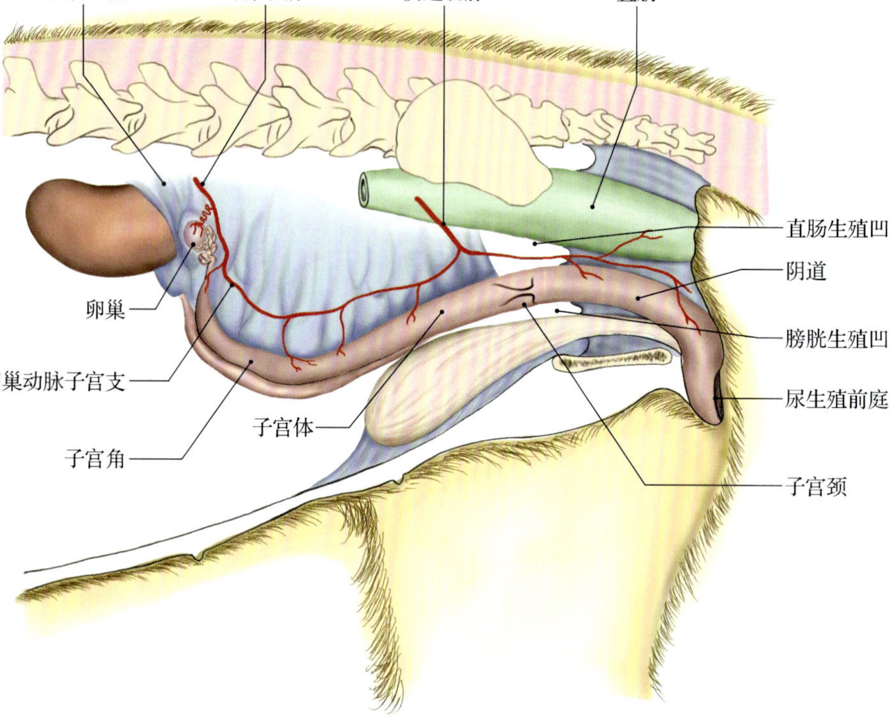


图 7.6　母犬生殖系统的构成

## 2. 实质

实质分为浅层的皮质和深层的髓质(图 7.7)。

皮质内分布着各发育阶段的卵泡,有时可以看到闭锁卵泡和黄体。

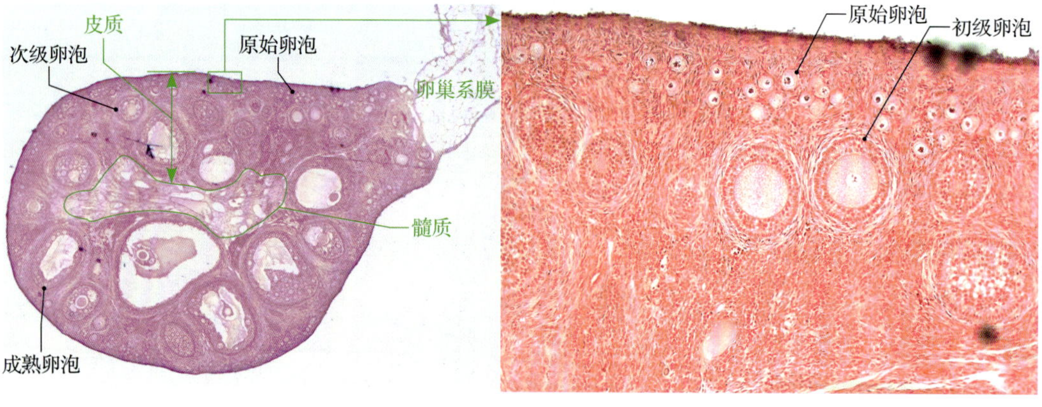


图 7.7　卵巢的组织结构

(1) 卵泡。卵泡由卵母细胞和周围的卵泡细胞构成。按发育程度的不同,卵泡可分为原始卵泡、初级卵泡、次级卵泡和成熟卵泡。

①原始卵泡:位于皮质浅层,体积小,数量多,中央为一个大而圆的初级卵母细胞,周围为单层扁平的卵泡细胞。

②初级卵泡:体积小、数量多,位于皮质浅层,由卵母细胞和周围的一层卵泡细胞构成,无卵泡腔。

③次级卵泡:由卵母细胞和由卵泡细胞形成的卵泡腔、卵泡液、卵丘和颗粒层细胞构成。

④成熟卵泡:体积大、数量少,突出于卵巢表面,由卵细胞、透明带、放射冠、卵泡腔、卵泡液、卵丘和颗粒细胞构成。

(2) 闭锁卵泡。闭锁卵泡是退化卵泡形成的瘢痕组织。正常情况下,绝大多数的初级卵泡和次级卵泡不能发育为成熟卵泡,它们或完全消失或形成闭锁卵泡。

(3) 黄体。成熟卵泡破裂排卵后会伴有局部轻微出血,血液流入卵泡腔就形成红体。红体中的血液逐渐被毛细血管吸收,同时卵泡细胞分化为黄体细胞,使该处颜色由红变黄就形成黄体。黄体有内分泌功能,能分泌孕激素,使母犬维持妊娠。排出的卵子若未受精,黄体会逐渐被结缔组织替代,演变为瘢痕状的白体。

髓质位于卵巢中心,由结缔组织、弹性纤维、血管、神经、淋巴管构成。

## 二、输卵管

输卵管是位于卵巢和子宫角之间的一对细管,由输卵管系膜悬挂于卵巢后方。其卵巢端呈漏斗状,漏斗边缘薄而多皱褶为输卵管伞,漏斗底部为较大的输卵管腹腔口(图 7.8)。输卵管子宫端经很小的子宫口与子宫角相连。

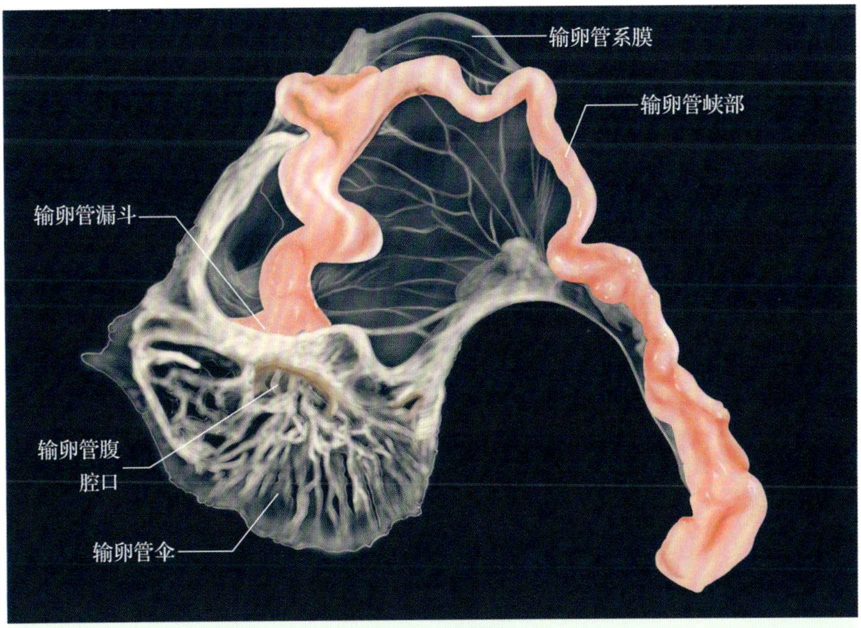


图 7.8 输卵管

## 三、子宫

### (一)子宫的形态和位置

犬猫的子宫均属于双角子宫,根据子宫的形态,把子宫分为子宫角、子宫体和子宫颈三个部分。子宫角借子宫阔韧带附着于骨盆腔前部的侧壁上。子宫大部分位于腹腔内,仅有部分子宫体和子宫颈位于骨盆腔内。子宫体和子宫颈的背侧为直肠,腹侧为膀胱。根据妊娠期的不同,子宫的位置会有很大的变化。

### (二)子宫的构造

#### 1. 子宫角

犬的子宫角细而长(中型犬为12~15 cm),近似直管状,未孕时管径均匀,怀孕后呈串珠状。两宫角分叉处呈“V”字形。

#### 2. 子宫体

犬的子宫体很短,中型犬为2~3 cm。猫的子宫体长约4 cm。

#### 3. 子宫颈

犬的子宫颈很短,长约1 cm,后端呈圆柱状,微突,伸入阴道前端的凹陷内。

#### 4. 子宫的组织结构

子宫壁从内到外可分为黏膜、肌层和浆膜三层。浆膜在子宫角的背侧和子宫体两侧形成的浆膜褶为子宫阔韧带(子宫系膜),前方连接卵巢和输卵管系膜。肌层发达。黏膜分布有丰富的子宫腺。

## 四、阴道

阴道全部位于骨盆腔内,介于子宫颈与尿生殖前庭之间。前端在子宫颈阴道部后方有一小凹陷,后端以阴瓣(一道横行的黏膜褶)作为阴道与尿生殖前庭的分界标志。阴道壁可分为黏膜、肌层和外膜三层。黏膜有许多纵褶并可分泌液体。肌层可使阴道在交配时紧缩。

## 五、尿生殖前庭与阴门

### (一)尿生殖前庭

尿生殖前庭是阴道和尿道向后共同通向阴门的过渡通道。前端经阴瓣与阴道相通,前下方经阴瓣后下方的尿道外口与尿道相通,后端经阴门与外界相通。尿生殖前庭壁有前庭小腺。尿生殖前庭有交配、产道和排尿三方面的功能。

### (二)阴门

阴门是尿生殖前庭的外口,位于肛门下方,以短的会阴与肛门隔开。阴门由肥厚的左、右阴唇构成,两阴唇间的裂隙称为阴门裂。在阴门裂的腹侧联合前方有阴蒂,位于深凹的阴蒂窝内(图7.9)。

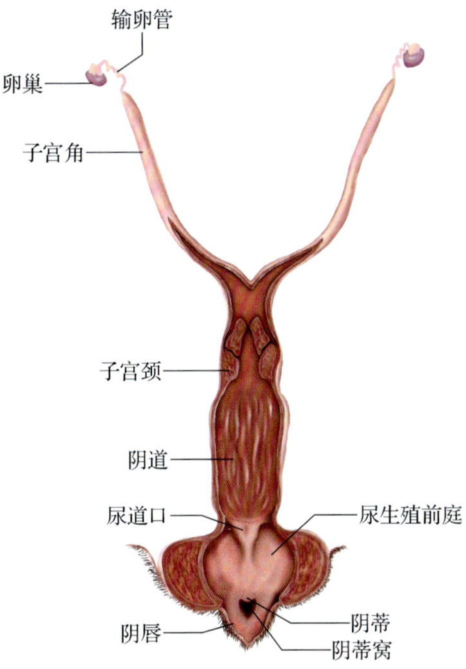


图 7.9　子宫、阴道及阴门的结构

# 第三节　犬猫生殖生理

## 一、宠物的性成熟与体成熟

### 1. 性成熟

犬猫出生后，生长发育到一定时期，生殖器官发育成熟，具备生殖能力，这就达到性成熟了。此时的特征是，能够产生成熟的生殖细胞，雄性有求偶和交配的行为，雌性有发情的症状。性成熟的起始阶段称为初情期。步入初情期的雌性犬猫刚刚开始具有繁殖后代的能力，但生殖器官还未充分发育，身体机能也不完全，体重也仅仅达到成年体重的50%左右。与雌性犬猫的"初情期"同时期的雄性犬猫则刚刚开始出现勃起、爬跨等行为。因犬的品种、地区、气候环境、饲养管理条件有很大差异，达到性成熟的年龄也不尽相同。一般来说，犬的初情期为6～7月龄，8～10月龄可达到性成熟。

### 2. 体成熟

体成熟是指犬猫的所有器官和机能全部达到成年动物水平的时期。体成熟的标志是宠物的体重和体长停止增长。体成熟比性成熟来得晚一些，一般公犬的体成熟在24月龄左右，母犬在18月龄左右；公猫的适配期在12～18月龄，母猫在10～12月龄。到了性成熟时期的宠物，生殖器官及其机能已经发育充分，但身体生长还未完成，若马上开始生殖活动(雄性犬猫配种、雌性犬猫怀孕)，不仅会妨碍父体、母体的继续发育，同时也影响子体的体重或引起品种退化。因此，应当等待犬猫达到体成熟时再进行配种。

3. 性季节(发情季节)

性成熟的正常母犬,每年发情 2 次。大多在每年春季的 3—5 月和秋季的 9—11 月各发情一次。两次性季节之间的不发情时期,称为休情期。

## 二、雄性犬猫生殖生理

1. 精子的生成

性成熟后,睾丸中不断生成精子并排入附睾,在其中贮存和进一步发育成熟,在交配时则由附睾中排出。犬的睾丸终年都有精子生成,但犬是季节性繁殖动物,在配种季节睾丸才大量生成精子。精子的生成和发育是在睾丸曲精小管内进行的,主要经历增殖期、生长期、成熟期和成形期四个时期。增殖期是指由原始的生精细胞分化成精原细胞,再经多次分裂,增加数目而成为初级精母细胞的过程;生长期是初级精母细胞不断生长,体积增大,并逐渐聚积营养物质的过程;成熟期为初级精母细胞经第一次成熟分裂(减数分裂)生成 2 个次级精母细胞(染色体数减半),然后次级精母细胞经第二次成熟分裂生成 2 个精子细胞;成形期是指精子细胞经过一系列复杂的形态变化后,成为高度分化精子的过程。

精子的生成直接受下丘脑－垂体－睾丸的调节。下丘脑分泌促性腺激素释放激素(GnRH),经垂体门脉系统到达腺垂体,促进其分泌卵泡刺激素(FSH)和促黄体生成素(LH)。FSH 作用于睾丸曲精小管生殖上皮,促进精子生成;LH 作用于间质细胞,促进睾酮分泌,对精子生成也有促进作用。睾丸支持细胞分泌抑制素作用于下丘脑和腺垂体,抑制 FSH 分泌,对精子生成起抑制作用。血液中睾酮浓度过高,通过负反馈作用抑制 GnRH,使 FSH 和 LH 分泌减少,从而对生精过程表现出抑制性影响。环境温度(特别是睾丸的局部温度)是影响精子生成的决定性因素。在胚胎时期,犬猫的睾丸和附睾均在腹腔内,位于肾脏附近。出生前后,两者一起经腹股沟管下降到阴囊,此过程称为睾丸下降。一般认为,在公犬出生后第 3 天,才开始发生睾丸下降,而且需要 2 d 时间,而最终在阴囊内固定位置则需要 4～5 周时间。阴囊内睾丸的温度一般较体温低 3～4 ℃,维持较低的温度是生成正常精子所必需的。如有一侧或双侧睾丸未下降到阴囊内,称为隐睾,患有隐睾症的犬因不具备这种温度特点而不能产生精子。

2. 精液

精液由精子和精清组成。精清是前列腺、附睾和输精管的混合分泌物,内含果糖、蛋白质、磷脂化合物、无机盐和各种酶等。主要作用为稀释精子,为精子提供能量,保持精液正常的 pH 和渗透压;刺激子宫、输卵管平滑肌的活动,有利于精子运行。

犬精液的颜色因精子的密度不同而有所差异,从乳白色到灰白色不等,精子数量越多,颜色越白。犬精液的 pH 平均为 6.4(6.1～7.0),pH 的高低与前列腺的分泌物有关。犬射出的精液第一部分 pH 居中,第二部分 pH 较低,第三部分 pH 最高。由于 pH 偏低的精液中精子活力、受精力都较好,且含精子浓度最高,所以冷冻犬精液主要取第二部分。离体后的精子容易受外界因素的作用而影响活力,甚至造成死亡。精子具有耐冷性,能够忍受超低温冷冻,在 0 ℃以下呈不活动状态。但阳光直射、40 ℃以上温度、偏酸或偏碱环境、低渗或高渗环境及消毒液的残余等都会造成精子迅速死亡。

3. 性反射

在自然条件下,只有通过交配,精子才能进入母犬的生殖道而完成受精过程。交配是复杂的反射活动,由雄雌两性个体协同,通过一系列性反射和性行为而完成的。

## 三、雌性犬猫生殖生理

### 1. 性周期

性周期又称发情周期，是指母犬到初情期或性成熟后，其生殖器官及整个有机体发生一系列周期性的变化，这种变化周而复始，一直到停止性机能活动为止。发情周期的计算为从一次发情期的开始到下一次发情开始的间隔时间。犬的发情周期一般为 180 d。根据母犬生殖器官所发生的变化，一般可将发情周期分为发情前期、发情期、发情后期和休情期。

(1)发情前期。性活动的开始阶段，从发现血样的排出物到开始愿意交配的时期，其持续时间为 7～12 d，平均为 9 d。在这期间，卵巢中存有大量不同发育时期的卵泡，外生殖器肿胀潮红，阴道充血，自阴道流出血样的排出物，青年犬的乳房增大。母犬变得兴奋不安、性情焦躁反常，不爱采食，但饮水量增加；当遇公犬时，开闭外阴部，频频排尿，但拒绝交配。

(2)发情期。性活动的活跃阶段，为母犬开始愿意接受交配至又拒绝交配的时期，持续 5～12 d，平均为 9 d。这时卵巢中出现排卵，外阴继续肿大并变软，阴道分泌物增多，初期为淡黄色，数日后呈浓稠的深红色，出血程度在开始发情的第 9 天或第 10 天达到顶点，以后分泌物逐渐减少，第 14 天后停止流出黏液。母犬表现非常兴奋和敏感，有交配欲，喜欢接近公犬。

(3)发情后期。母犬拒绝公犬的交配即进入发情后期，紧接发情期之后。如果以黄体的活动来计算，此期为 70～80 d；若以子宫恢复，子宫内膜增生为基础，则为 130～140 d。此期为发情的恢复阶段，由于雌激素的含量下降，母犬的性欲减退，卵巢中形成黄体。外生殖器逐步恢复正常，出血停止，子宫腺体增生，为胚胎的附植做准备。母犬较以前有些消瘦，变得越来越恬静和驯服。

(4)休情期。卵巢的活动进入相对静止的时期。

### 2. 卵的生成和排卵

性成熟后，卵巢中有卵泡周期性发育和成熟。

(1)卵泡的发育。卵泡在胚胎时期由卵巢表面的生殖上皮演化而来。卵泡的发育过程依次包括原始卵泡、初级卵泡、次级卵泡和成熟卵泡四个阶段。

(2)卵母细胞的发育。犬的成熟卵泡中卵母细胞仍处在初级卵母细胞阶段。从卵原细胞发育至成熟卵母细胞需经历增殖期、生长期和成熟期三个时期。增殖期是指卵原细胞经多次分裂，数目增加，成为初级卵母细胞的过程，与此相应的卵泡则从原始卵泡变成初级卵泡；生长期是指初级卵母细胞的胞质和内含物增多，体积增大，初级卵泡发育成为成熟卵泡的过程；犬卵母细胞的发育只有在排卵后才进入成熟期，此时初级卵母细胞在输卵管中完成第一次成熟分裂，排出第一极体，成为次级卵母细胞。受精后，完成第二次成熟分裂才继续发育，最后达到成熟。

(3)排卵。初级卵母细胞及其周围的透明带和放射冠，随同卵泡液一起从成熟卵泡中排出的过程称为排卵。卵泡在排卵前要经历一系列变化，卵泡破裂后，卵泡液流出。卵子随卵泡液排出卵巢后，经输卵管伞进入输卵管中。母犬通常在发情期开始的第 2～3 天排卵，此时也是交配的最佳时间。

(4)卵泡发育和排卵的调节。卵泡的发育和排卵主要受下丘脑－垂体－卵巢的调节。下丘脑分泌 GnRH，经垂体门脉系统到达腺垂体，促进其分泌 FSH 和 LH。在 FSH 的作用下，卵泡开始生长发育，但卵泡成熟则需要 FSH 和 LH 的共同作用。当卵泡成熟，雌激素分泌达到峰值时，通过正反馈作用于下丘脑而使 GnRH 大量分泌，进而激发 LH 快速大量分泌，形成 LH 高峰，即可引起排卵。由颗粒细胞或黄体细胞分泌的抑制素作用于下丘脑和腺垂体，抑制 FSH 分泌，对卵泡发育起抑制作用，形成闭锁卵泡。母犬妊娠后，黄体和胎盘分泌大量的孕酮，通过负反馈作用抑制 GnRH 和 FSH 分泌。对卵泡发育和排卵起抑制作用。

### 3. 受精过程

受精是指精子和卵子结合而形成合子（又称为受精卵）的过程。

（1）精子的运行和获能。精子在母犬生殖道内由射精部位移动到受精部位的运动过程，称为精子的运行。精子的运行除本身具有运动能力外，更重要的是借助子宫和输卵管的收缩和蠕动。当接近卵子时，精子本身的运动显得十分重要。精子进入母犬生殖道之后，须经过一定变化后才能具有受精的能力，这一变化过程称为精子获能。由于有精清的存在，犬的精子在母犬生殖道内的存活时间较长，可达 90 h。如果排卵后卵子未遇到精子，则沿输卵管继续下行，并逐渐衰老，包上一层输卵管分泌物，精子不能进入，即失去受精能力。

（2）受精的过程。

①精子和卵子相遇：经获能的精子在输卵管壶腹部与卵子相遇，经过选择性识别迅速引起精子的顶体反应。这一反应表现为从精子顶体中释放出各种顶体酶（如放射冠溶解酶、透明质酸酶等），这些酶溶解粘连放射冠细胞的基质，使精子穿过放射冠，到达卵子透明带的外侧，并固定在透明带某点上。公犬一次射精中精子的总数相当可观，但到达输卵管壶腹的数目却很少。精子射出后，一般在 15 min 之内到达受精部位。

②精子进入卵子：精子依靠自身的活力和蛋白水解酶的作用穿过透明带，头部与卵黄膜表面接触，激活卵子，使其开始发育。最终精子的头穿过卵黄膜，进入卵子。精子通过卵子透明带具有种族选择性，一般只有同种或近似种的精子才能通过。当精子穿过透明带触及卵黄膜时，可激活卵子引起卵黄膜收缩，释放出某些物质使透明带变性硬化，重新封闭，阻止其他精子再进入，这一过程称为透明带反应，以保证单精受精。

③精子与卵子融合成为合子：精子进入卵子后，头部膨大，细胞核形成雄性原核。同时，卵子也继续发育成熟，进行第二次成熟分裂，排出第二极体，形成雌性原核。两个原核接近，核膜消失，染色体进行组合而成为合子，完成受精的全过程。

### 4. 妊娠

受精卵在母犬子宫体内生长发育为成熟胎儿的过程称为妊娠。犬的妊娠期为 59～65 d，平均为 62 d。

（1）妊娠的建立。受精后，卵巢中黄体不退化而转变为妊娠黄体，继续合成和分泌孕酮。孕酮通过负反馈作用抑制 GnRH、FSH 和 LH 的分泌，对卵泡发育和排卵起抑制作用，使母犬发情周期暂时停止。同时，受精卵沿输卵管向子宫移动，细胞开始分裂，称为卵裂。约 3 d，即变成 16～32 个细胞的桑葚胚。约 6 d，桑葚胚即进入子宫，继续分裂，体积增大，中央形成含有少量液体的空腔，此时的胚胎称为胚泡。约 10 d，胚泡逐渐埋入子宫内膜而被固定，称为附植。此时胚胎就与母体建立起了密切的联系，开始由母体供应营养物质和排出代谢产物。

（2）妊娠的维持。胚泡附植后，由胚泡滋养层与子宫内膜生长嵌合形成胎盘，胚泡靠胎盘提供营养，继续在子宫内生长发育直至分娩的过程，称为妊娠维持。

胎盘是保证妊娠维持最重要的临时性器官，对胎儿具有营养代谢、呼吸和排泄等功能。此外，胎盘还是重要的内分泌器官，除分泌孕酮维持妊娠外，还分泌催乳素、孕激素、雌激素、松弛素等，对维持妊娠和准备分娩起重要作用。胎盘由胎儿的绒毛膜（胎膜的最外层）和母体的子宫内膜共同构成。

①胎膜：是胚胎在发育过程中逐渐形成的一个暂时性器官，胎儿出生后，胎膜即被弃掉。胎膜主要由羊膜、尿囊膜和绒毛膜组成。

a）羊膜。形成羊膜腔，包围着胎儿，腔内充满羊水。胎儿在羊水的液体环境中生长发育，既能调节体温，又能缓冲来自各方面的压力，保证胎儿的正常发育。分娩时，胎膜破裂，羊水连同尿囊液一起外流，能润滑产道，有利于胎儿分娩。

b）尿囊膜。位于羊膜外面，分内外两层，围成尿囊腔，囊腔内有尿囊液，贮存胎儿的代谢产物。

c）绒毛膜。位于最外层，紧贴在尿囊膜上，表面有绒毛。绒毛与子宫黏膜紧密联系，通过渗透进行物质交换，是构成胎盘的基础。犬绒毛膜上的绒毛仅分布在绒毛膜的中段，呈一宽环带状，绒毛膜的其他部分平整光滑，无绒毛。

②胎盘：由胎儿的绒毛膜和母体的子宫内膜共同构成。犬猫均为内皮绒毛膜型胎盘，在绒毛与子宫黏膜接触的环状带，绒毛深达子宫内膜的血管内皮。但胎儿绒毛膜上的血管与母体子宫内膜的血管并不直接连通，而是通过渗透方式进行物质交换，吸取营养，排泄废物，为胚胎发育创造条件，保证胎儿的正常发育。

（3）妊娠期母体的生理特征。在妊娠期，为了适应胎儿的成长发育，各器官生理机能都要发生一系列的变化。首先是妊娠黄体分泌大量孕酮，除促进附植、抑制排卵和降低子宫平滑肌的兴奋性外，还与雌激素协同作用，刺激乳腺腺泡生长，使乳腺发育完全，准备分泌乳汁。随着胎儿的生长发育，子宫体积和重量也逐渐增加，腹腔内脏受子宫挤压向前移动，这就引起消化、循环、呼吸和排泄等一系列变化。如呈现明显的胸式呼吸，呼吸浅而快，肺活量降低；血浆容量增加，血液凝固能力提高，血沉加快。到妊娠末期，血中碱贮减少，出现酮体，形成生理性酮血症；心脏因工作负担增加，出现代偿性心肌肥大；排尿排粪次数增加，尿中出现蛋白质等。甲状腺、甲状旁腺、肾上腺和脑垂体表现为妊娠性增大和机能亢进；母体代谢增强，食欲旺盛，对饲料的利用率增加，显得肥壮，被毛光亮平直。妊娠后期，由于胎儿迅速生长，母体需要养料较多，如果饲料和饲养管理条件稍差，就会逐渐消瘦。

### 5. 分娩

分娩是发育成熟的胎儿从母体生殖道排出的过程。雌性动物在分娩前会出现一些症状，如食欲减少或不吃，行动急躁、表现不安，攀爬产箱；外阴部和乳房肿大、充血，乳头可挤出白色初乳。阴道和子宫颈变软并渐渐开张，子宫颈管充满黏液，呈水晶状透明物流出，并有少量出血。整个分娩过程通常可分为三个阶段。

（1）开口期。子宫有节律地收缩（阵缩），把胎儿和胎水挤入子宫颈。子宫颈扩大后，部分胎膜突入阴道，最后破裂流出胎水。

（2）胎儿娩出期。子宫更为频繁而持久的收缩，加上腹肌和膈肌收缩的协调作用，使子宫内压极度增加，驱使胎儿经阴道排出体外。

（3）胎衣排出期。胎儿排出后，经短时间的间歇，子宫又收缩，使胎衣（胎膜）与子宫壁分离，随后排出体外。胎衣排出后，子宫收缩压迫血管裂口，阻止继续出血。

## 思考题

1. 详述公母犬生殖系统的组成。
2. 详述睾丸小叶的结构。
3. 阴囊壁的结构是什么样的?
4. 详述卵巢的结构。
5. 描述母犬受精的过程。
6. 详述母犬胎盘的结构特点。
7. 简述发情周期各阶段母犬身体的变化特点。
8. 简述分娩的过程。
9. 简述精子运动的特点。

# 第八章　心血管系统

## 学习重点

掌握心脏在体表的投影位置。了解心脏的结构；了解血液循环的途径；掌握主要动脉干的分支；掌握几个重要的浅表静脉的位置。了解血液的基本组成，掌握血细胞的形态特征和功能特征。理解心肌活动的生理特点，理解心输出量的概念，理解心输出量的影响因素。理解血压的概念，理解血压的影响因素。了解脉搏的检查部位。

## 素质要求

培养严谨的科学态度和实事求是的精神，准确掌握心血管系统各器官结构和生理过程。提高观察能力和实践操作能力，在解剖和观察心血管系统器官时能够细致入微，准确操作。增强职业素养和责任感，认识到心血管系统知识在宠物疾病诊断和治疗中的重要性。

心血管系统由心脏和血管构成，推动全身血液循环流动。

## 第一节　心脏和血管的结构

### 一、心脏

#### （一）心脏的位置和形态

心脏位于胸腔纵隔内，夹于左、右两肺之间，略偏左侧。呈左、右稍扁的圆锥体，上部宽大，为心基部，其余部分为心尖部。心脏在体表的投影位于第3～6肋，心基部与肩关节水平线平齐（图8.1）。听心音的最佳部位为站立姿势下的左侧第5～6肋的腹侧。在心脏的表面，近心基处有冠状沟，是心房和心室的外表分界。沟的上部为心房，下部为心室。在心脏的左侧面和右侧面，分别有一左纵沟和一右纵沟。左、右纵沟是左、右心室的外表分界，两沟前部为右心室，后部为左心室。在冠状沟和左、右纵沟内有营养心脏的血管并有脂肪填充，称为冠状沟脂肪囊。猫的心脏侧面和背面大部分被肺所覆盖，前端的腹面有胸腺。心脏在第4肋或第5肋骨直至第8肋骨之间，其心尖部稍向左偏并与膈相邻。

#### （二）心腔的构造

心腔以房中隔和室中隔为主，分为左、右心房和左、右心室4个腔（图8.2至图8.4）。同侧

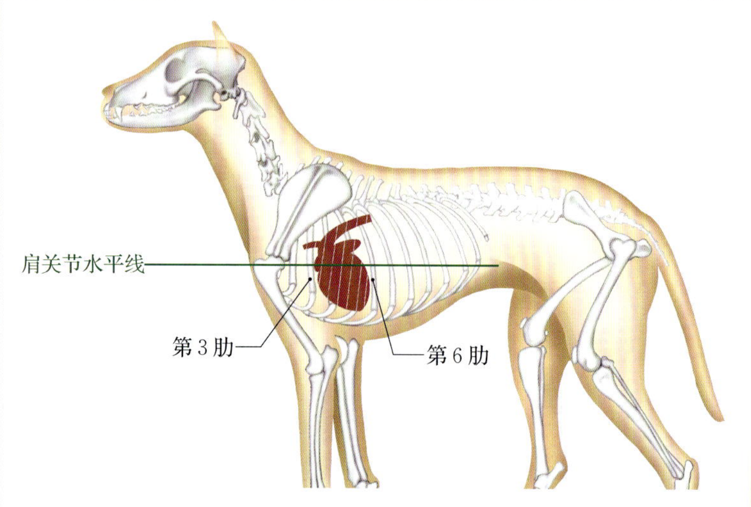

图 8.1 心脏的位置

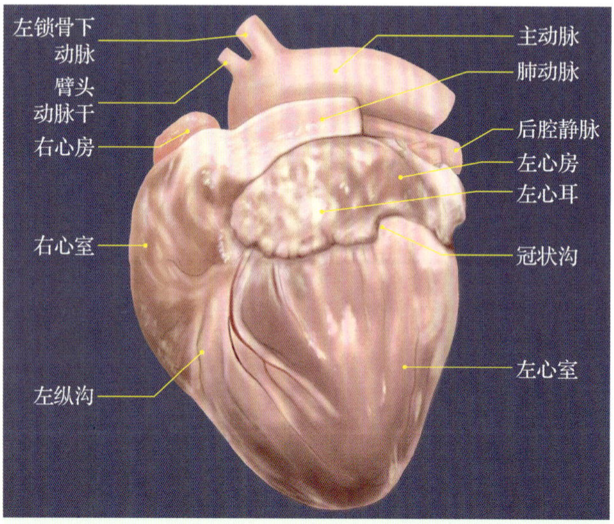

图 8.2 心脏的形态（左侧）

的心房和心室各以房室口相通；而心房之间和心室之间互不相通。

1. 右心房

右心房位于心基的右前部，壁薄而腔大，由右心耳和静脉窦构成。右心耳呈圆锥状盲囊。静脉窦是前、后腔静脉的入口部。前、后腔静脉分别开口于右心房的背侧壁和后壁。在后腔静脉入口附近的房中隔上，有卵圆窝，是胚胎期卵圆孔的遗迹。在右心房的下方有房室口，通右心室。

2. 右心室

右心室构成心脏的右前部，室壁较左心室薄。其上方发出肺动脉，肺动脉口有防止血液倒流的三片半月瓣。与右心房相通的是右房室口，其周缘附有2个大瓣膜和3~4个小的瓣膜，称为右房室瓣，其游离缘向下垂入心室并有数条纤细的结缔组织腱索连接到心室壁的乳头肌上。当心室收缩时，心室内压升高，血液将瓣膜向上推，使其相互合拢，关闭房室口。由于腱索的牵

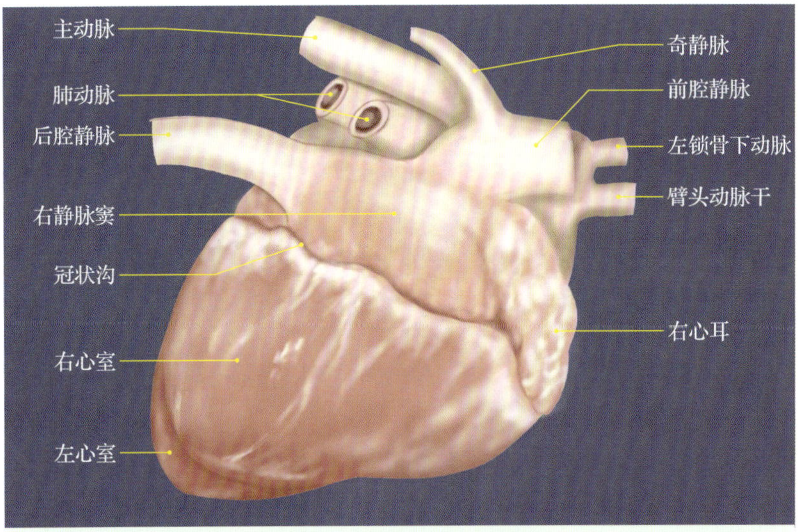


图 8.3 心脏的形态(右侧)

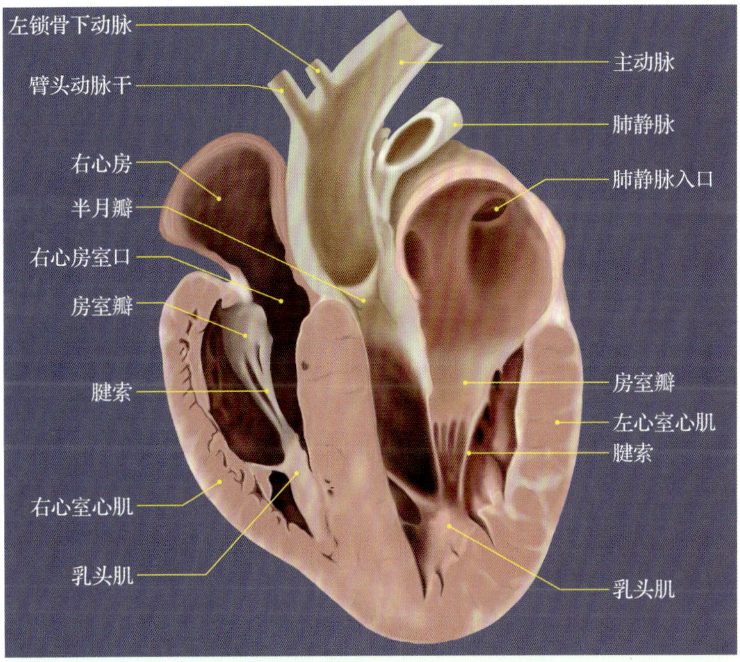


图 8.4 心腔的结构(正中矢状切面)

拉,瓣膜不致翻向右心房,以防止血液倒流回右心房。

### 3. 左心房

左心房位于心基的左后部。其构造与右心房相似,有一向前突出的圆锥状盲囊,为左心耳。在左心房壁的后部,犬一般有 6 个肺静脉口,猫有 3 支肺静脉进入左心房。左心房的下方以左房室口通左心室。

### 4. 左心室

左心室位于左心房腹侧,构成心脏的左后部。心室壁很厚,其上方出口为主动脉口,口的周缘附有 3 个半月瓣,其形态和作用与肺动脉半月瓣相同。与左心房以房室口相通,口的边缘有 2 个大瓣膜和 4~5 个小瓣膜,称为左房室瓣,其构造和作用同右房室瓣。

### (三)心壁的构造

心壁分 3 层:外层为心外膜,中层为心肌,内层为心内膜。

#### 1. 心外膜

心外膜即心包的浆膜脏层,紧贴在心肌表面,由间皮和结缔组织构成,血管、淋巴管和神经等沿心外膜的深面伸延。

#### 2. 心肌

心肌为心壁最厚的一层,主要由心肌纤维构成,心房肌层较薄,心室肌层较厚,左心室肌层最厚。

#### 3. 心内膜

心内膜薄而光滑,紧贴在心房和心室壁的内表面,与血管的内膜相延续,心脏的瓣膜就是由心内膜褶皱而形成的双层结构,中间夹一层致密结缔组织所构成。

### (四)心脏的营养血管

心脏的营养血管主要包括冠状动脉、毛细血管和静脉,这些血管构成冠状循环途径。冠状动脉由主动脉发出,分为左、右 2 支,左、右冠状动脉分布于心房肌和心室肌,在肌层中形成丰富的毛细血管网。心脏的静脉包括心大静脉、心中静脉、心小静脉。心大静脉伴随左冠状动脉伸延,最后开口于右心房。心中静脉(犬有 2 条)伴随右冠状动脉伸延,在右纵沟起始部注入心大静脉。数支心小静脉,直接开口于右心房。

### (五)心脏的传导系统和神经

#### 1. 心脏的传导系统

心脏的传导系统由特化的心肌纤维构成,其主要功能是产生兴奋并传导至心房肌和心室肌,引起心肌收缩。心传导系统包括窦房结、结间束、房室结、房室束及浦肯野纤维(图 8.5)。

(1)窦房结。是心脏正常的起搏点,位于前腔静脉和右心耳之间的心外膜下。

(2)结间束。是连接窦房结与房室结的纤维束。

(3)房室结。位于房中隔右房侧的心内膜下,右冠状窦的前方,色稍淡。

(4)房室束。为房室结的直接延续,它在室中隔上部,分为一较细的右束支和一较粗的左束支,后者穿过室中隔。左、右束支分别在室中隔的左室侧和右室侧的心内膜下伸延。

(5)浦肯野纤维。是房室束分出许多小的分支分布于室中隔,并通过心横肌分布到左、右心室的侧壁。

#### 2. 心脏的神经

分布到心脏的神经有交感神经和副交感神经。交感神经兴奋时,能使窦房结兴奋频率增加、房室束传导速度加快、房室肌收缩力量增强,称为心兴奋神经。副交感神经兴奋时,作用恰好相反,称为心抑制神经。

## 二、心包

心包为包围心脏周围的锥形囊,其囊壁由浆膜和纤维膜构成,起保护心脏的作用。浆膜分

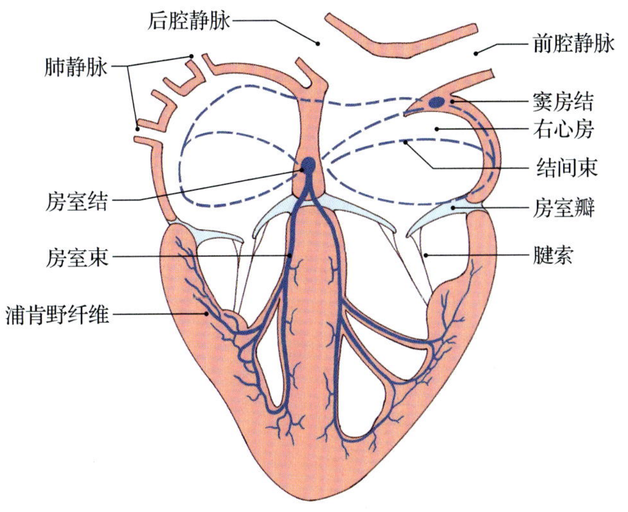


图 8.5 心脏传导系统示意图

壁层和脏层，壁层的外面围纤维膜，在心基部和大血管根部折转移行为脏层。脏层紧贴于心脏的外表面，构成心外膜。在壁层和脏层之间的腔隙，称为心包腔，内有少量浆液，称为心包液，起润滑作用，以减少心搏动时的摩擦。纤维膜为一层坚韧的结缔组织膜，在心基部与出入心脏的大血管的外膜相连，在心尖部折转而附着于胸骨背侧壁，与心包胸膜共同构成胸骨心包韧带，将心包固着于胸骨上。

## 三、血管

根据血管的结构和机能特点，可分为动脉、静脉和毛细血管 3 种。

### 1. 动脉

凡是推动血液离心的血管都称为动脉。动脉的特点是管壁厚、富有弹性，管腔空虚时不塌陷，血管破裂时，血液呈喷射状流出。其管壁分为 3 层：外层为结缔组织构成，称为外膜；内层由内皮细胞、薄层胶质纤维和弹性纤维组成，称为内膜；中层由平滑肌、弹性纤维和胶质纤维组成，称为中膜。由于动脉的口径大小不同，中膜组织结构会有很大差异。其中大动脉的管壁以弹性纤维为主，因而有较大弹性，可以承受心脏射血时的巨大压力，使血压不致过度升高，且能将心脏射出的血液变成连续的血流，故有弹性血库之称。从中动脉到小动脉，管壁的弹性纤维逐渐减少，平滑肌逐渐增加，到小动脉时则以平滑肌为主。

### 2. 静脉

凡是输送血液回心的血管称为静脉。其构造与动脉相似，也分为 3 层，但中膜很薄，弹性纤维不发达，外膜较厚。静脉管壁薄，易塌陷，比同名动脉的口径大，分布在四肢的静脉，内膜折叠成成对的半月状静脉瓣，可防止血液逆流。

### 3. 毛细血管

毛细血管是连接于动脉和静脉之间的微细血管。短而密，互相吻合成网。管壁非常薄，由一层基膜和一层内皮细胞组成。最小的毛细血管管壁甚至仅有 1～2 个内皮细胞围成。管壁具有很大的通透性，是血液和组织间液及细胞进行物质交换的主要场所，素有交换血管或营养血管之称。另外，位于肝、脾、骨髓等处的毛细血管，管腔大而不规则，能容纳较多的血液，有些内皮细胞还具有吞噬能力，这种毛细血管称为血窦。血窦内血流缓慢，有利于吞噬作用的发挥。

## 四、血液循环的途径

### （一）肺循环

肺循环是从右心室开始的。当右心室收缩时，血液经肺动脉进入肺内各级分支，最终到达肺泡周围的毛细血管，在此进行气体交换，变成了动脉血，然后经肺静脉回流入左心房，由于血液沿上述途径循环的路径较短，所以又称为小循环。

### （二）体循环

体循环是从左心室开始的。当心室收缩时，血液从左心室经主动脉及其分支，送至全身各部毛细血管，进行组织内气体交换和物质交换，使动脉血变成了含有组织代谢产物和二氧化碳较多的静脉血，再经各级静脉，最后主要汇合成前、后腔静脉，注入右心房。由于血液沿上述途径循环的路径长，所以又称为大循环。

## 五、体循环的主要动脉

#### 1. 主动脉与主动脉弓

主动脉（图 8.6）为体循环动脉的总干，起于左心室，发出后向后弯曲，称为主动脉弓，从主动脉弓向前分出臂头动脉干和左锁骨下动脉，臂头动脉干再分出右锁骨下动脉，然后延续部分再分成左右两支颈总动脉。主动脉弓在分出臂头动脉干和左锁骨下动脉后，继续后行，称为胸主动脉，胸主动脉穿过膈的主动脉裂孔至腹腔，称为腹主动脉。腹主动脉在第 5、6 腰椎腹侧分为左右髂外动脉和左右髂内动脉，其主干延续为荐中动脉和尾中动脉。

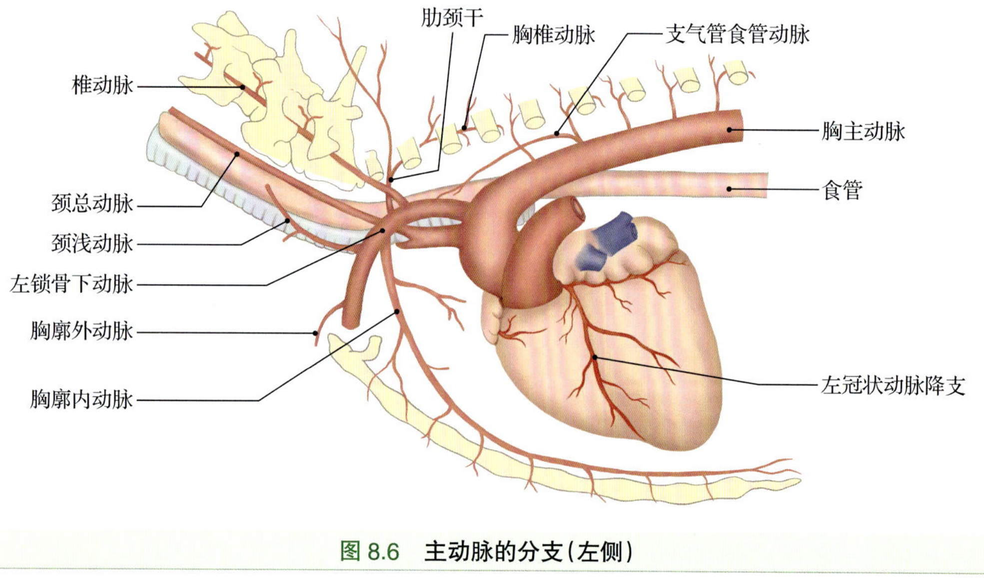


图 8.6 主动脉的分支（左侧）

## 2. 头颈部动脉

臂头动脉干向前行，分出较短的双颈动脉干，双颈动脉干分成两支颈总动脉，就是左颈总动脉和右颈总动脉（图 8.7）。左、右颈总动脉沿气管和食管外侧上行，位于颈静脉沟深处，伴行有迷走交感神经干，在甲状软骨附近分出甲状腺前动脉，随后分支出颈内动脉和枕动脉，主干的延续还是颈外动脉，这里分叉处有一个颈动脉体（颈动脉球），是重要的化学感受器，参与血压调节。颈内动脉和枕动脉主要提供颅腔内的血液供应。颈外动脉则主要分布到面部去（图 8.8）。

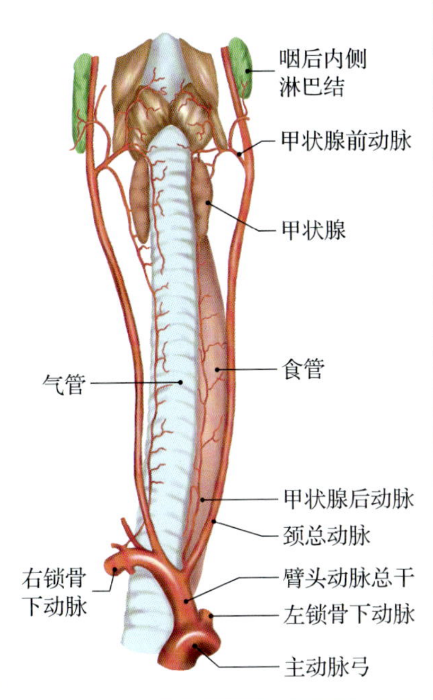


图 8.7　颈总动脉（腹侧）

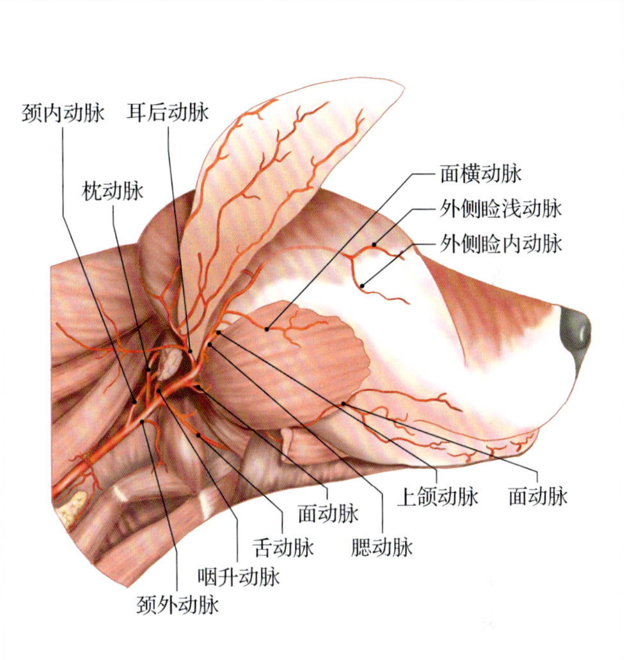


图 8.8　头面部动脉

## 3. 胸主动脉

胸主动脉是主动脉弓向后的延续，在胸椎腹侧稍偏左，沿途分出数支肋间动脉和支气管食管动脉。

(1) 肋间动脉。犬的肋间动脉为 9 对或 10 对，分布于脊髓和脊柱背侧的肌肉和皮肤，以及胸侧壁的肌肉和皮肤。

(2) 支气管食管动脉。很短，在第 6 胸椎处自胸主动脉分出，立即分为一支气管动脉和一支食管动脉，分别分布于肺内支气管和食管。

## 4. 前肢动脉

前肢动脉是由锁骨下动脉延伸而来的，沿前肢的内侧延伸，由近端至远端依次为腋动脉、臂动脉和正中动脉（图 8.9）。

(1) 臂动脉。是锁骨下动脉的主干延续，沿臂二头肌的后缘下行，经肘关节内侧至前臂近端，分出骨间总动脉和前臂深动脉后，延续为正中动脉（图 8.10）。其主要侧支有臂深动脉、尺侧副动脉、臂浅动脉、肘横动脉、骨间总动脉和前臂深动脉。臂动脉在分出骨间动脉后，进入前臂部成为正中动脉。

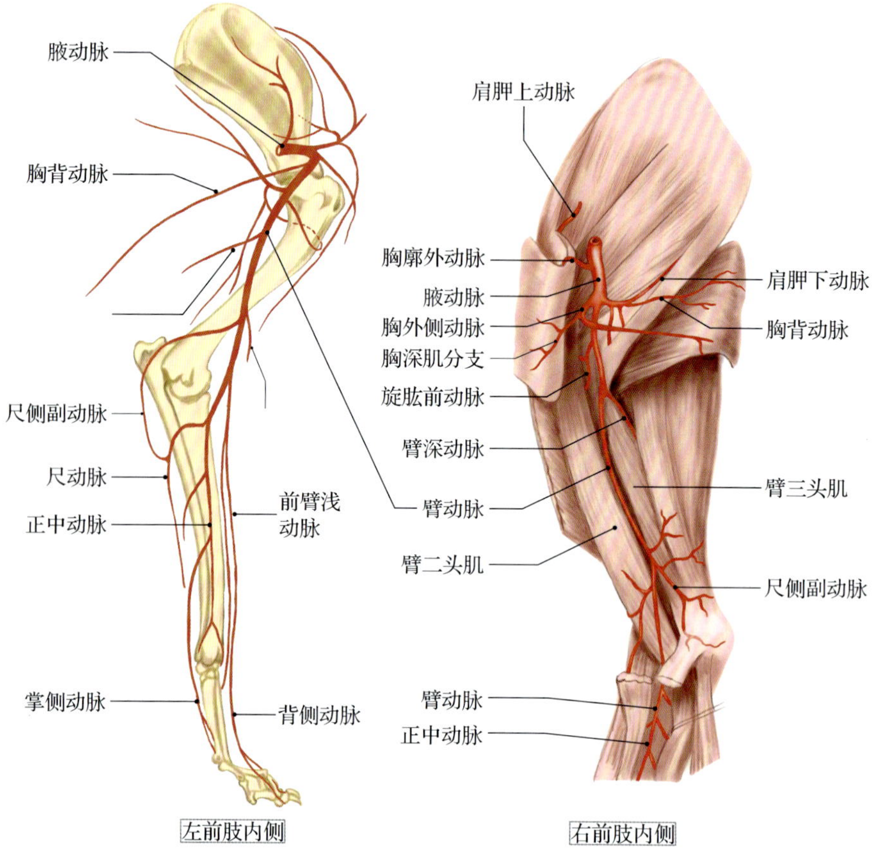


图 8.9 前肢动脉

(2)正中动脉。位于前臂正中沟内,与同名静脉、神经一起下行,在前臂中部分出桡动脉之后,主干穿过腕关节至掌部,与骨间总动脉的分支再次相连,形成掌心深动脉弓。桡动脉由正中动脉在桡骨的中部附近分出,沿桡骨内侧缘向下行,在前臂下部分出腕背侧支参与形成腕背侧动脉网,主干沿腕内侧下行至掌近端,参与形成掌心深动脉弓。

5. 腰腹部的动脉

胸主动脉穿过膈肌后进入腹腔,成为腹主动脉(图 8.11)。腹主动脉为腰腹部的动脉主干,位于腰椎腹侧,向后伸延到第 5~6 腰椎处分为左、右髂外动脉和左、右髂内动脉。腹主动脉有 2 类分支:一类为壁支,即成对的腰动脉,分布于腰腹部肌肉、皮肤和脊髓;另一类为脏支,分布于腹腔及骨盆腔的脏器,由前向后依次为腹腔动脉、肠系膜前动脉、肾动脉、肠系膜后动脉、睾丸(卵巢)动脉。其中肾动脉和睾丸动脉(卵巢动脉)是成对的。

(1)腹腔动脉。是主动脉穿过膈肌进入腹腔后的第一个分支。它分出三个主要分支,分别是胃左动脉、脾动脉、肝动脉(图 8.12、图 8.13),分布于胃、肝、脾、胰等。

(2)肠系膜前动脉。位于腹腔动脉起始处后方。主要分布于小肠、盲肠和结肠等器官(图 8.14)。

(3)肾动脉。一对,直接进入肾脏。

(4)睾丸动脉或卵巢动脉。左右各有 1 支,在雄性犬体内,分布于睾丸及附睾。在雌性犬体

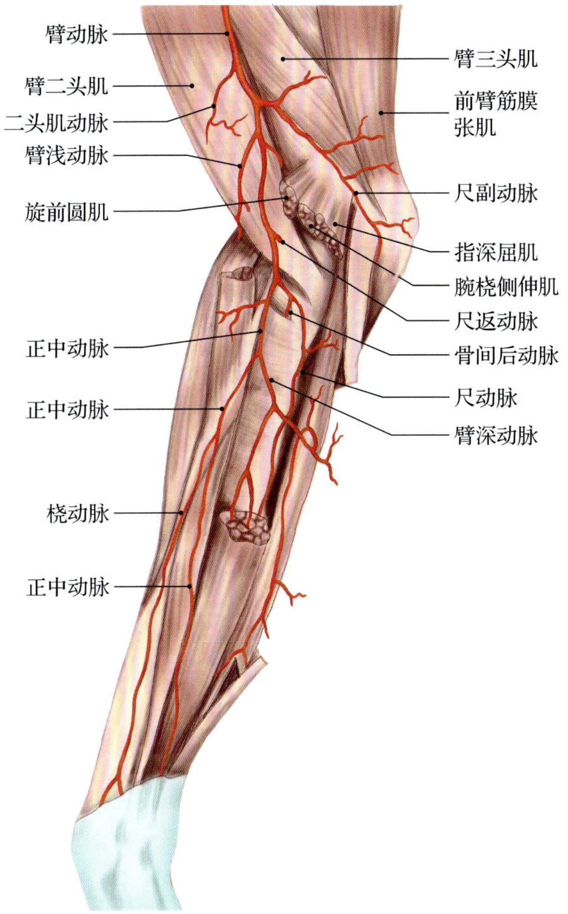


图 8.10　前臂动脉

内，分布于卵巢、输卵管和子宫角的前部。

(5)肠系膜后动脉。分布于结肠末端部和直肠前部。

6. 骨盆部和尾部的动脉

左、右侧的髂内动脉是骨盆部和尾部动脉的主干，分支分布于骨盆腔器官、荐臀部和尾部的肌肉和皮肤。

7. 后肢的动脉

髂外动脉是后肢的主要动脉，约在第 5 腰椎腹侧由腹主动脉向左右两侧分出，沿盆腔前口侧缘向后下方延伸，至耻骨前缘延续为股动脉(图 8.15)。在髂外动脉分出之前，犬猫的腹主动脉还分出一对旋髂深动脉，旋髂深动脉发出分支到腹壁、阴部等处。

(1)股动脉。髂外动脉在离开腹腔后在股部延续为股动脉，沿股管下行至膝关节后方，至腓肠肌两头之间延续为腘动脉。股动脉沿途分出许多的分支，其中最重要的分支为隐动脉。隐动脉较粗大，约在股内侧中部起于股动脉，沿后肢内侧皮下向下伸延，在小腿内侧中部分为背侧支和侧支，其分支分布于趾部末端。

(2)腘动脉。沿腓肠肌两头之间和腘肌深部下行，于小腿部近端分出胫后动脉后，移行为胫

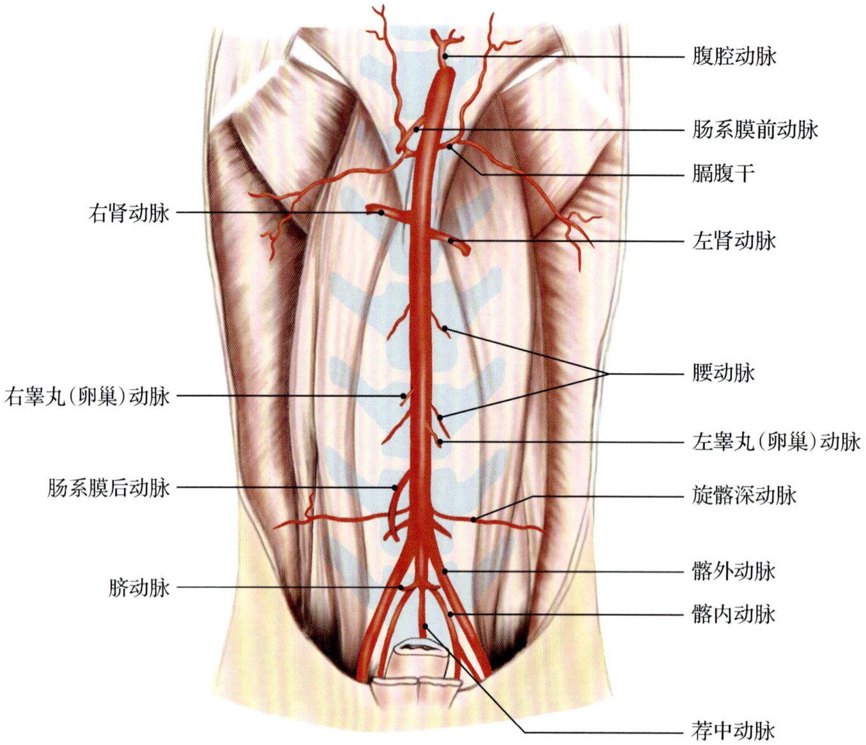


图 8.11　腹主动脉

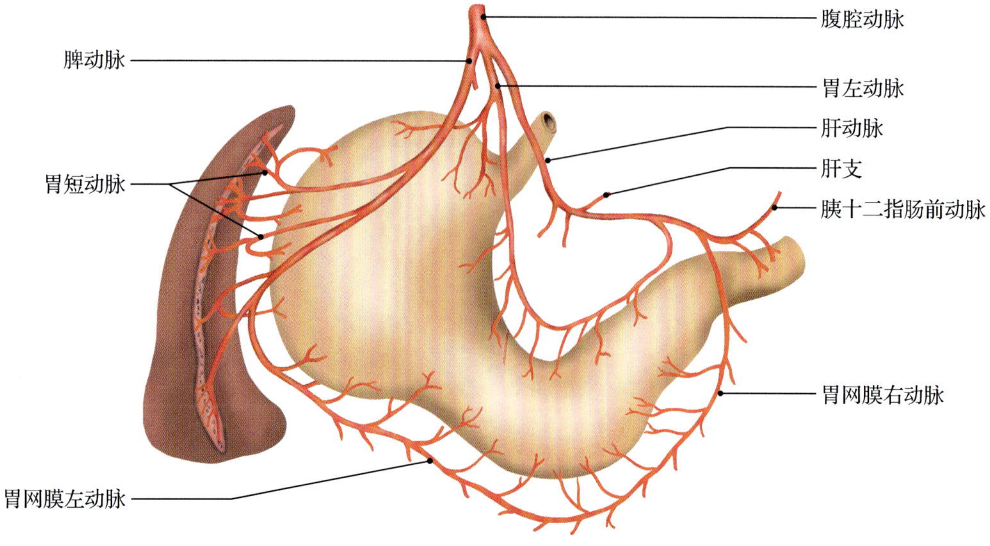


图 8.12　腹腔动脉

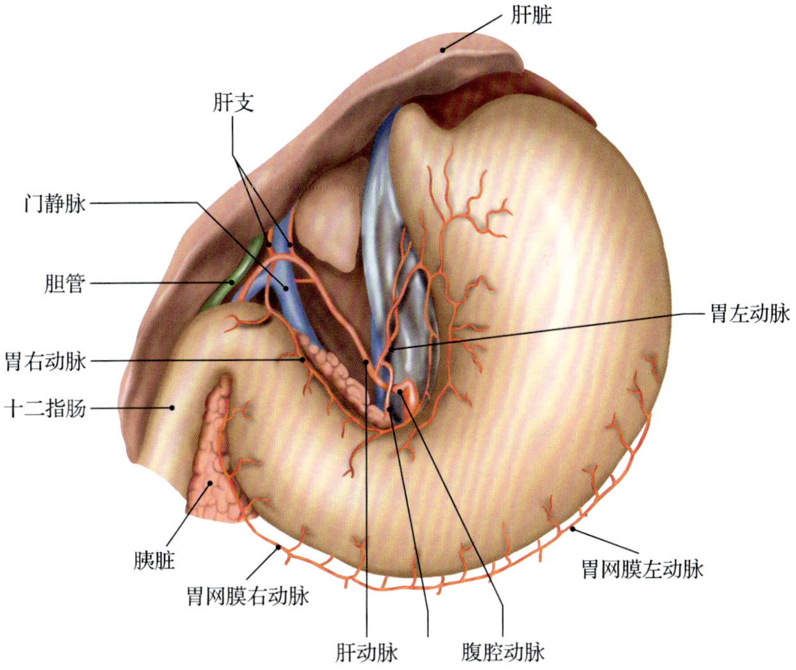


图 8.13　**腹腔动脉腹侧观**

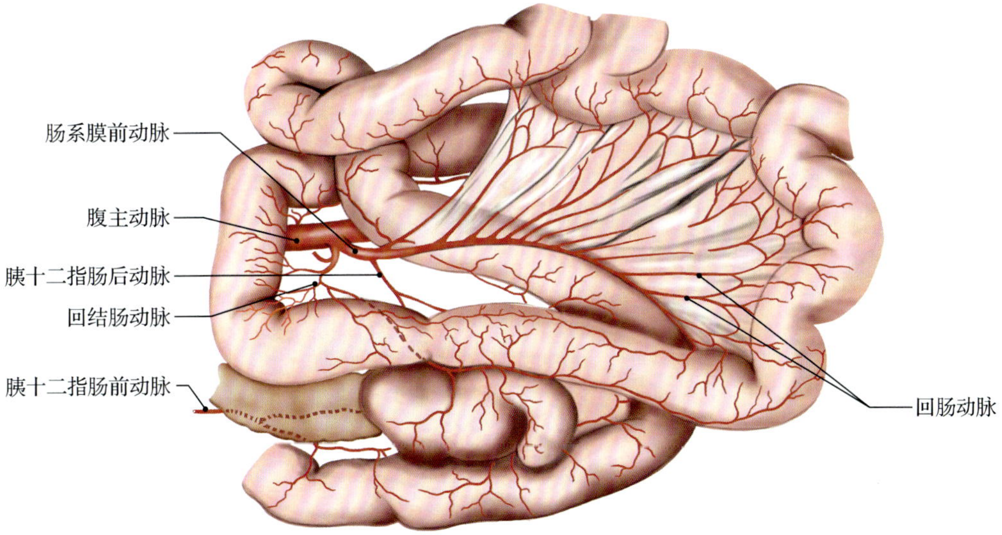


图 8.14　**肠系膜前动脉**

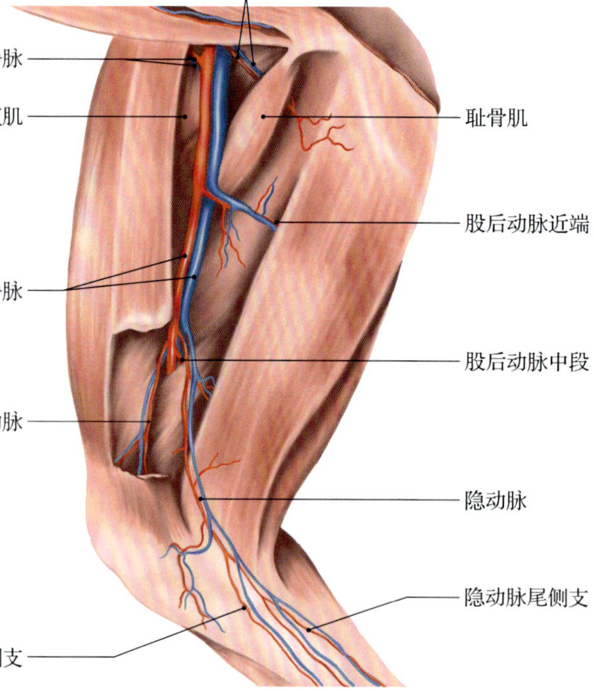


图 8.15　**右大腿内侧动脉及静脉**

前动脉，主要分布于膝关节和胫骨后面的肌肉。

（3）胫前动脉。穿过小腿骨间隙，与腓深神经一起，沿胫骨背外侧下行，分支分布于小腿部和后脚部背外侧的肌肉和皮肤。

## 六、体循环的主要静脉

体循环所有静脉最终汇集到右心房，有三支，分别是前腔静脉、后腔静脉和奇静脉（图 8.16 至图 8.20）。与体循环动脉相比，体循环的静脉有深部静脉和浅表静脉。其中，深部静脉与动脉同名伴行，浅表静脉没有伴行动脉。

### 1. 前腔静脉

前腔静脉主要汇集头颈部、前肢和胸壁静脉的血液，在胸前口处由左、右腋静脉和左、右颈静脉汇合而成，位于气管和臂头动脉总干的腹侧，在纵隔内向后伸延，注入右心房。

### 2. 后腔静脉

后腔静脉收集后肢、骨盆壁、骨盆腔器官、腹壁、腹腔器官和膈的静脉血液，在骨盆入口处由左、右髂总静脉汇合而成，沿腹主动脉右侧向前伸延，经过肝的腔静脉压迹（在此处接受肝静脉），穿过膈的腔静脉孔进入胸腔内，经右肺心膈叶和副叶之间入右心房。后腔静脉沿途接受腰静脉、睾丸静脉或卵巢静脉、肾静脉和肝静脉的血液。

### 3. 门静脉

门静脉是腹腔内较大的静脉，收集胃、小肠、大肠（除直肠后部外）、胰和脾等处的静脉血

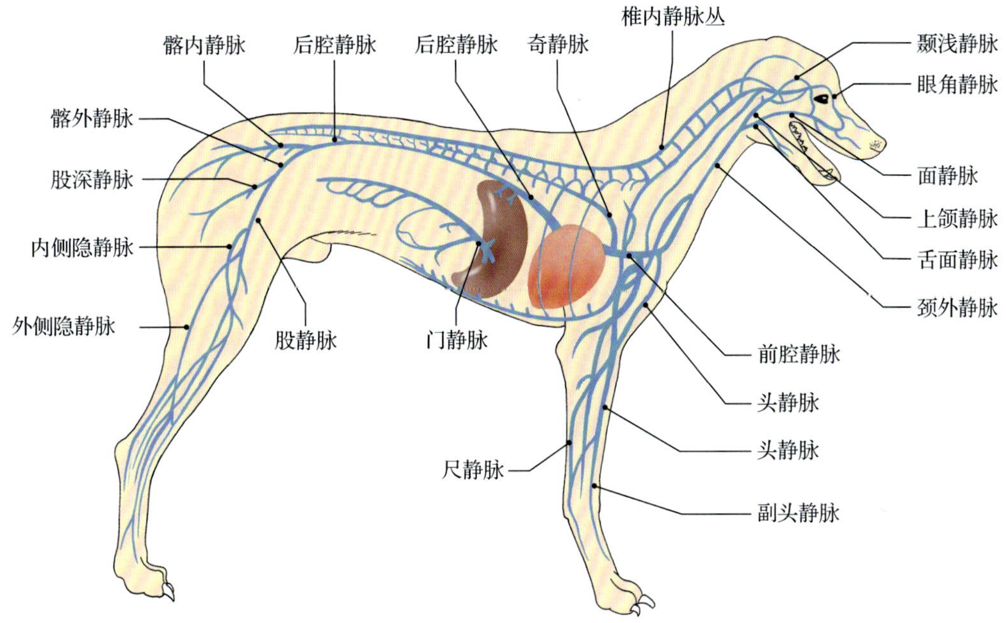


图 8.16　**犬全身静脉**

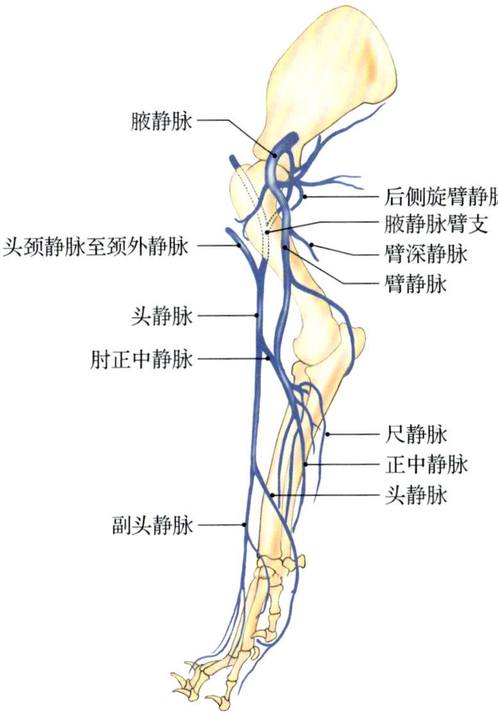


图 8.17　**犬前肢静脉**

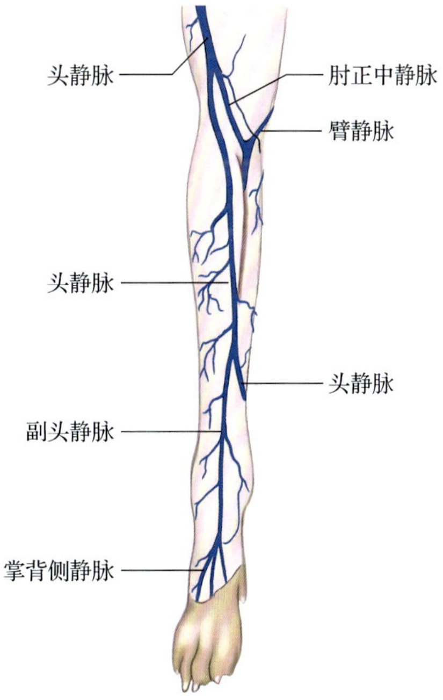


图 8.18　**犬前臂静脉（前面）**

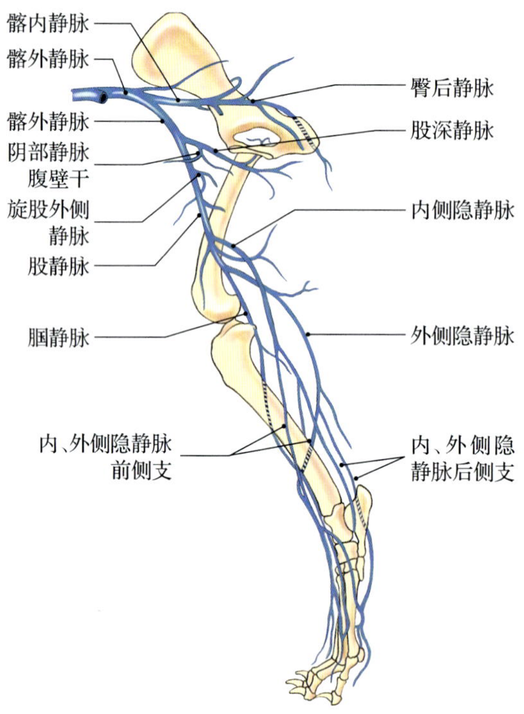


图 8.19 **犬后肢静脉**

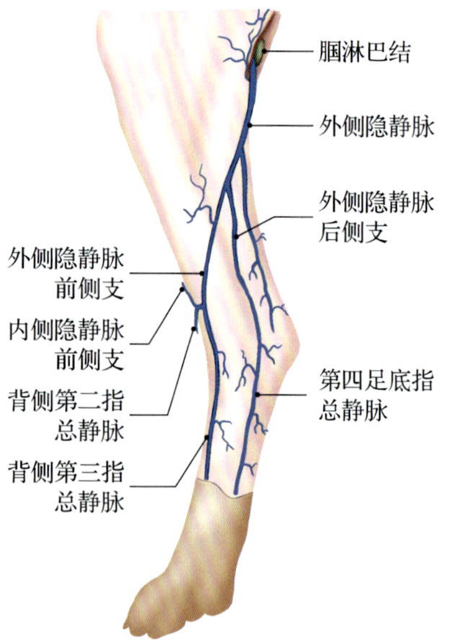


图 8.20 **犬后小腿静脉(外侧)**

液。门静脉与肝动脉一起经肝门入肝,在肝内反复分支汇入窦状隙,最后又集合为数支肝静脉注入后腔静脉。由此可见,门静脉与一般静脉不同,一般静脉由许多小静脉合成一主干后,不再进行分支,而门静脉则是介于小静脉之间的静脉干。

#### 4. 兽医临床常用静脉

在兽医临床上常选择位置较固定,比较明显和比较直的位于皮下的浅层静脉,做静脉注射和采血。常用的有:

(1)头静脉。又称为前臂浅皮下静脉,位于前臂外侧皮下。

(2)外侧隐静脉。位于小腿外侧皮下。

(3)颈静脉。位于颈静脉沟内。

(4)耳静脉。位于耳郭的浅静脉中。

(5)乳静脉。位于乳房皮下。

## 七、胎儿血液循环的特点

胎儿在出生前所需营养物质的供应和代谢产物的排出,均通过胎盘交换来完成。因此,胎儿的血液循环具有下列特点。

(1)胎儿和母体进行物质交换的特有器官是胎盘,胎盘借脐带和胎儿连接起来。脐带内有两条脐动脉和一条脐静脉。脐动脉是由髂内动脉分出,沿膀胱侧韧带伸向脐孔,经脐带而进入胎盘,在胎盘上分支形成毛细血管网,与母体子宫黏膜血管进行物质交换,交换后的毛细血管汇集成脐静脉,经脐带进入胎儿腹腔,与门静脉相连接入肝。

(2)心脏的房中膈上有一卵圆孔，沟通左心房和右心房。在卵圆孔上有瓣膜，使血液只能由右心房流向左心房。

(3)在肺动脉与主动脉之间有一条短的动脉导管，可使肺动脉的大部分血液直接流向主动脉，进而直接流向胎儿全身。胎儿血流循环的血液大部分呈现混合血。胎儿出生后，随着胎儿脐带中断，呼吸运动出现，脐动脉闭塞退化，萎缩形成膀胱圆韧带；脐静脉也闭塞退化，萎缩形成肝圆韧带；动脉导管封闭形成动脉导管索；卵圆孔封闭为卵圆窝，从而使心脏左、右两半部分分开，大小循环血液不再混合。

# 第二节　心血管生理

心血管的功能就是推动血液循环，完成物质交换与运输。

## 一、心脏生理

### (一)心肌的生理特性

心肌细胞的兴奋性很高，但每次发生兴奋收缩后都会有较长的绝对不应期，在绝对不应期内心肌细胞对任何刺激不做反应，度过这个时期后兴奋性恢复，才能再接受刺激产生兴奋收缩。这种特点使得心脏每次收缩后都有较长的休息时间，而且避免了心肌发生强直收缩。心肌中有特殊的一类细胞，就是心脏的传导系统细胞，它们的兴奋性特别高，尤其是心肌传导系统中的窦房结细胞，能够自动产生节律性兴奋，心脏的每次搏动都起源于窦房结产生的兴奋，所以窦房结被称为正常起搏点，这些兴奋以生物电的形式传播到其他心肌，引起心脏节律性的收缩活动。这种节律性兴奋称为窦性心律。如果在窦房结之外出现兴奋点，产生兴奋就是异常起搏点，引起的心律变化就是异位心律。

心肌的另外一个特性就是在传导兴奋的过程中存在传导延搁。心房和心室的心肌不直接相连，因此，窦房结产生的兴奋不能直接传到心室，需要通过房室结传至心室。从心房传来的兴奋到达房室结处会变慢，使心室的收缩出现在心房收缩之后，这个特点能保证心房先收缩，心室后收缩，从而使血液顺利地从心房流入心室，然后从心室推入动脉。

心脏还有一个特性就是，如果在窦房结之外有异常的兴奋发生时，也就是异位心律发生时，心肌会比窦性心律早发生收缩，称为期前收缩，由于心肌的绝对不应期较长，紧接着传来的窦性心律不会引起心肌收缩，这使得心肌舒张期比正常状态长一些，这就是代偿间歇(图 8.21)。可以保证心脏有足够的时间休息。

### (二)心动周期

心脏每收缩和舒张一次，称为一个心动周期。一个心动周期包括心房收缩、心房舒张、心室收缩、心室舒张四个过程(图 8.22)，且具有严格的顺序性，一般依次分为以下三个时期。

(1)心房收缩期。此时，左、右心房基本上同时收缩，两心室处于舒张状态。

(2)心室收缩期。当心房舒张时，左、右心室几乎立即同时收缩，且持续时间长于心房收缩期。

(3)间歇期。此时，心室与心房均保持舒张状态。

在一个心动周期中，心房和心室收缩期都比心舒期短，这是心肌不容易发生疲劳的原因。

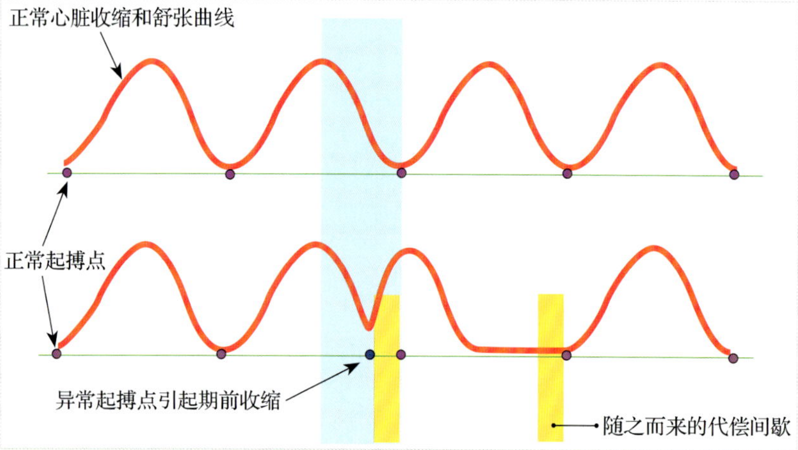


图 8.21　代偿间歇示意图

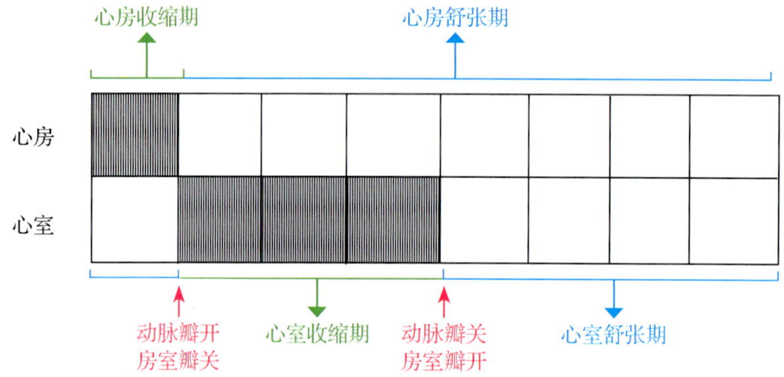


假设心动周期为 0.8 s，那么心房只有 0.1 s 在收缩，其他时候都为舒张状态。心室只有 0.3 s 在收缩，其他时间为舒张状态。心脏的这种活动特点能让心肌有更多的时间休息，并使静脉血液充分回流。

图 8.22　心动周期

由于心房的舒缩对射血意义不大，所以一般都以心室的舒缩为标志，把心室的收缩期称为心缩期，而把心室的舒张期称为心舒期。

### （三）心脏的泵血过程

在心房收缩期，心房的压力大于心室的压力，房室瓣处于开放状态，血液便通过开放的房室瓣进入心室，使心室血液充盈；进入心室收缩期，心房舒张，心室即开始收缩，室内压逐渐升高，当超过房内压时，将房室瓣关闭，使血液不能逆流回心房。室内压继续升高，当超过主动脉和肺动脉内压时，血液冲开动脉瓣，迅速射入主动脉和肺动脉内。心室收缩时，心房已处于舒张期，可吸引静脉血液流入心房。在间歇期，心室开始舒张，室内压急剧下降，低于动脉内压时，动脉瓣立即关闭，防止血液逆流回心室。之后，心室内压继续下降到低于房内压时，房室瓣开放，吸引心房血液流入心室，为下一个心动周期做准备。

### （四）心率

健康动物单位时间内心脏搏动的次数称为心跳频率，简称心率。在一个心动周期中，由于心脏收缩的时间较短，心率加快，被缩短的主要是心脏的舒张期。所以，过快的心率不利于静脉血液回流，也不利于心脏的舒张和休息。心率可因动物种类、年龄、性别、所处环境、地域等情况而不同,犬的正常心率为70～120次/min。

### (五)心输出量及其影响因素

衡量心脏功能的指标是心输出量,就是每分钟一侧心室的射血量。

1. 每搏输出量和每分输出量

心脏收缩时,从左、右心室射进动脉的血量基本上是相等的。每一个心室每次收缩排出的血量称为每搏输出量。动物在安静状态下,每个心室每分钟排出的血液总量称为每分输出量。通常所说的心输出量是指每分输出量,它是衡量心脏功能的一项重要指标。每分输出量大致等于每搏输出量和心率的乘积,即:

心输出量(L/min)= 每搏输出量 × 心率

正常生理状态下,心输出量是随着机体新陈代谢的强度而改变的。新陈代谢增强时,心输出量也会相应增加。心脏这种通过增加心输出量来适应机体需要的能力,称为心脏储备力。当心脏储备力发挥到最大限度后,仍不能适应机体的需要,就会发生心力衰竭。

2. 影响心输出量的主要因素

决定心输出量的因素是每搏输出量和心率,而每搏输出量的大小主要受静脉回流量和心室肌收缩力的影响。

(1)静脉回流量。当静脉回心血量增加时,心室容积相应增大,收缩力加量,每搏输出量就增多,反之,静脉回心血量减少,每搏输出量也相应减少。

(2)心室肌收缩力。在静脉回流量和心舒末期容积不变的情况下,心肌可在神经系统和各种体液因素的调节下,改变心肌的收缩力量。心肌收缩力量增强,使心缩末期的容积比正常时进一步缩小,减少心室的残余血量,从而使每搏输出量明显增加。

(3)心率。心率加快在一定范围内能够增加心输出量。但心率过快会使心脏不能充分舒张,这样心脏会在血液没有完全充盈的情况下进行收缩,结果每搏输出量反而减少。此外,心率过快会使心脏过度消耗供能物质,从而使心肌收缩力降低。所以,动物心力衰竭时,尽管心率增快,但并不能增加心输出量而使循环功能好转。

### (六)心音

在心脏收缩和舒张过程中,由心脏瓣膜启闭和血液撞击动脉管壁产生的声音称为心音,通过听诊器可以听到两个心音,就是“通-嗒”两个声音组成,分别称为第一心音和第二心音。第一心音是心缩音,是在心缩期,由于房室瓣关闭、腱索弹性振动,血液冲开主动脉瓣、肺动脉瓣及血液在动脉根部的振动产生的声音,音调低沉而持续时间长。第二心音是心舒音,在心舒期,心脏射血后开始舒张,血液回流导致主动脉瓣、肺动脉瓣关闭产生振动发声。其特点是音调高,而且持续时间短。当房室瓣或动脉瓣关闭不全时,血液倒流引起的振动发声,在临床上称为心脏杂音。心音的听取能让我们对心脏血管结构的变化做出诊断。

## 二、血管生理

### (一)动脉血压和动脉脉搏

动脉血压是指血液在血管内流动时对血管壁产生的侧压力,其单位用千帕(kPa)来表示。通常所说的血压就是指动脉血压。在一个心动周期中,动脉血压会随心室的舒缩而波动。在心室收缩期,动脉血压上升达到的最高值,称为收缩压。它的高低可以反映心室肌收缩力量的大小。在心室舒张期末,动脉血压下降至最低值,称为舒张压。它主要反映外周阻力的大小。收缩压与舒张压的差值,称为脉搏压,它可以反映动脉管壁弹性大小。当脉搏压增大时,反映出血管弹性变差。当动脉硬化时,心缩期推入动脉的血液没有足够空间而导致心缩压高,但实际进入动脉的血液量小于正常,血液流入分支血管后,大动脉血压下降较快,分压差增大。

动脉脉搏血管壁高低起伏的波动称为脉搏。当心室收缩时,血液进入主动脉,使主动脉内压在短时间内迅速升高,富有弹性的主动脉管壁向外扩张;当心室舒张时,主动脉内压下降,血管壁弹性回缩而复位。因此,心室的节律性收缩和舒张使主动脉壁发生同样节律扩张和回缩的波动,这种波动沿着动脉管壁以弹性压力波的形式传播,形成动脉脉搏。通常临床上所说的脉搏就是指动脉脉搏。脉搏是由心搏动和动脉管壁的舒缩所产生的,因此凡是能影响动脉血压的各种因素,都会影响动脉脉搏的特性。它不但能够直接反映心率和心动周期的变化,而且能够在一定程度上通过脉搏的速度、幅度、硬度、频率等特性反映整个循环系统的功能状态。因此检查动脉脉搏具有非常重要的临床意义,通常选择比较接近体表的动脉,而犬通常检查股动脉。

影响动脉血压的因素如下。

(1)每搏输出量。当每搏输出量增加时,收缩压的升高比舒张压明显。

(2)心率。当心率增加时,舒张压升高大于收缩压升高。

(3)外周阻力。主动脉和大动脉的弹性、小动脉的管径都对动脉血压有显著影响。大动脉弹性降低或小动脉管径变细都会增加血流的外周阻力,血压升高。

(4)循环血量与血管容量的比值。血管容量忽然增加,而循环血量没有及时增加,血压会降低。例如,坐久了,猛地站起来会感到头晕就是这个原因。

### (二)静脉血压和静脉回流

#### 1. 静脉血压

血液对静脉管壁的侧压力,称为静脉血压。体循环的血液通过动脉和毛细血管到达静脉时,血压变得很低,右心房作为体循环的终点,血压最低,故右心房的血压也称为中心静脉压。

#### 2. 静脉回流

血液在静脉内的流动主要依赖于静脉与右心房之间的压力差。凡能引起这种压力差发生变化的任何因素都能影响静脉血的回流,从而改变由静脉回到右心房的血量,即静脉回流量。

影响静脉回流量最主要的因素如下。

(1)心脏舒张。心脏舒张越充分,心房空间越大,房内压也越低,促进静脉血回流。

(2)胸内负压。呼吸运动时,胸膜腔内产生的负压变化是影响静脉回流的重要因素。胸膜腔内压比大气压低,吸气时更低,因而促进静脉回流。

(3)骨骼肌的收缩挤压作用。骨骼肌收缩时,能挤压附近静脉,提高静脉内压力,促进血液回流。

### (三)微循环

微动脉与微静脉之间毛细血管网的血液循环称为微循环,血液与组织间的物质交换就是通过在微循环的毛细血管网实现的。典型的微循环由微动脉、后微动脉、毛细血管前括约肌、真毛细血管、通血毛细血管、动－静脉吻合支和微静脉等部分组成(图 8.23)。微动脉的管壁有环形的平滑肌，其收缩和舒张可控制微血管的血流量。在真毛细血管起始端通常有1～2个平滑肌细胞，形成一个环，即毛细血管前括约肌，该括约肌相当于一个开关，它的收缩状态决定进入真毛细血管的血流量。在微循环系统中，血液由微动脉到微静脉有三条不同的途径。

1. 直捷通路

血液从微动脉经后微动脉和通血毛细血管进入微静脉的通路。这一通路途径较短，血流快并经常处于开放状态，物质交换功能较小，主要是促使血液迅速通过微循环而由静脉回流入心。

2. 营养通路

营养通路又称为迂回通路，是指血液经微动脉和开放的毛细血管前括约肌，进入迂回曲折的真毛细血管网，最后汇集于微静脉的通路。这一通路的血管壁薄，途径长，血流速度慢，通透性好，有利于物质交换，是血液与组织液进行物质交换的主要场所。

3. 动－静脉短路

动－静脉短路是指由动－静脉吻合支连接于微动脉与微静脉之间的通路。这一通路的血管壁较厚，途径最短，血流速度快，完全不进行物质交换。动－静脉短路在一般情况下，经常处于关闭状态，但在体温调节中发挥作用。

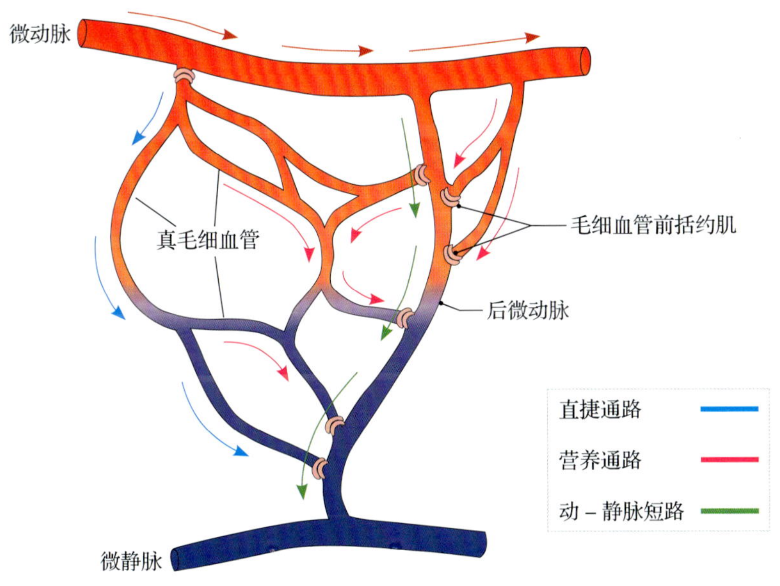


图 8.23 微循环模式图

### （四）组织液与淋巴液

存在于组织细胞间隙中的液体，称为组织液，是细胞赖以生存的体内环境，也称为内环境。

1. 组织液的生成与回流

组织液是血浆透过毛细血管壁形成的，组织液形成后，又被毛细血管重吸收回血液中，从而保持动态平衡。组织液与毛细血管间的物质交换就是在这一动态平衡中完成的。在这一过程中，因毛细血管壁具有通透性，故除血细胞和大分子物质（如高分子蛋白质）外，水和其他小分子物质，如营养物质、代谢产物、无机盐等，都可以弥散或滤过的方式透过毛细血管壁。因此，组织液中各种离子成分与血浆相同，但蛋白质浓度明显低于血浆。组织液的生成取决于四个因素，即毛细血管血压、组织液胶体渗透压、组织液静水压、血浆胶体渗透压。这四种压力的合力就是有效滤过压（图 8.24）。

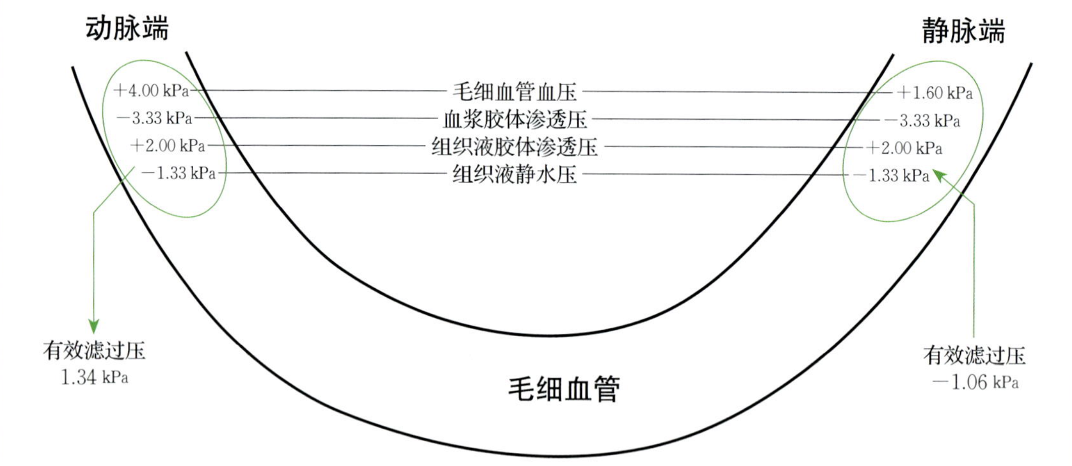


图 8.24　组织液生成过程中的有效滤过压构成

有效滤过压 =（毛细血管血压 + 组织液胶体渗透压）+（组织液静水压 + 血浆胶体渗透压）

如果有效滤过压为正值，则组织液生成；如果为负值，则组织液回流血液。

### 2. 淋巴液及其回流

组织液约 90% 在毛细血管静脉端回流入血，其余 10% 则进入毛细淋巴管内生成淋巴液，以淋巴循环的方式回流入血。

### 3. 影响组织液和淋巴液生成的因素

组织液的生成与回流是由有效滤过压决定的，凡能影响有效滤过压的因素，均可影响组织液的生成。

（1）毛细血管血压。凡能使毛细血管血压升高的因素都可促进组织液的生成。

（2）血浆胶体渗透压。在病理状况下，如某些肾脏疾患，因有大量蛋白尿，使血浆蛋白质损失，血浆胶体渗透压降低，导致有效滤过压升高，组织液生成量增加，回流减少，可出现水肿。

（3）毛细血管壁的通透性。组织活动时，代谢增强，能使局部温度升高，pH 降低，氧消耗增加等，这些都可以使毛细血管壁通透性增大，促进组织液的生成。

（4）淋巴回流。由于一部分组织液经淋巴管回流入血液，如果淋巴回流受阻，在受阻部位远端的组织间隙中组织液积聚，也可引起水肿。

# 第三节　血　液

## 一、体液与内环境

体液是指动物机体内水以及溶解于水中的物质总称。体液占体重的 60%~70%。其中，存在于细胞内的体液称为细胞内液，占体重的 40%~45%；存在于细胞外的体液称为细胞外液，包括血浆、组织液、淋巴液和脑脊液等，占体重的 20%~25%。各种体液彼此隔开而又相互联系，通过细胞膜和毛细血管壁进行物质交换。组织液是细胞直接生活的具体环境，也是细胞与外界环境进行物质交换的媒介。因此，我们通常把细胞外液称为机体的内环境。机体内环境在神经、体液的调节下保持着各种物质及理化特性的相对稳定，这个特征被称为内环境稳态。内环境稳态是保证细胞的正常生命活动的必要条件。

## 二、血液的组成

正常血液为红色黏稠的液体，由血浆和悬浮在血浆中的血细胞组成。如将加有抗凝剂的血液置于离心管中离心沉淀后，能明显地分成 3 层：上层淡黄色的液体为血浆；下层深红色的为红细胞；在红细胞与血浆之间有一白色薄层为白细胞和血小板。离体血液如不做抗凝处理，将很快凝固成胶胨状的血块，并析出淡黄色的透明液体，称为血清。血清与血浆的主要区别在于血清中不含纤维蛋白原。

### （一）血浆

血浆是血液中的液体成分，主要由水、血浆蛋白质、血糖、血脂、无机盐、维生素、激素等物质组成，其中水分占 90%~92%，其他溶质占 8%~10%。

#### 1. 血浆蛋白

血浆蛋白占血浆总量的 6%~8%，包括白蛋白、球蛋白和纤维蛋白原三种。其中白蛋白最多，球蛋白次之，纤维蛋白原最少。血浆蛋白的浓度影响血浆胶体渗透压，调节血液与组织液之间水的平衡。血浆蛋白也可形成蛋白缓冲对，调节血液的酸碱平衡。免疫球蛋白可参与体液免疫，纤维蛋白原可参与血液凝固。

#### 2. 血糖

血液中所含的葡萄糖称为血糖，占 0.06%~0.16%。

#### 3. 血脂

血液中脂肪称为血脂，占 0.1%~0.2%，大部分以中性脂肪形式存在，少部分以磷脂、胆固醇等形式存在。

#### 4. 无机盐

血浆中无机盐的含量为 0.8%~0.9%，均以离子状态存在，如 $Na^+$、$K^+$、$Ca^{2+}$、$Cl^-$、$HCO_3^-$ 等，它们对维持血浆渗透压、酸碱平衡和神经肌肉的兴奋性等方面有重要作用。

#### 5. 其他物质

包括维生素、激素和酶等物质，虽然含量甚微，但对机体的代谢和生命活动起着重要的作用。

### （二）血细胞

#### 1. 红细胞

成熟的红细胞无核，呈双面凹的圆盘状。红细胞在血细胞中数量最多，犬的正常红细胞数为 $6.8 \times 10^{12}$ 个 /L [$(5.5\sim8.5) \times 10^{12}$ 个 /L]。

（1）红细胞的生理特性。

①红细胞膜的通透性：水、氧和二氧化碳等分子可以自由通过红细胞膜，$Cl^-$、$HCO_3^-$ 等负

离子也较容易透过，$Ca^{2+}$ 则很难透过，所以红细胞内几乎没有钙离子。葡萄糖、氨基酸、尿素较易通过，所有的胶体物质一般不能通过。

②渗透脆性：将红细胞放入低渗溶液(如 0.2% 生理盐水)中，红细胞将因吸水而膨胀，细胞膜终被胀破并释放出血红蛋白，这一现象称为溶血。把红细胞在低渗溶液中发生膨胀破裂的特性称为红细胞渗透脆性。红细胞对低渗溶液有一定的抵抗力，说明脆性小，反之则脆性大。衰老的红细胞脆性大，在某些病理状态下，红细胞脆性会显著增大或减小。如镰状细胞贫血时，红细胞的脆性增大。

③红细胞的悬浮稳定性：红细胞能均匀地悬浮于血浆中不易下沉的特性，称为红细胞的悬浮稳定性。悬浮稳定性的大小可用红细胞沉降率来表示，简称血沉(ESR)。通常以 1 h 内红细胞下沉的距离表示，正常犬的血沉值为 2 mm/h。犬在患某些疾病时，血沉会发生明显变化，因此测定血沉有诊断疾病价值。

(2)红细胞的功能。红细胞具有运载氧和二氧化碳的能力，这一运载功能是由血红蛋白来完成。红细胞的细胞质内充满大量血红蛋白，约占红细胞成分的 33%。血红蛋白的含量受品种、性别、年龄、饲养管理等因素的影响。正常犬血红蛋白的含量为 150 g/L(120～180 g/L)。另外，红细胞对机体所产生的酸性或碱性物质起着缓冲作用。

(3)红细胞的生成和破坏。红细胞主要在红骨髓生成而进入血液循环。在体内存活的时间平均为 120 d。最后衰老的红细胞由脾、肝、骨髓中的巨噬细胞将其吞噬和破坏。

### 2. 白细胞

白细胞数量较少，体积较大，多呈球形，有细胞核。大多数由骨髓产生，寿命比较短，有的只有几小时或几天。衰老的白细胞，除大部分被单核吞噬细胞系统的巨噬细胞清除外，有相当数量的白细胞由唾液、尿、胃肠黏膜和肺排出，有的在执行功能时被细菌或毒素所破坏。根据白细胞的细胞质中有无特殊颗粒，可将白细胞分为有粒白细胞和无粒白细胞两类。有粒白细胞又根据颗粒对染料的着染差异，分为中性粒细胞、嗜酸性粒细胞和嗜碱性粒细胞三种；无粒白细胞有单核细胞和淋巴细胞两种(图 8.25)。

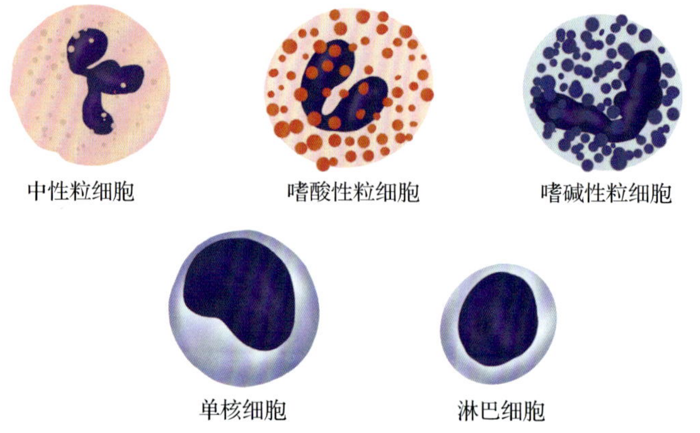


图 8.25　白细胞的形态

(1)中性粒细胞。是有粒白细胞中数量最多的一种，约占白细胞总数的 61%。胞体呈球形，胞质中有许多细小而分布均匀的淡紫红色中性颗粒，可被酸性、碱性染料着色。细胞核呈蓝紫色，其形状分为杆状核和分叶核，核分叶越多，细胞衰老程度越高。中性粒细胞具有很强的变形运动和吞噬能力，能吞噬进入血中的细菌、异物和衰老死亡的细胞，在炎症反应处数量多。

(2)嗜酸性粒细胞。数量较少，约占白细胞总数的6%。细胞呈球形，胞核多分为2叶，细胞质内充满粗大而均匀的圆形嗜酸性颗粒，一般染成橘红色。嗜酸性粒细胞能做变形运动穿出毛细血管进入结缔组织，在过敏性疾病或某些寄生虫感染时明显增多。

(3)嗜碱性粒细胞。数量最少，约占白细胞总数的1%。细胞呈球形，细胞核常呈"S"形，细胞质内含有大小不等、分布不均的嗜碱性颗粒，被染成深紫色，胞核常被颗粒掩盖。颗粒内有肝素、组织胺。组织胺对局部炎症区域的小血管有舒张作用，能加大毛细血管的通透性，有利于其他白细胞的游走和吞噬活动。肝素具有抗凝血作用。

(4)单核细胞。约占白细胞总数的7%。是白细胞中体积最大的细胞，呈圆形或椭圆形。细胞核呈肾形、马蹄形或不规则形，着色较浅，呈淡紫色。细胞质呈弱嗜碱性，内有散在的嗜天青颗粒，常被染成浅灰蓝色。单核－巨噬细胞是体内吞噬能力最强的细胞，能吞噬较大的异物和细菌。

(5)淋巴细胞。数量较多，约占白细胞总数的25%，呈球形，一般按直径大小分为大、中、小三种。健康犬血液中，大淋巴细胞极少，小淋巴细胞较多。细胞核较大，呈圆形或肾形，呈深蓝或蓝紫色。胞质很少，仅在核周围形成蓝色的薄层。淋巴细胞主要参与免疫反应。

#### 3. 血小板

血小板是一种无色、呈圆形或卵圆形的小细胞，有细胞膜和细胞器，但无细胞核，体积比红细胞小，是骨髓巨核细胞的胞质脱落碎片。其主要机能是促进止血和加速血液凝固。

## 三、血液的理化特性

#### 1. 颜色和气味

血液的颜色随红细胞中血红蛋白的含氧量而变化。含氧量高的动脉血呈鲜红色，含氧量低的静脉血则呈暗红色。血液中因存在挥发性脂肪酸而带有腥味。

#### 2. 相对密度

血液的相对密度主要决定于红细胞的浓度，其次是血浆蛋白质的浓度。红细胞数越多，血液的相对密度越大。正常犬血液的相对密度为1.051～1.062，平均为1.056。

#### 3. 黏滞性

血液流动时，由于内部分子间相互碰撞摩擦产生阻力，表现出流动缓慢和黏着的特性，称为黏滞性。犬血液的黏滞性比水大4～5倍。血液黏滞性大小主要取决于它所含红细胞数量和血浆蛋白质的浓度。

#### 4. 血浆渗透压

水通过半透膜从低浓度溶液进入高浓度溶液的能力，称为渗透压。血浆的渗透压有两种：一种是由血浆中的无机盐离子和葡萄糖等晶体物质浓度决定的晶体渗透压，约占总渗透压的99.5%，对维持细胞内外水平衡起重要作用；另一种是由血浆蛋白质等胶体物质浓度决定的胶体渗透压，仅占总渗透压的0.5%，对维持血浆和组织液间水平衡起重要作用。细胞的渗透压和血浆的渗透压是相对恒定的，凡与细胞和血浆渗透压相等的溶液称为等渗溶液，如0.9%氯化钠溶液(生理盐水)或5%葡萄糖溶液是临床上常用的等渗溶液。

5. 酸碱度

犬的血液呈弱碱性，pH 为 7.31～7.42。在正常情况下，血液 pH 之所以保持稳定，是因为血液中含有许多成对的既可中和酸又可中和碱的缓冲对，如 $NaHCO_3/H_2CO_3$、$Na_2HPO_4/NaH_2PO_4$、$Na^+$ 蛋白质 /$H^+$ 蛋白质等，其中以 $NaHCO_3/H_2CO_3$ 最为重要，临床上把每 100 mL 血浆中含有的 $NaHCO_3$ 的量称为碱贮，在一定范围内，碱贮增加表示机体对固定酸的缓冲能力增强。

## 四、血量

血液的总量一般可按体重百分比计算，犬约为 7.7%。这些血液在安静时并不全部参加血液循环，总有一部分交替贮存于脾、肝、皮肤的毛细血管等处。这些具有贮存血液机能的脏器或部位贮存的血量为血液总量的 8%～10%。在机体剧烈活动或大失血时会迅速放出，参加血液循环。因此，犬一次失血如果不超过 10%，不会影响健康；如果一次性失血超过 20%，机体生命活动会受到影响；短时间内失血超过 30%，可能危及生命。

## 五、血液的凝固

血液从血管流出以后，很快会形成胶胨状的固体，这种现象称为血凝。

### (一)血凝过程

血凝是一个复杂的连锁性生化反应过程，大体可分为三步。

1. 凝血酶原激活物的形成

凝血酶原激活物不是一种单纯物质，而是由多种凝血因子经过一系列化学反应而形成的复合物。当组织受到损伤(外源性)或血管内皮损伤(内源性)时，就会使体内原来存在的一些没有活性的组织因子和接触因子被激活，这些因子进一步活化凝血因子，在 $Ca^{2+}$ 的参与下，即可形成凝血酶原激活物。

2. 凝血酶原转变成凝血酶

凝血酶原激活物在 $Ca^{2+}$ 的参与下，使血浆中没有活性的凝血酶原转变为有活性的凝血酶。

3. 纤维蛋白原转变为纤维蛋白

凝血酶在 $Ca^{2+}$ 的参与下，使纤维蛋白原转变为非溶解状态的纤维蛋白。纤维蛋白呈细丝状，互相交织成网，把血细胞网罗在一起，形成胶胨状的血凝块。血液在血管内流动时一般不发生凝固，一方面是由于心血管内皮光滑，上述反应不易发生；另一方面是血浆中存在一些抗凝血物质(如肝素)，可抑制凝血酶原激活物的形成，阻止凝血酶原转化为凝血酶，抑制血小板黏着、聚集，影响血小板内凝血因子的释放。此外，如果血液在心血管中由于纤维蛋白的出现而产生凝血时，血浆中存在的纤维蛋白溶解酶也往往被激活，迅速将纤维蛋白溶解，使血液不再凝固，保证血液在血管内正常流动。

### (二)抗凝和促凝的措施

1. 抗凝或延缓血凝的措施

(1)低温。血液凝固是一系列酶促反应，而酶的活性受温度影响很大，把血液置于较低温度下可降低酶促反应而延缓凝固。

(2)加入抗凝剂。在凝血的三个阶段中，都有 $Ca^{2+}$ 的参与，如果设法除去血液中 $Ca^{2+}$ 可防止血凝。血液化验时常用的草酸盐、柠檬酸盐等抗凝剂，就是与血浆中的 $Ca^{2+}$ 结合，形成不易溶解的草酸钙或不易电离的可溶性络合物。将血液置于特别光滑的容器内或预先涂有液状石蜡的器皿内，可以减少血小板的破坏，延缓血凝。

(3)使用肝素。肝素在体内外都有抗凝血作用。

(4)脱纤维。将容器内的血液迅速用木棒搅拌，或容器内放置玻璃球加以摇晃，由于血小板迅速破裂等因素加快了纤维蛋白的形成，形成的纤维蛋白附着在木棒或玻璃球上，从而除去了血液中纤维蛋白原，血液不再凝固。通常把这种血液称为"去纤血"。

### 2. 加速血凝的措施

(1)升高温度。血液加温后能提高酶的活性，加速凝血过程。

(2)提高创面粗糙度。可促进凝血因子的活化，促使血小板解体，释放凝血因子，最后形成凝血酶原激活物。

(3)注射维生素 K。维生素 K 可促使肝脏合成凝血酶原，并释放入血，还可促进某些凝血因子在肝脏合成。因此，维生素 K 对出血性疾病具有止血的作用，是临床上常用的止血剂。

## 思考题

1. 简述心脏在体表的投影位置。
2. 简述前肢主要的动脉干及其分支。
3. 简述后肢主要的动脉干及其分支。
4. 简述适合用于静脉注射或采血的浅表静脉。
5. 简述心输出量的影响因素。
6. 简述动脉血压的影响因素。
7. 简述组织液生成的机理。
8. 简述各种白细胞的生理功能。

# 第九章　免疫系统

## 学习重点

了解免疫细胞、免疫组织和免疫器官的概念。掌握犬淋巴结的位置。了解脾和淋巴结的结构和机能。能够在犬身体上找到常检浅表淋巴结的位置。

## 素质要求

培养严谨的科学态度，准确掌握淋巴系统各器官的结构和功能。提高观察能力和实践操作能力，在解剖和观察淋巴器官时能够细致入微，准确操作。增强职业素养，认识到淋巴系统知识在宠物疾病诊断（如淋巴结肿大判断疾病）和免疫等方面的重要性。

免疫是机体识别自己与非己，并破坏和排出非己物质的生理活动，维持机体的生理平衡。免疫系统是由具有免疫机能的免疫器官、免疫组织和免疫细胞组成。

## 一、免疫器官

免疫器官包括中枢免疫器官和周围免疫器官。中枢免疫器官包括骨髓和胸腺；周围免疫器官包括淋巴结和脾脏。

### （一）中枢免疫器官

中枢免疫器官是免疫细胞发生、分化和成熟的场所。

#### 1. 骨髓

红骨髓具有造血的微环境，可以生成血液中的一切血细胞。骨髓中的多能干细胞经过增殖和分化，成为髓样干细胞和淋巴干细胞。前者是颗粒性白细胞和单核吞噬细胞的前身，后者是淋巴细胞的前身。犬猫的淋巴干细胞在骨髓内即可分化为 B 细胞，进入血液和淋巴，参与体液免疫。

#### 2. 胸腺

犬的胸腺呈粉红色，质地柔软，分为 2 叶，其中左叶比右叶大很多，位于胸腔纵隔前部的腹侧，从胸腔前口至心包，在心包形成胸腺压迹。胸腺在犬出生 2 周内增长很快，到 6~8 周龄发育完全，约 4 月龄后开始萎缩，逐渐被脂肪组织所替代，但终生不会完全萎缩，至两三岁时还有残余存在，甚至老年犬仍有少量残存。胸腺既是免疫器官，又是内分泌器官。胸腺由皮质和髓质构成。其中的皮质主要由淋巴组织构成。来自骨髓的淋巴干细胞在胸腺中受胸腺素和胸腺生成素等的诱导作用，增殖分化，大部分经 2~3 d 便死于胸腺内，只有小部分成长为具有免疫功能的 T 细胞，而后进入周围免疫器官，参与细胞免疫和免疫调节。

## （二）周围免疫器官

周围免疫器官是 T 细胞、B 细胞定居和对抗原刺激进行免疫应答的场所。

### 1. 淋巴结

（1）淋巴结的形态结构。淋巴结位于淋巴管的通路上，多呈圆形和椭圆形，大小不一，呈不同程度的灰白色并略带黄色。淋巴结数量较多，有分布于皮下组织的浅表淋巴结，也有分布于内脏器官附近的内脏淋巴结。其一侧隆凸，表面有输入管进入；另一侧凹陷，为淋巴结门，是淋巴输出管、神经和血管出入之处。

淋巴结由被膜和实质两部分构成（图 9.1、图 9.2）。被膜是结缔组织薄膜，含有少量结缔组织纤维，其深入实质内形成小梁并与网状组织共同构成淋巴结的支架。实质可分为皮质和髓质两部分。皮质位于淋巴结的外周，颜色较深。由淋巴小结、副皮质区和皮质淋巴窦组成。淋巴小结呈圆形或椭圆形，中央颜色较浅，是由密集的 B 淋巴细胞和少量的巨噬细胞构成，称为生发中心。生发中心在病菌、异物等抗原刺激下，反应显著。副皮质区为弥散淋巴组织，位于淋巴小结之间和皮质、髓质交界处，是 T 淋巴细胞的主要分布区；在抗原的刺激下，该区的淋巴细胞可大量繁殖，离开淋巴结，经淋巴管而进入血液。皮质淋巴窦是淋巴流过的通路，位于被膜下方

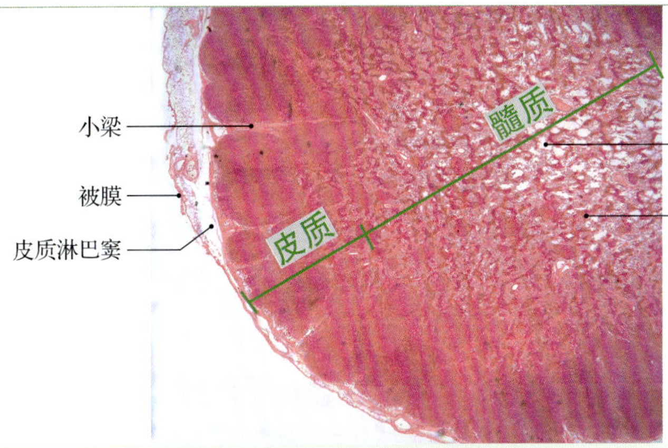


图 9.1　淋巴结（低倍镜下）

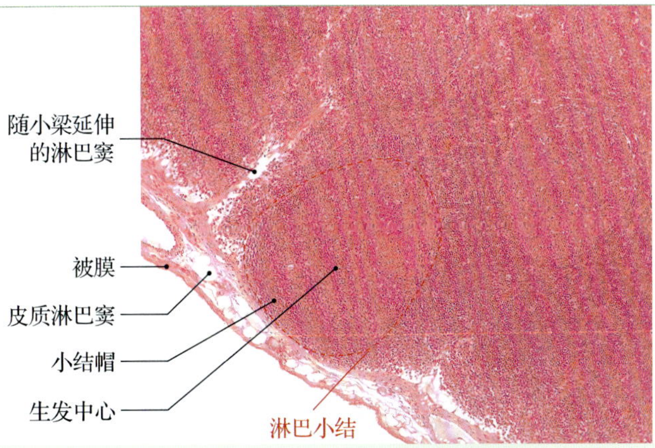


图 9.2　淋巴结（高倍镜下）

和小梁周围，呈不规则的网状间隙，窦内存在着网状细胞、淋巴细胞和巨噬细胞。窦壁由内皮细胞构成，壁上有孔，淋巴液和淋巴细胞可以进出。髓质部位于淋巴结的中央和门部，颜色较淡。由髓索（淋巴索）和髓质淋巴窦组成。髓索是排列成索状的淋巴组织，彼此吻合呈网状，其主要成分是B淋巴细胞、浆细胞及巨噬细胞。淋巴结功能活跃时，淋巴索发达，浆细胞多，产生抗体。反之，淋巴索不发达。髓质淋巴窦位于髓索与髓索之间或髓索与小梁之间，结构与皮质淋巴窦相同，接受来自皮质淋巴窦的淋巴并将淋巴液送入输出淋巴管内。

(2)体内主要的淋巴结。根据淋巴结的位置，可以将淋巴结分为浅表淋巴结和深部淋巴结两类。浅表淋巴结位于皮下，临床上可触摸到（图 9.3）。深部淋巴结则分布于内脏器官附近和血管附近，它们可通过淋巴结的输入管不断接受一定区域的淋巴。当该区域的组织器官发病时，会导致这些淋巴结出现病变，如肿胀、疼痛、变色等，因此检查淋巴结在临床诊断中具有重要意义。

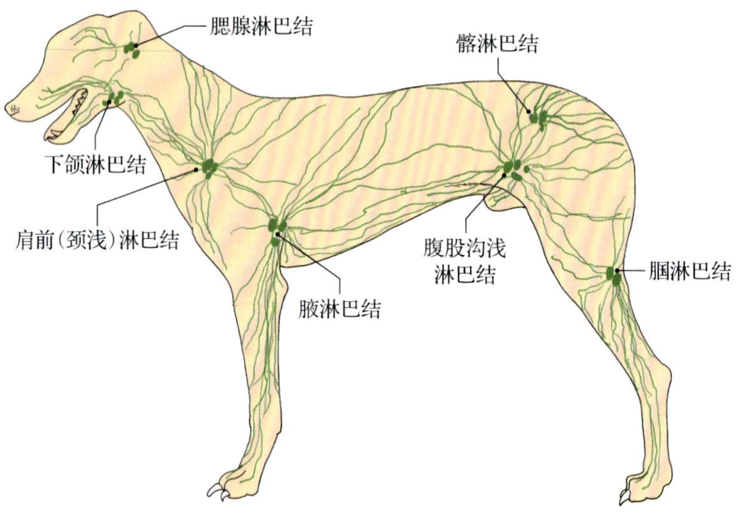


图 9.3 犬全身浅表淋巴结分布示意图

①主要的浅表淋巴结。

a)下颌淋巴结。分布于下颌间隙皮下，下颌血管切迹稍后方。每侧有 2～3 个，该淋巴结可以从体表触摸到。

b)肩前（颈浅）淋巴结。分布于肩关节前上方，臂头肌深面。

c)腋淋巴结。分布于前肢内侧，肩关节稍后方，大小约 2.5 cm。

d)股前（膝上）淋巴结。分布于膝关节上方，股阔筋膜张肌前缘皮下。

e)腹股沟深淋巴结。分布于髂外动脉起始部。

f)腘淋巴结。分布于膝关节后方，股二头肌和半腱肌之间。

g)腹股沟浅淋巴结。公犬的腹股沟浅淋巴结分布于腹股沟，阴囊前缘皮下；母犬的腹股沟浅淋巴结称为乳房淋巴结，分布于乳房前缘的皮下。

②主要的深部淋巴结。

a)纵隔淋巴结。分布于气管和食管腹侧面的纵隔中。

b)腹腔淋巴结。分布于腹腔动脉起始部的背侧。

c)肠系膜淋巴结。分布于各段肠管的肠系膜上。

d)内脏淋巴结。主要分布于内脏器官附近,如肺门淋巴结、肝门淋巴结等。

2. 脾脏

脾脏是体内最大的免疫器官,是血液循环通路上的过滤器。

(1)脾的形态和位置。脾长而狭窄,略呈镰刀形,近端窄而稍弯,远端较宽,其背侧通常与最后2个肋骨相对,与左腹侧壁几乎成直角;通过左肾的前端和胃底之间到达膈的左脚;粗大的腹侧端延伸至肋弓以下。脾门位于脾脏面的中部,由近端向远端延伸,并形成脾门隆起,是血管和神经的出入之处。

(2)脾脏的结构。脾的外面被覆一层结缔组织被膜,被膜内含有平滑肌(图9.4、图9.5)。被膜深入脾脏内部并形成网状支架称为小梁,是脾的间质部分。脾的实质称为脾髓,可分为白髓和红髓。白髓分散在红髓之中,包括淋巴小结和动脉周围淋巴鞘2部分。淋巴小结(脾小体)为外观呈圆形或椭圆形的白色小体,主要由B淋巴细胞构成。血管从白髓中穿过,称为中央动脉。中央动脉的周围是T细胞居住的部位,称为动脉周围淋巴鞘;白髓之间为红髓,由脾索和脾窦组成。脾索是彼此吻合成网状的淋巴组织,其中除含有网状细胞和大量B细胞外,还有许多巨噬细胞、红细胞和白细胞。脾窦为毛细血管窦,窦壁由内皮细胞和网状纤维构成。内皮细胞之间有空隙,有利于血细胞穿过。

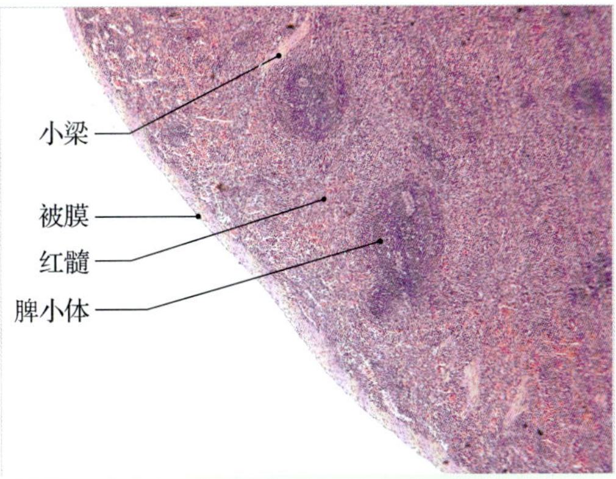

图9.4 脾的显微结构(低倍镜下)

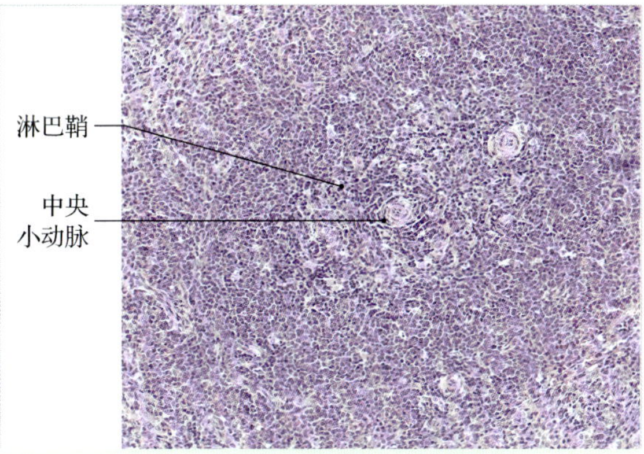

图9.5 脾的显微结构(高倍镜下)

(3)脾脏的机能。

①造血:胚胎时期脾可产生各种血细胞,出生后只能产生淋巴细胞,但仍保持产生各种血细胞的潜能。

②贮血:当机体需要时,被膜和小梁收缩,可迅速将脾窦内的血液释入血流。

③滤血:脾内的巨噬细胞可及时吞噬进入血中的各种异物、衰老的细胞,以此净化血液。

④参与免疫反应:脾内的淋巴细胞,在抗原刺激下,可增殖产生大量的效应细胞,参与机体的免疫反应。

## 二、免疫组织

### (一)血淋巴结

血淋巴结位于血液循环的通路上。血淋巴结没有输入输出管,它的构造与淋巴结相同。其淋巴窦内含有血液，在大失血后，血淋巴结常能产生红细胞和有粒白细胞。

### （二）淋巴小结

在黏膜上皮下面有淋巴细胞密集形成的淋巴组织，称为淋巴小结。有的单个存在，称为孤立淋巴小结（淋巴孤结）；有的集合成群，称为集合淋巴小结（淋巴集结）。

### （三）扁桃体

在咽和软腭的黏膜内分布有淋巴组织，称为扁桃体。扁桃体既无淋巴管输入，又处于暴露位置，故抗原可由口腔直接感染。扁桃体的主要作用：一是可产生淋巴细胞；二是对抗原起反应，构成全身防御系统的一部分。

## 三、免疫细胞

### （一）淋巴细胞

淋巴细胞大小不一，直径在 5～18 μm，胞质少，胞核大，几乎充满整个细胞。这种细胞因随血液在全身循环，因而可以在机体的每个组织中找到。其主要机能是不但能识别外来的“非己”物质，发动一系列的生理机制清除入侵者，而且能辨识自己体内的成分。这种区分“己”与“非己”的能力是淋巴细胞的主要特征，也是免疫反应的起点。至今已知的淋巴细胞有如下几种。

#### 1. T 细胞

T 细胞是由骨髓生成的淋巴干细胞，在胸腺中分化为成熟的淋巴细胞，故称为“胸腺依赖淋巴细胞”，用胸腺（Thymus）一词的首字母“T”来命名。成熟后进入血液和淋巴液参与细胞免疫，可直接攻击靶细胞。

#### 2. B 细胞

B 细胞是在骨髓中由淋巴干细胞逐渐分化、成熟的，故称为“骨髓依赖淋巴细胞”，用骨髓（Bonemarrow）一词的首字母“B”来命名。B 细胞进入血液和淋巴液后的主要机能是：经抗原刺激转化为浆细胞后产生抗体，参与体液免疫。

#### 3. K 细胞（杀伤细胞）

K 细胞是一种直接来源于骨髓的细胞，主要存在于腹腔渗出液、血液和脾脏中。具有非特异性杀伤功能。K 细胞虽是杀伤细胞，但却不能单独杀伤靶细胞，只能杀伤与抗体结合的靶细胞。所以，这种杀伤作用简称为“抗体依赖性细胞介导的细胞毒作用”，且这种作用很强，体内只要有微量抗体与相应抗原结合，虽然还不能激活补体破坏靶细胞，但却可以激活 K 细胞而发挥对靶细胞的杀伤作用。

#### 4. NK 细胞（自然杀伤细胞）

NK 细胞是一类不依赖抗体，不需要抗原致敏即具有杀伤靶细胞作用的淋巴细胞。尤其是对肿瘤细胞及病毒感染细胞，具有明显的杀伤作用，可使靶细胞溶解。

### （二）单核巨噬细胞系统

单核巨噬细胞系统是由血液中的单核细胞及其分化而成的组织巨噬细胞组成的免疫细胞群体。现已知的这种细胞主要有如下几种。

（1）组织细胞。主要分布在疏松结缔组织内。

(2)小胶质细胞。分布在脑和脊髓内。

(3)单核细胞。存在于血液中。

(4)枯否细胞(星形细胞)。存在于肝脏的窦状隙中。

(5)网状细胞。分布在淋巴结、脾脏、骨髓等处。

(6)内皮细胞。分布在脾脏、脑垂体、肾上腺等器官的窦状隙、淋巴结的淋巴窦以及毛细血管的内皮等处。

(7)尘细胞。分布在肺泡隔的结缔组织中。

这个系统的主要机能是吞噬侵入体内的细菌、异物和体内衰老、死亡的细胞;在炎症的恢复期参与组织的修复;造血器官中的网状细胞,尚有生成血细胞的机能;肝脏的枯否细胞不但参与免疫反应,还可参与胆色素的制造;血液中的单核细胞,具有许多与免疫有关的功能,但它在血液中存在时间短,几天后则离开血液进入组织,在组织中发育、分化、成熟为高度活跃的巨噬细胞,使其免疫机能得以进一步的加强。

#### (三)抗原呈递细胞

抗原呈递细胞指在特异性免疫应答中,能够摄取、处理、转递抗原给 T 细胞和 B 细胞的细胞,其作用过程称为抗原呈递。有此作用的细胞主要有巨噬细胞、B 细胞、周围淋巴器官中的树突状细胞、指状细胞及真皮层中的朗格汉斯细胞等。除以上细胞外,免疫细胞还有血液中的粒细胞,详见血液生理部分。

### 四、淋巴管与淋巴

#### (一)淋巴管

##### 1. 毛细淋巴管

毛细淋巴管是由单层内皮细胞构成的闭锁管道,以盲端起始于组织间隙,彼此吻合成网,除脑、脊髓、骨髓、软骨、上皮、角膜以及晶状体外,几乎遍及全身。毛细淋巴管一般与毛细血管伴行,形态结构相似,又不尽相同,通透性大于毛细血管,可使组织液中的大分子物质如细菌、异物等较易进入毛细淋巴管,因而当动物受到感染时,其炎症反应和病灶等先在淋巴系统表现出来。另外,小肠内的毛细淋巴管尚能吸收脂肪,其淋巴呈现乳白色,故容纳这些淋巴液的管腔称为乳糜管。

##### 2. 淋巴管

淋巴管由毛细淋巴管汇合而成,其形态、结构与静脉相似。特点是管径较细,数量较多,形成广泛的吻合;且管壁较静脉薄,并比静脉具有更多的瓣膜。瓣膜是淋巴管内膜突入腔内而形成的,它是毛细淋巴管过渡到淋巴管的重要标志,是保证淋巴向心流动,防止淋巴逆流的重要结构。因此,回流困难的部位,如四肢的淋巴管,即可见到更多的淋巴管瓣膜,致使该处的淋巴管外形呈串珠状。另外,淋巴的向心流程中,通常还要通过 1 个或多个淋巴结。

##### 3. 淋巴干和淋巴导管

全身的淋巴管经过局部淋巴结后,主要汇集成 5 条较大的淋巴干,即左右气管淋巴干、左右腰淋巴干和单一的内脏淋巴干。全身的淋巴干最后汇聚成 2 条最大的淋巴管道,即右淋巴导管和胸导管,将淋巴注入前腔静脉,回归到血液循环中。

(1)右淋巴导管。右淋巴导管位于胸腔前口附近,收集右侧头颈部、右肩带部、右前肢和右侧胸壁以及右心、右肺的淋巴，最后注入右颈静脉或前腔静脉右侧。

(2)胸导管。胸导管起始于最后胸椎和前3个腰椎的腹侧以及主动脉背侧，其起始部管腔膨大，呈长梭形，内有从肠道收集来的含有大量脂肪的淋巴液，所以称为乳糜池。乳糜池在主动脉背侧向前移行为胸导管，通过膈脚进入胸腔，沿主动脉右背侧前行，而后通过食管和支气管左侧下行，注入前腔静脉左侧或左颈静脉。乳糜池和胸导管沿途主要收集两后肢、腹壁、腹腔、骨盆壁、骨盆腔内的各器官以及左侧胸壁、左肺、左心、左头颈部、左前肢的淋巴。

### (二)淋巴的生成

淋巴是组织液透过毛细淋巴管壁进入毛细淋巴管而生成的。淋巴的生成与回流取决于毛细淋巴管两侧的压力差。

### (三)淋巴的生理意义

淋巴是体液的重要组成部分，其生理意义有如下几点。

#### 1. 调节血浆和组织细胞之间的体液平衡

淋巴的回流虽然缓慢，但对组织液的生成与回流平衡却起着重要的作用。如果回流受阻，可引起淋巴淤积而出现组织液增多、局部肿胀等症状。

#### 2. 具有免疫、防御、屏障作用

淋巴在循环、回流入血的过程中，要经过免疫系统的许多器官(如淋巴结等)，而且液体中含有大量免疫细胞(如淋巴细胞、巨噬细胞等)，能有效地参与免疫反应，清除细菌异物等抗原，产生抗体。所以淋巴系统具有重要的免疫、防御、屏障、清除细菌异物等抗原，产生抗体。

#### 3. 回收组织液中的蛋白质

由毛细血管动脉端滤出的血浆蛋白(白蛋白)不可能逆浓度差从组织间隙重吸收入毛细血管，只有经淋巴回流，才不至于在组织液中堆积。据测定，每天经淋巴回流入血的血浆蛋白，约占循环血浆蛋白总量的1/4。

#### 4. 运输脂肪

由小肠黏膜上皮细胞吸收的脂肪颗粒，主要经肠绒毛内的毛细淋巴管回收，而后经淋巴管—淋巴干—乳糜池—胸导管回流入血。胸导管内的淋巴液，呈现白色乳糜状。小肠绒毛中的中央乳糜管和胸导管的起始端的乳糜池的名称也由此而来。因此，淋巴循环对脂肪的吸收、运输有重要意义。

## 思考题

1. 犬体表主要的浅表淋巴结有哪些？位置在哪里？
2. 为什么检查淋巴结可以判断动物疾病？
3. 什么是淋巴小结？在哪些器官中有淋巴小结？
4. 什么是单核吞噬细胞系统？它的主要功能有哪些？

# 第十章　神经系统

## 学习重点

了解神经系统的组成，了解脑、脊髓各部分的结构；了解脊神经的分布，掌握分布到四肢和胸腹腔的重要神经干。理解突触传递的机理，掌握常见神经递质的性质和作用。了解条件反射的原理。

## 素质要求

培养严谨的科学态度和逻辑思维能力，能够准确理解和掌握神经系统复杂结构和功能。提高观察能力和空间想象能力，在解剖标本和模型上准确识别神经系统的各个组成部分，并理解其空间位置关系。增强职业素养，认识到神经系统知识在宠物疾病诊断和治疗中的重要性，为今后从事宠物医疗工作奠定良好的基础。

神经系统是机体重要的调节系统，其功能表现在两个方面：一是调节体内各器官系统的功能活动，使之协调统一；二是调节机体与外界环境变化协调一致，使之适应外界环境的变化。神经系统由中枢神经和外周神经构成，中枢神经包括脑和脊髓，外周神经包括脑和脊髓发出的神经和神经节。神经器官是分化程度很高的器官，因此，神经器官在结构上具有与机体其他器官完全不同的特点。

## 第一节　神经系统的结构

在脑和脊髓中，神经细胞的胞体和树突聚集在一起时表现出较为灰暗的颜色，称为灰质。神经细胞的轴突(神经纤维)聚集在一起时表现出较为白亮的颜色，称为白质。覆盖在脑表层的灰质称为皮质或皮层，而在脑内部聚集成团块状的灰质称为神经核。脊髓的灰质主要构成灰质柱。脑白质是不同传导方向的神经纤维的高度聚集，主要有联合纤维、联络纤维和投射纤维。脊髓白质也是不同传导方向的神经纤维的高度聚集，根据其传导方向可分为上行传导束和下行传导束。

### 一、中枢神经

#### (一)脊髓

##### 1. 脊髓的位置和形态

脊髓位于椎管内，呈背腹向略扁的圆柱状，前端经枕骨大孔与延髓相连，后端达荐骨中部。

按脊髓在椎管中的位置，分为颈髓、胸髓、腰髓和荐髓。脊髓全长粗细不等，有两个膨大部，在颈、胸交界处的膨大，称为颈膨大，由此发出支配前肢的神经；腰荐交界处的膨大，称为腰膨大，由此发出支配后肢的神经。脊髓背侧有一背正中沟，腹侧有腹正中裂。脊髓两侧发出成对的脊神经根，每一脊神经根又分为背根和腹根。在较粗的背根上有一膨大部，称为脊神经节，是感觉神经元的胞体所在处。背根就是感觉神经元的中枢突进入脊髓而形成的，司感觉，故又称为感觉根。腹根是由腹角运动神经元的轴突穿出脊髓而形成的，司运动，故又称为运动根。背根和腹根在椎间孔处合并为脊神经出椎间孔。

2. 脊髓的内部结构

在新鲜脊髓横断面上观察，可见脊髓是由中央的灰质和周围的白质构成(图 10.1)。

(1)灰质。脊髓横切面上，灰质形似蝴蝶。正中有纵贯脊髓全长的脊髓中央管，向前通第 4 脑室。灰质分别向背侧和腹侧突出，形成一对较小的背角和一对较大的腹角。在脊髓的胸、腰段和荐段，背角和腹角之间的灰质稍向外突出，形成侧角。背角、腹角和侧角在脊髓内前后延伸成柱状，故又称为背柱、腹柱和侧柱。背角(柱)内有联络神经元，它们接受感觉纤维传来的神经冲动。腹角(柱)内有运动神经元，它们的突起通过白质离开脊髓，形成腹根(运动根)，支配骨骼肌运动。侧角(柱)内有植物性神经元。

(2)白质。白质被灰质柱分为左、右对称的三对索。背侧索位于背正中沟与背侧柱之间，腹侧索位于腹侧柱与腹正中裂之间，外侧索位于背侧柱与腹侧柱之间。靠近灰质柱的白质都是一些短程的纤维，联络各节段的脊髓，称为固有束。其他都是一些远程的，连于脑和脊髓之间的纤维。这些远程纤维聚集成束，形成脑和脊髓的传导径。背侧索内的纤维是由脊神经节内的感觉神经元的中枢突构成的。外侧索和腹侧索均由来自背侧柱的中间神经元的轴突(上行纤维束)以及来自大脑和脑干的中间神经元的轴突(下行纤维束)所组成。

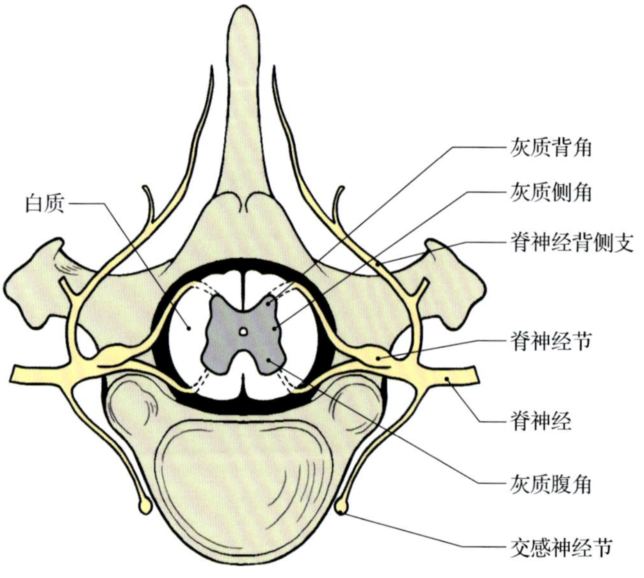


图 10.1　脊髓的结构

## (二)脑

脑是神经系统的高级中枢。脑实质结构与脊髓有许多共同之处,也是由灰质和白质构成,但其形态和功能均较脊髓复杂。脑可分为大脑、小脑、间脑、中脑、脑桥和延髓六个部分,其中中脑、脑桥和延髓合起来称为脑干(图 10.2 至图 10.4)。

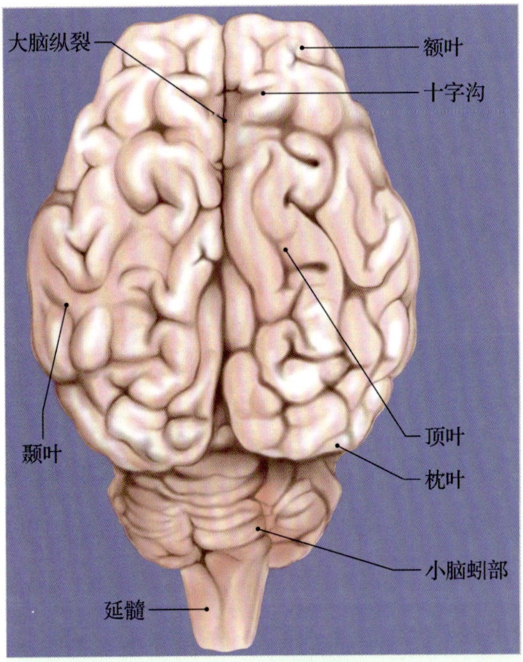


图 10.2 脑背侧面

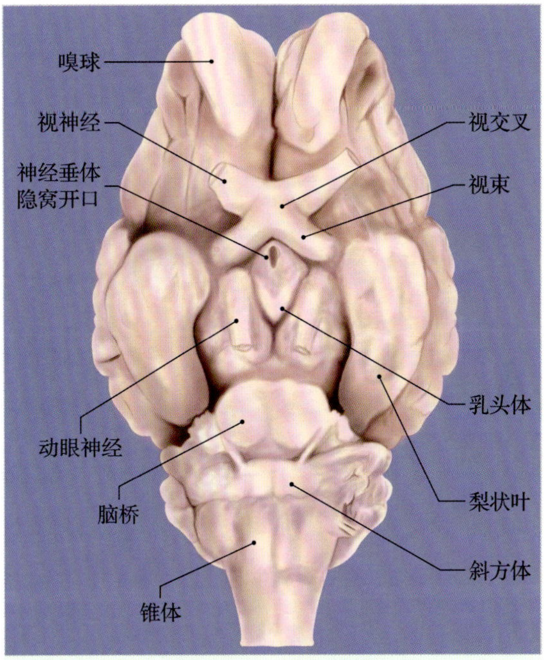


图 10.3 脑腹侧面

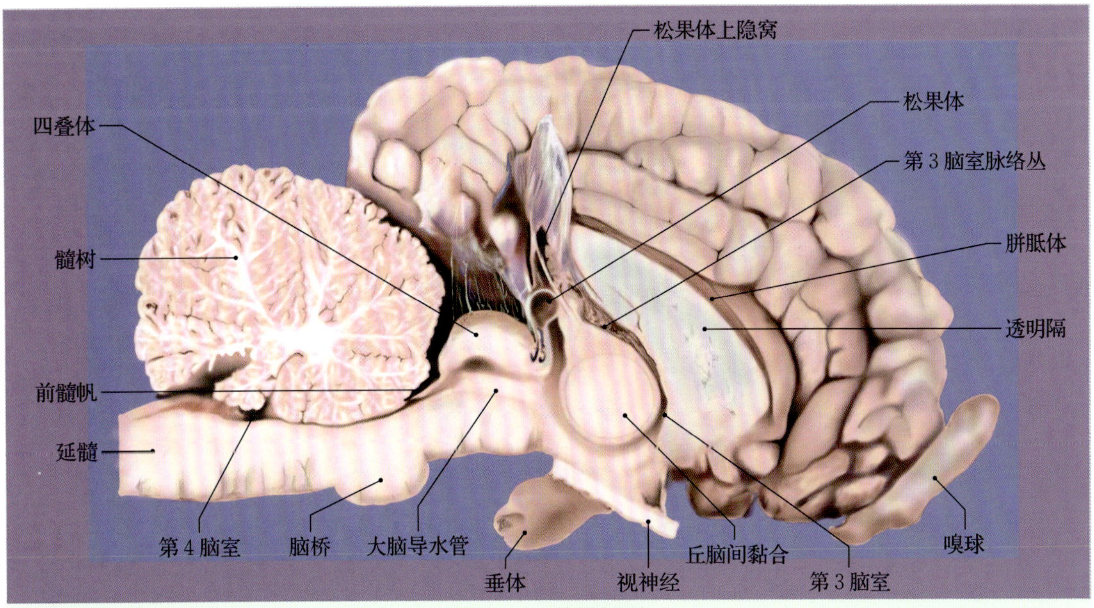


图 10.4 脑纵切面

1. 脑干

脑干由后向前依次为延髓、脑桥、中脑。延髓是脊髓向前的延续。延髓前连脑桥,上面是小脑,与小脑间有一个腔隙称为第 4 脑室。第 4 脑室向前通大脑导水管(中脑导水管),向后通脊髓中央管。延髓腹面有两个纵行隆起,称为锥体。锥体由脊髓与脑之间的上下行纤维构成,这些纤维在锥体内向对侧交叉,称为锥体交叉。延髓中有与基本生命活动有关的神经中枢。脑桥位于延髓前方,腹侧面为横向隆起,内含有许多神经纤维,是连接神经系统前后各部和小脑的重要通道。中脑位于脑桥的前方,间脑的后方。在腹侧有 1 对楔状隆起,称为大脑脚。中脑背侧有两对圆形隆起,称为四叠体,中脑导水管前连第 3 脑室,后通第 4 脑室。

2. 间脑

间脑位于中脑前方,大部分被大脑半球所覆盖,分为丘脑和丘脑下部。丘脑位于背侧,是一对卵圆形的灰质块。丘脑周围环状空隙称为第 3 脑室,它的前上方以室间孔通侧脑室,后连大脑导水管。丘脑下部位于丘脑腹侧,在其结构中有脑垂体,属内分泌腺。另外,在丘脑下部的神经核团中,有一对视上核和室旁核,它们分别释放抗利尿激素和催产素,这两种激素通过神经元的轴突输送至神经垂体贮存,根据机体需要释放入血。

3. 小脑

小脑位于延髓和脑桥背侧,略呈球形。小脑表面有许多凹陷的沟和突出的回。小脑分为中间较窄且卷曲的蚓部和两侧膨大的小脑半球。小脑由灰质和白质构成,灰质主要覆盖于表面,称为小脑皮质;白质在深部,呈树枝状分布,称为小脑髓树,白质中有分散存在的神经核。

4. 大脑

大脑由左右 2 个对称的大脑半球构成。两大脑半球借由巨大的横行神经纤维束构成的胼胝体相连。在每侧半球内各有一个呈半环行的狭窄裂隙,称为侧脑室,各经室间孔与第 3 脑室相通。大脑半球由大脑皮质、大脑白质和基底核组成。

(1)大脑皮质。大脑皮质为大脑表面的灰质,由 5~6 层神经元构成。大脑皮质表面有许多深浅不同的沟,沟与沟之间的隆起称为脑回,这种形态增加了大脑皮质的面积。根据机能和位置的不同,常把大脑皮质分为若干叶,各叶内有各种高级中枢。半球背外侧前部(额叶)有运动中枢,背侧(顶叶)有感觉中枢,外侧部(颞叶)有听觉中枢,外侧后部(枕叶)有视觉中枢,半球内侧面靠近白质的边缘部分(边缘叶)有内脏活动的高级中枢。

(2)大脑白质。大脑白质位于皮质深面,由神经纤维构成。这些纤维把脑的各部和脊髓联系起来,再通过外周神经与各个器官联系起来,因而大脑皮质能支配机体所有的活动。

(3)基底核。基底核是埋藏在大脑白质中的灰质核团,因其位置接近脑底面而得名。其中最主要的是尾状核和豆状核。在两核之间有上下行纤维构成的内囊。在大脑半球底面还有嗅脑,其功能与嗅觉有关。

### (三)脑脊膜、脑脊液和血脑屏障

1. 脑脊膜

在脑和脊髓表面都包有三层膜,由内向外依次为软膜、蛛网膜和硬膜(图 10.5)。它们有保护和支持脑、脊髓的作用。

(1)软膜。软膜薄而富有血管,紧贴于脑和脊髓表面,分别称为脑软膜和脊软膜。脑软膜上

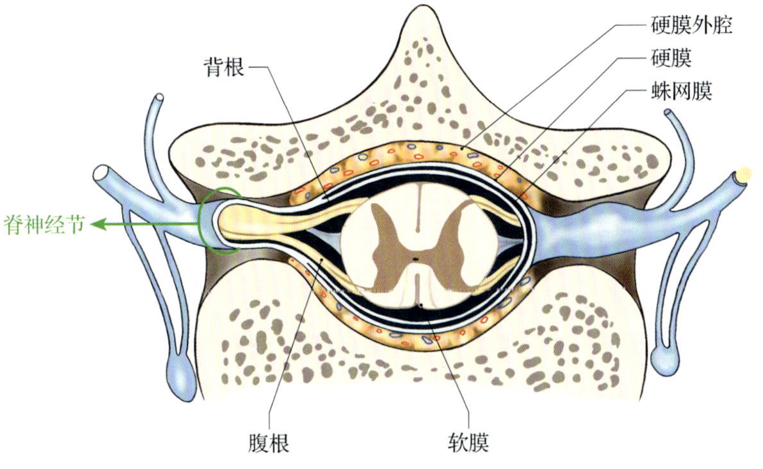


图 10.5 脊膜的结构

的毛细血管突入各脑室腔内形成脉络丛,可产生脑脊液。

(2)蛛网膜。蛛网膜也很薄,包在软膜的外面。蛛网膜与软膜之间有一较阔的腔隙,称为蛛网膜下腔,内有脑脊液。

(3)硬膜。硬膜是一层较坚韧的纤维膜,包被脑的部分称为脑硬膜,包被脊髓的部分称为脊硬膜。脑硬膜紧贴颅腔壁,其间无腔隙存在。在脊硬膜与椎管之间有一较宽的腔隙,称为硬膜外腔,腔内还有静脉和脂肪。兽医临床上做的硬膜外麻醉就是将麻醉药从腰荐间隙处注入硬膜外腔,以麻醉脊神经根。在硬膜与蛛网膜之间的狭窄腔隙,称为硬膜下腔。

### 2. 脑脊液

脑脊液是由各脑室脉络丛产生的无色透明的液体。在正常情况下,脑脊液的产生与吸收是保持动态平衡的,如果这种平衡遭到破坏,便可引起脑积水和颅内压升高,脑组织受到压迫,而出现神经症状。脑脊液充满各脑室、脊髓中央管和蛛网膜下腔中,具有缓冲作用,可以保护脑和脊髓免受外力的振荡。此外,脑和脊髓还可通过脑脊液与血液之间进行物质交换,即由脑脊液供给脑和脊髓营养,同时运走代谢产物。

### 3. 血脑屏障

有人曾将一种称为台盼蓝的染料注入兔的静脉,结果除脑组织外的体内其他器官都被染成蓝色。这一事实说明,血液和脑组织之间存在某种屏障,这种屏障称为血脑屏障。血脑屏障的构成与脑内毛细血管结构特点有关,脑内毛细血管内皮上无孔;而且内皮细胞间连接紧密,无间隙;同时,脑内毛细血管的外表面有一层由神经胶质细胞突起形成的胶质膜包围着,它使血管不与神经细胞直接接触。所以,血脑屏障可防止有害物质(如毒素、药物、病原微生物等)进入脑内损害神经细胞。

## 二、外周神经

外周神经由脊髓或脑发出,连于全身的感受器或效应器。根据功能不同,外周神经可分为三类,即将感觉冲动由感受器传向中枢的感觉神经(也称为传入神经),将神经冲动由中枢传向器官而引起肌肉收缩或腺体分泌的运动神经(也称为传出神经),以及既有感觉神经纤维又有运动神经纤维构成的混合神经。根据分布不同，可将外周神经分为脊神经、脑神经和植物性神经，前两者又称为躯体运动神经。在外周神经中，神经细胞的胞体存在于神经节内，神经节是由结缔组织包裹的神经细胞的胞体聚集，有三种，分别是脊神经节（感觉神经细胞的胞体聚集）、交感神经节、副交感神经节。

### （一）脊神经

脊神经由脊髓发出，由感觉神经纤维合成背根进入脊髓的背角，由脊髓的腹角发出的运动神经纤维合成腹根，背根和腹根在出椎间孔前汇合成脊神经，所以，脊神经是混合神经。脊神经出椎间孔后，分背侧支和腹侧支，每支也都是混合神经。背侧支细，分布于脊柱背侧如颈背部、鬐甲、背腰部等的肌肉和皮肤；腹侧支较粗，分布于脊柱腹侧（胸腹壁）及四肢的肌肉和皮肤。按照脊神经从脊髓发出的部位不同，可分为颈神经、胸神经、腰神经、荐神经和尾神经。犬的脊神经有 35～38 对，其中颈神经 8 对、胸神经 13 对、腰神经 7 对、荐神经 3 对、尾神经 4～7 对；猫的脊神经有 38～39 对，其中尾神经 7～8 对，其余同犬。

#### 1. 躯干神经、膈神经

（1）膈神经。由第 5、6、7 对颈神经腹侧支连合而成，经胸前口入胸腔，沿纵隔后行，分布于膈。

（2）肋间神经。肋间神经为胸神经腹侧支。在每一肋间沿肋间动脉后缘下行，分布于肋间肌及其皮肤，其中最后一对肋间神经在第 1 腰椎横突末端前下缘进入腹壁，分布于腹肌和腹部皮肤。

（3）髂下腹神经。为第 1 腰神经腹侧支。经过第 2、3 腰椎横突之间进入腹壁肌肉，分布于腹肌和腹部皮肤。掌握上述神经的行程及分布，对腹壁手术时进行的腰旁麻醉有重要意义。

#### 2. 前肢神经

分布于前肢的神经由臂神经丛发出。臂神经丛是由最后 3 对颈神经腹侧支和第 1、2 对胸神经腹侧支汇合而成，位于肩关节内侧。由此丛发出的神经有肩胛上神经、肩胛下神经、腋神经、桡神经、尺神经和正中神经等（图 10.6）。其中正中神经是前肢最长的神经，由臂神经丛向下伸延到指部。

#### 3. 后肢神经

分布于后肢的神经由腰荐神经丛发出。腰荐神经丛由后 3 对腰神经及前两对荐神经腹侧支构成，位于腰荐部腹侧。由此丛发出的神经有股神经、坐骨神经、胫神经、腓神经、趾内侧神经和趾外侧神经（图 10.7）。临床常见的是由股神经和坐骨神经麻痹引起的跛行。

### （二）脑神经

脑神经共 12 对，与脑直接相连。根据脑神经所含神经纤维的性质不同，分为感觉神经、运动神经和混合神经。其中第Ⅲ、Ⅶ、Ⅸ、Ⅹ对脑神经中还含有副交感神经纤维。

### （三）植物性神经

植物性神经是指分布到平滑肌、心肌及腺体的神经。

#### 1. 植物性神经与躯体神经的区别

植物性神经与躯体神经（脊神经与脑神经）在分布、机能和形态结构上的区别如下。

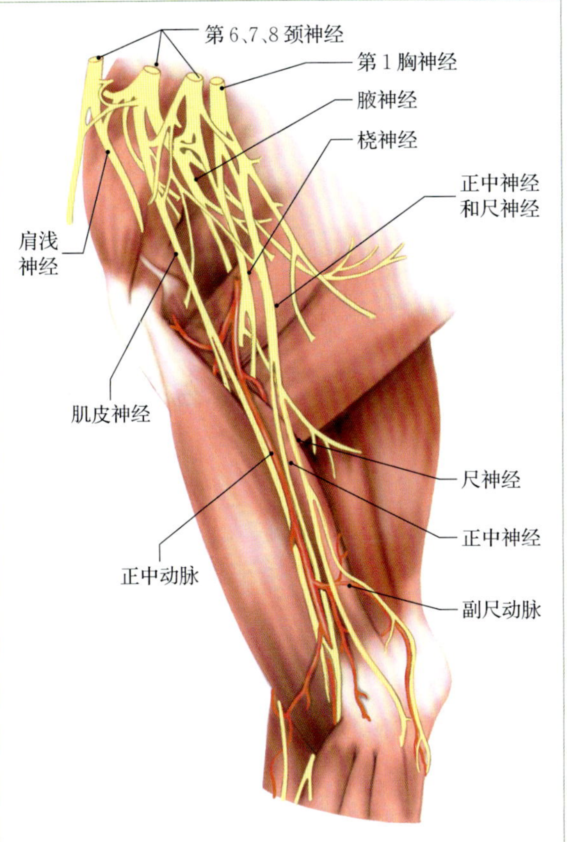


图 10.6 前肢神经

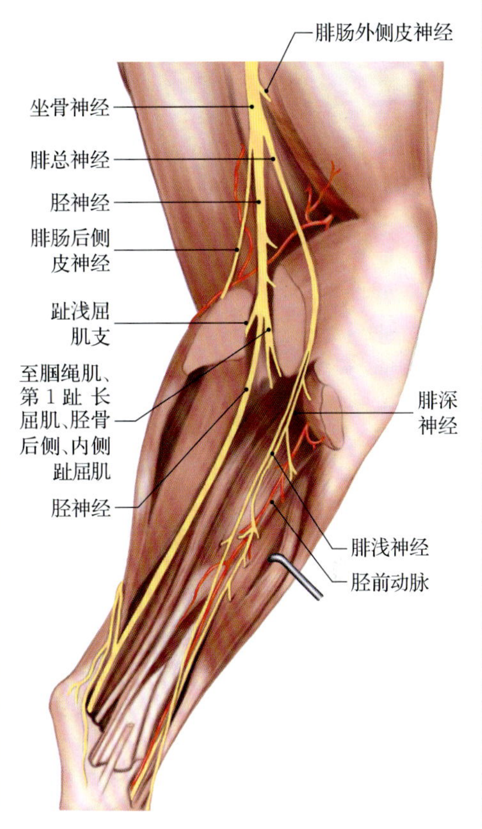


图 10.7 后肢神经

(1)躯体神经支配骨骼肌,植物性神经支配平滑肌、心肌和腺体。

(2)在功能上,躯体神经受意识支配;而植物性神经则不受意识的直接控制。

(3)在结构上,躯体神经从中枢发出后直达所支配的骨骼肌;而植物性神经从中枢发出后,不直达效应器,要在植物性神经节中交换一次神经元,再由第二个神经元发出纤维到达所支配的效应器。因此,植物性神经从中枢到达效应器有两个神经元:第一个神经元为节前神经元,其胞体在中枢神经内,它发出的轴突称为节前纤维;第二个神经元为节后神经元,其胞体在植物性神经节内,它发出的轴突称为节后纤维。

### 2. 植物性神经的结构及分类

根据中枢位置和功能不同,将植物性神经分为交感神经与副交感神经。

(1)交感神经。交感神经的第一级神经元(节前神经元)的胞体位于胸、腰段前半部分脊髓的灰质侧柱内,发出的神经纤维在交感神经节交换神经元。交感神经节有两种:一种是椎旁节,另一种是椎下节。椎旁节位于椎骨体两侧,胸腹腔顶壁,之间有交通支互相连接,形成两条长链状结构,称为交感神经干。椎下节在脊椎骨下方,主要有腹腔神经节、肠系膜前神经节等。

(2)副交感神经。副交感神经的第一级神经元(节前神经元)的胞体位于脑干和荐部脊髓灰质侧柱内。因此,常将副交感神经分为头部副交感神经和荐部副交感神经两部分。节前神经发出的纤维在副交感神经节交换神经元。副交感神经节有两种,分别是器官旁节和壁内节。器官旁节离器官近,壁内节位于器官的壁内(图 10.8、图 10.9)。

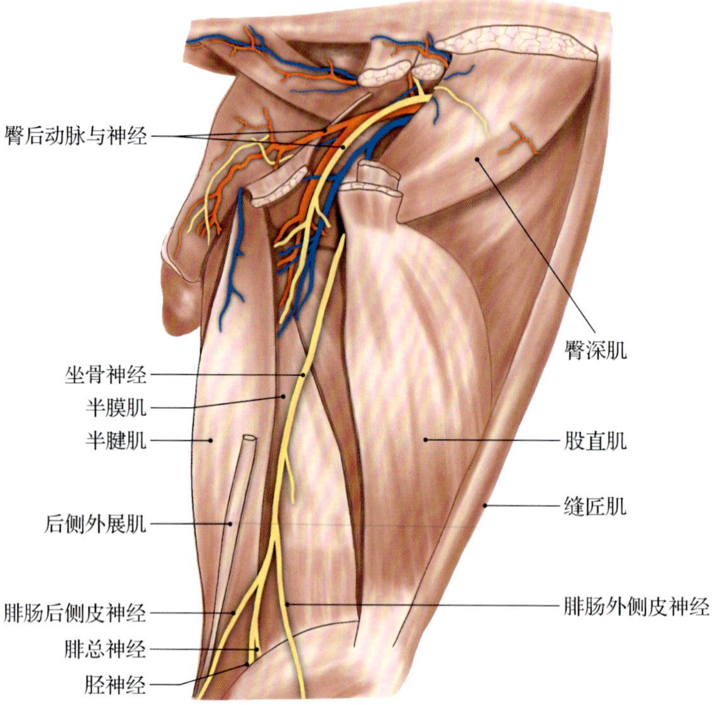


图 10.8 臀股部神经

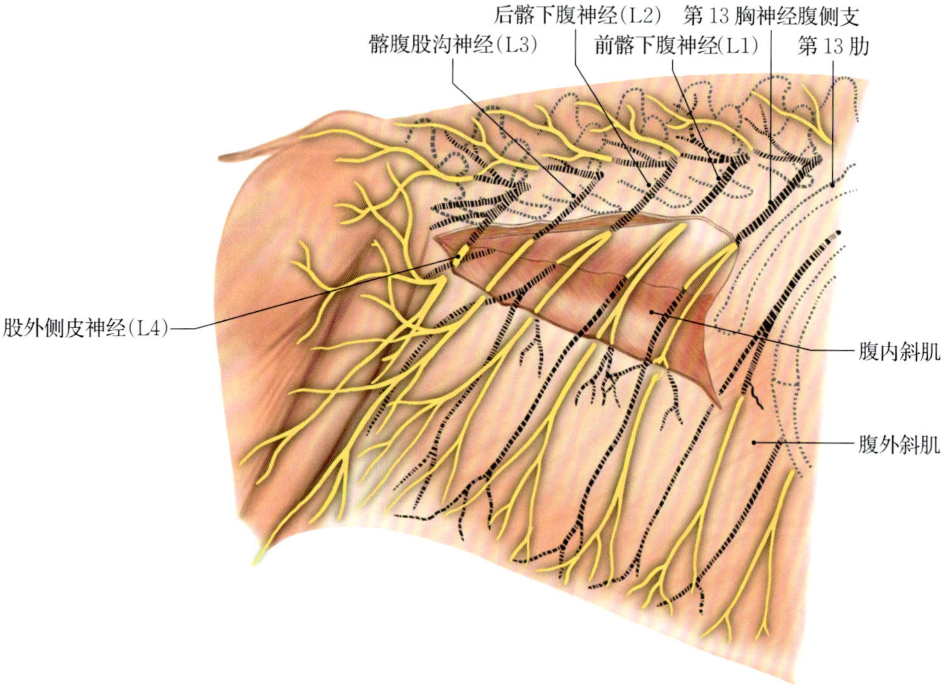


图 10.9 腹壁上的神经

①头部副交感神经。从脑干发出的节前纤维，随动眼神经、面神经、舌咽神经和迷走神经一起行走，在所支配器官附近或壁内的神经节交换神经元，节后纤维支配器官的运动或腺体分泌。迷走神经是体内分布最广，行程最长的混合神经。它起于延髓，出颅腔后行，在颈部与交感神经干形成迷走交感干，经胸腔至腹腔，伴随动脉分布于胸腹腔器官，如心、肺、胃、气管、食管、肝、脾、胰、肠、肾和肾上腺。迷走神经在颈前端分出侧支分布于咽、喉、食管和气管等。

②荐部副交感神经。自荐部脊髓发出，出椎管后，形成 2～3 支盆神经，分布于盆腔器官(如膀胱、直肠和生殖器官)。

# 第二节　神经生理

## 一、神经系统的活动方式

神经系统的调节机能是通过反射活动来实现的。所谓反射，是指机体内外感受器受到内外环境变化的刺激，在中枢神经参与下发生的适应性反应。实现反射活动的物质基础是反射弧，包括感受器、传入神经、中枢、传出神经和效应器。反射弧的任何一部分损坏或功能障碍都不能产生反射活动。

## 二、神经纤维的机能

神经纤维具有高度的兴奋性和传导性，它的基本机能就是传导兴奋(也称为神经冲动，是在细胞膜表面传播的动作电位)。

### (一)神经纤维的生理特点

(1)生理完整性。神经纤维必须保持结构上和功能上的完整才能传导冲动。神经纤维被切断后，破坏了结构上的完整性，冲动就不能传导。如结扎或在麻醉、低温等作用下，使神经纤维机能发生改变，破坏了生理功能的完整性，冲动传导也将发生阻滞。

(2)绝缘性。一条神经干内有许多神经纤维，其中包含传入和传出纤维，各条纤维上传导的兴奋互不干扰，准确地实现各自的功能，这种特点称为绝缘性传导。

(3)双向性。刺激神经纤维上的任何一点，兴奋就从刺激的部位开始，沿着纤维向两端传导，称为传导的双向性。

(4)不衰减性。神经纤维在传导冲动时，无论传导距离多长，其冲动的大小、频率和速度都始终不变，这一特点称为传导的不衰减性。这对于保证及时、迅速和准确地完成正常的神经调节功能十分重要。

(5)相对不疲劳性。在实验条件下，用 50～100 次/s 的电刺激连续刺激蛙的神经 9～12 h 冲动仍能传导，这说明神经纤维是不容易发生疲劳的。

### (二)神经纤维的分类和传导速度

根据传导速度、锋电位的时程和后电位的差异，将哺乳动物外周神经的神经纤维分为 A、B、C 三类。

(1)A 类纤维。包括有髓的躯体传入和传出纤维，传导速度快。

(2)B 类纤维。有髓的植物性神经的节前纤维。

(3)C类纤维。包括无髓的躯体传入纤维和植物性神经节后纤维,这类神经纤维最细,传导速度最慢。

## 三、神经元的联系

神经元之间传递信息通过突触结构来完成。突触是神经元相互接触部位的结构,神经元与效应器接触的部位也可以称为突触。突触前面的神经元称为突触前神经元,后面的称为突触后神经元。

### (一)突触的分类

按突触的结构可分为轴-树型突触、轴-体型突触和轴-轴型突触。轴-树型突触由一个神经元的轴突末梢与另一个神经元的树突形成突触。轴-体型突触由一个神经元的轴突末梢与另一个神经元的胞体形成突触。轴-轴型突触由一个神经元的轴突末梢与另一个神经元的轴突形成突触。

按突触的传递性质可分为化学性突触和电突触。化学性突触是神经细胞间通过化学递质传递信息,根据兴奋传导的结果分为兴奋性突触和抑制性突触两种。电突触是生物电直接从一个神经元的细胞膜传递到另一个神经元的细胞膜的突触。

### (二)突触的结构

#### 1. 化学性突触

一个神经元的轴突末梢分成许多小支,每个小支的末端膨大呈球状,称为突触小体。突触小体与另一神经的胞体或树突形成突触联系。突触处两神经元的细胞膜之间有一间隙,称为突触间隙。由突触小体构成突触间隙的膜称为突触前膜,构成突触间隙的另一侧膜称为突触后膜。故一个突触由突触前膜、突触间隙和突触后膜三部分构成。在突触小体内含有大量的小泡,称为突触小泡。突触小泡内含有神经递质。突触后膜上有特殊的受体,能与神经递质发生特异性结合。

#### 2. 电突触

电突触的结构基础是缝隙连接,是两个神经元的细胞膜紧密接触的部位,两层膜之间的间隙仅2~3 nm。其突触前神经元的轴突末梢内无突触小泡,也无神经递质。这种信号传递一般是双向的。因此这种连接部位的信息传递是一种电传递,与经典突触的化学递质传递完全不同。电突触的功能可能是促进不同神经元产生同步性放电。电传递的速度快,几乎不存在潜伏期。电突触可存在于树突与树突、胞体与胞体、轴突与胞体、轴突与树突之间。

### (三)化学性突触的传递

突触前膜传来兴奋是引起突触小体内的小泡释放神经递质,神经递质与突触后膜上的受体特异性结合,引起突触后膜兴奋,从而将信息从一个神经元传给下一个神经元。在传递兴奋之后,突触间隙中的递质水解酶会分解掉递质,至此传递完成。

化学性突触传递兴奋有一些特性。

(1)单向性。兴奋在通过突触传递时只能从突触前神经元传递给突触后神经元,不能够向相反的方向传递。因为只有突触前膜能释放神经递质,而只在突触后膜才有相应的受体,因此兴奋不能逆向传递。突触传递的这种特性使神经冲动能循着特定的方向和途径传播,从而保证神经系统调节和整合活动能有规律地进行。

(2)突触延搁。对于同样的传播距离，兴奋通过突触传递比在神经纤维上传递要慢很多。因为突触传递过程较复杂，包括突触前膜释放递质、递质与受体的反应等，所以突触传递要有较长的时间。

(3)总和作用。在突触传递过程中，突触后神经元需要突触前神经元发出多个兴奋性后才能产生兴奋。

(4)对内环境变化敏感和易疲劳。突触部位易受内环境理化因素变化的影响。如缺氧、二氧化碳及某些药物等均可作用于突触传递的某些环节，改变突触传递的能力。在反射弧中，突触是最容易出现疲劳的部位，疲劳的产生可能与突触前膜递质耗竭有关，疲劳的出现，可防止过度兴奋，因此具有一定的保护作用。

## 四、神经递质及受体

### (一)神经递质

神经递质(又称为神经介质)是突触前神经元释放的一类特殊化学物质，特异性地作用于突触后神经元或效应器细胞上的受体，从而把信息从突触前神经元传递到突触后神经元。在神经系统中，目前比较公认的重要神经递质有乙酰胆碱(Ach)、去甲肾上腺素(NE)、多巴胺(DA)、5-羟色胺(5-HT)，以及一些氨基酸类(如γ-氨基丁酸、甘氨酸、谷氨酸)等。它们广泛参与了机体内一些重要的生理机能活动，如睡眠与觉醒、脑垂体的内分泌调节、体温调节及镇痛、生殖、摄食等；参与较高级的神经活动，如记忆、行为和情绪变化等也都离不开神经递质的参与。

### (二)受体

受体是指细胞膜或细胞内能与某些化学物质(如神经递质、激素等)发生特异性结合并诱发生物学效应的特殊生物分子。能与受体发生特异性结合并产生生物学效应的物质称为激动剂；只发生特异性结合，但不产生生物学效应的物质称为拮抗剂。两者统称为配体。一般认为受体与配体的结合具有以下三个特征。

(1)特异性。特定的受体只能与特定的配体结合，激动剂与受体结合能产生特定的生物学效应；特异性结合并非绝对，而是相对的。

(2)饱和性。分布于细胞膜上的受体数量是有限的，因此它能结合配体的数量也是有限的。

(3)可逆性。配体与受体的结合是可逆的，可以结合也可以解离。

### (三)常见的神经递质和受体

#### 1. 乙酰胆碱(Ach)及其受体

在周围神经系统，释放乙酰胆碱作为递质的神经纤维称为胆碱能纤维。所有植物性神经节前纤维、大多数副交感神经的节后纤维、少数交感神经的节后纤维(引起汗腺分泌和骨骼肌血管舒张的舒血管纤维)，以及支配骨骼肌的神经纤维都属于胆碱能纤维。在中枢神经系统中，以乙酰胆碱作为递质的神经元，称为胆碱能神经元，胆碱能神经元在中枢的分布极广泛。凡是能与乙酰胆碱结合的受体都称为胆碱能受体。胆碱能受体包括毒蕈碱受体和烟碱受体两种。

(1)毒蕈碱受体。毒蕈碱是一种从有毒的伞菌科植物中提取的生物碱，对植物性神经节中的受体几乎没有作用，但能模拟乙酰胆碱对心肌、平滑肌和腺体的刺激作用。这些作用被称为毒蕈碱样作用(M 样作用),相应的受体称为毒蕈碱受体(M 受体),它的作用可被阿托品阻断。毒蕈碱受体分布在胆碱能节后纤维所支配的心脏、肠道、汗腺等效应器细胞和某些中枢神经元上。当乙酰胆碱作用于这些受体时,可产生一系列植物神经节后胆碱能纤维兴奋的效应,包括心脏活动的抑制、支气管平滑肌的收缩、胃肠平滑肌的收缩、膀胱逼尿肌的收缩、虹膜环形肌的收缩、消化腺分泌的增加、汗腺分泌的增加和骨骼肌血管的舒张等。

(2)烟碱受体。这些受体存在于所有植物性神经节的突触后膜和神经－肌肉接头的终板膜上。小剂量的乙酰胆碱能兴奋植物性神经节后神经元,也能引起骨骼肌收缩,而大剂量的乙酰胆碱则能阻断植物性神经节的突触传递。这些效应不受阿托品影响,但可被从烟草叶中提取的烟碱所模拟,因此这些作用称为烟碱样作用(N 样作用),其相应的受体称为烟碱受体(N 受体)。

2. 儿茶酚胺及其受体

儿茶酚胺类递质包括肾上腺素、去甲肾上腺素和多巴胺。在周围神经系统中,至今尚未发现释放肾上腺素作为递质的神经纤维。多数交感神经的节后纤维释放的是去甲肾上腺素。凡是释放去甲肾上腺素作为递质的神经纤维都称为肾上腺素能纤维。在植物性神经系统中,还有少量的神经末梢释放多巴胺的多巴胺神经纤维。在中枢神经系统中,以去甲肾上腺素为递质的神经元称为去甲肾上腺素能神经元。绝大多数去甲肾上腺素能神经元位于脑干。凡是能与去甲肾上腺素或肾上腺素结合的受体都称为肾上腺素能受体,肾上腺素能受体分为 $\alpha$ 型肾上腺素能受体和 $\beta$ 型肾上腺素能受体两种。$\alpha$ 型肾上腺素能受体又有 $\alpha_1$ 和 $\alpha_2$ 两个亚型,$\beta$ 型肾上腺素能受体又有 $\beta_1$、$\beta_2$、$\beta_3$ 三个亚型。肾上腺素能受体的分布极为广泛,在周围神经系统、多数交感神经节后纤维末梢到达的效应细胞膜上都有肾上腺素能受体,但在某一效应器官上不一定都有 $\alpha$、$\beta$ 受体,有的仅有 $\alpha$ 受体,有的仅有 $\beta$ 受体,也有的两种受体都有。肾上腺素能受体也能对血液中的肾上腺素和去甲肾上腺素,以及进入体内的儿茶酚胺药物起反应。

## 五、条件反射

### (一)非条件反射

非条件反射是动物在种族进化过程中,通过遗传而获得的先天性反射,是动物生下来就有的。这种反射有固定的反射途径。反射比较恒定,不易受外界环境影响而发生改变,只要有一定强度的相应刺激,就会出现规律性的特定反应,其反射中枢大多数在大脑皮质。例如,饲料进入动物口腔,就会引起唾液分泌;机械刺激角膜就会引起眨眼等都属于非条件反射。非条件反射的数量有限,只能保证动物的各种基本生命活动的正常进行,很难适应复杂的环境变化。

### (二)条件反射

动物在出生后的生活过程中,为适应个体所处的生活环境而逐渐建立起来的反射,它没有固定的反射途径,容易受环境影响而发生改变或消失。因此,在一定的条件下,条件反射既可以建立,也可以消失。条件反射的建立,需要有大脑皮质的参与,是比较复杂的神经活动,从而也就提高了动物适应环境的能力。

条件反射是建立在非条件反射基础上的,以犬摄食来说,食物进入口腔引起唾液分泌,这是非条件反射。在这里,食物是引起非条件反射的刺激物,称为非条件刺激,如果食物入口之前或同时,给予铃声刺激,最初铃声和食物没有联系,只是作为一个无关的刺激出现,铃声并不引起唾液分泌。但由于铃声和食物总是同时出现,经过反复多次结合之后,只给铃声刺激也可以引起唾液分泌，就形成了条件反射。这时的铃声就不再是与摄食无关的刺激了，而成为食物到来的信号，因此，把已经形成条件反射的无关刺激（铃声）称为信号。由此可见，形成条件反射的基本条件为：第一，无关刺激与非条件刺激在时间上的反复多次结合，这个结合过程称为强化；第二，无关刺激必须出现在非条件刺激之前或同时；第三，条件刺激的生理程度比非条件刺激要弱。当动物饥饿时，由于饥饿加强了摄食中枢的兴奋性，食物刺激的生理强度就大大提高，从而容易形成食物条件反射。条件反射的建立，极大地扩大了机体的反射活动范围，增加了动物活动的预见性和灵活性，从而对环境变化更能进行精确的适应。在动物个体的一生中，纯粹的非条件反射，只有在出生后一个不长的时间内可以看到，以后由于条件反射不断建立，条件反射和非条件反射越来越不可分割地结合起来。所以，个体对内外环境的适应性反应，都是条件反射和非条件反射并存的复杂反射活动。随着环境的变化，动物不断地形成新的条件反射，不适合生存的旧条件反射逐渐消退。对于宠物驯导来说，利用条件反射的原理，科学地对宠物进行训练和调教，可以更好地让宠物服务于人类。

## 思考题

1. 简述神经系统的组成。
2. 简述植物性神经的结构特点。
3. 简述毒蕈碱受体和烟碱受体在功能上的差异。
4. 简述条件反射形成的原理。

# 第十一章　感觉器官

**学习重点**

了解眼和耳的形态、结构。

**素质要求**

培养热爱科学、实事求是的精神。提高观察能力和空间思维能力，能够严谨、细致地对待科学研究。增强对宠物的关爱意识，认识到感觉器官对于宠物生存和生活质量的重要性。

感觉器官是感受器及其辅助装置的总称，主要有视觉、位听觉、嗅觉、味觉等器官。感觉器官能接受特定的刺激并将其转变为神经冲动，由传入神经传至中枢，经中枢的分析、综合而产生各种感觉。

## 第一节　眼

眼为视觉器官，能感受光的刺激并将其转变为神经冲动，经视神经传至脑而引起视觉。视觉器官包括眼球及其辅助装置。

### 一、眼球

眼球是眼的主要部分，包括眼球壁和内部的折光体（图 11.1）。

#### （一）眼球壁

眼球壁由三层结构构成。

1. 纤维膜

纤维膜位于眼球壁外层，厚而坚韧。分为前部的角膜和后部的巩膜。角膜无色透明，具有折光作用，富有感觉神经末梢，无血管，其营养靠淋巴供应，如果因某些原因使淋巴液发生凝固，变得浑浊，即形成角膜炎。巩膜呈白色而不透明，具有保护作用。

2. 血管膜

血管膜衬于纤维膜的里面，富有血管和色素。它有供给眼球营养和吸收眼内分散光线的作用。血管膜的最前部称为虹膜，成圆盘状，可从眼球前面透过角膜看到。虹膜中央有一孔称为瞳孔。虹膜上有两种肌纤维排列方向不同的平滑肌：一种环绕瞳孔边缘，称为瞳孔括约肌，在强光下可收缩，使瞳孔缩小，减少进入眼内的光线，受副交感神经支配；另一种呈放射状，称为瞳孔开大肌，在弱光下收缩，使瞳孔放大，增加进入眼内的光线，受交感神经支配。血管膜的中部称为睫状体，有产生房水和调节视力的作用。位于睫状体后面的称为脉络膜，呈棕褐色，是一层柔软而富含血管和色素的膜。

3. 视网膜

视网膜是眼球壁的内层。视网膜的感光细胞，有视锥细胞和视杆细胞 2 种。视锥细胞对强光和有色光线敏感；视杆细胞对弱光敏感。视网膜神经细胞的轴突集合形成视神经。

### （二）眼球的折光体

眼球的折光体包括眼房水、晶状体和玻璃体。

1. 眼房水

眼房水是无色透明的液体，充满于眼房内。眼房是位于晶状体与角膜之间的腔隙，它又被虹膜分为前房和后房，经瞳孔相通。眼房水除具有折光作用外，还具有营养角膜和晶状体及维持眼内压的作用。如果眼房水产生过多或回流受阻，可引起眼内压增高而影响视力，形成青光眼。

2. 晶状体

晶状体位于虹膜后方，呈双凸透镜，无色透明而有弹性。其周围以睫状小带连于睫状体上，借睫状肌的伸缩可调节晶状体表面的曲度。晶状体若变得不透明，可形成白内障。

3. 玻璃体

玻璃体是无色透明的胶胨状物质，充满于晶状体与视网膜之间，有折光作用。

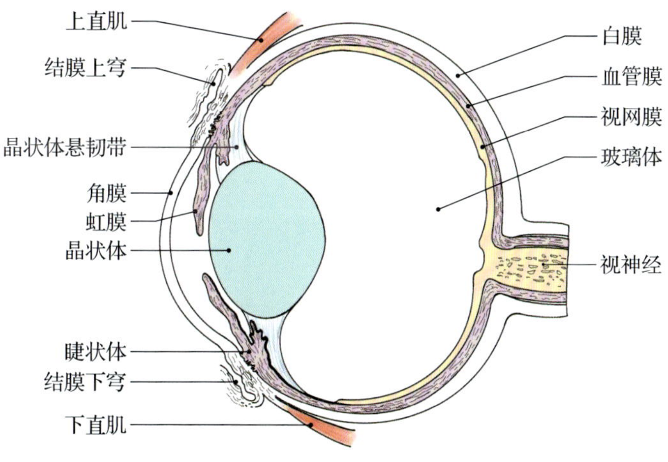


图 11.1　眼球的结构

## 二、眼球的辅助装置

眼球的辅助装置包括眼睑、结膜、泪器和眼肌等，对眼球起保护、运动和支持作用。

### （一）眼睑

眼睑是覆盖在眼球前方的皮肤褶，有保护眼球的作用，分上眼睑和下眼睑（图 11.2）。在眼睑的游离缘上有睫毛。临床常见的眼睑内翻即指眼睑向眼球方向内卷，眼睑外翻即指眼睑外转

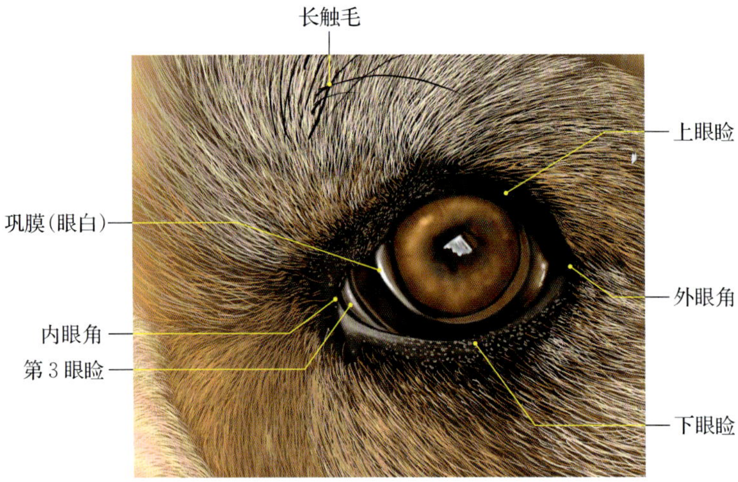


图 11.2　眼的外观

离开眼球,眼结膜暴露在外的异常状态。

### (二)结膜

结膜是连接眼球与眼睑的一层薄膜。覆盖在眼睑内面的称为睑结膜,睑结膜转折覆盖到眼球巩膜前部的称为球结膜。睑结膜与球结膜之间形成结膜囊。位于眼内角的结膜褶称为第 3 眼睑或瞬膜,内有一片软骨。个别犬瞬膜外翻而影响视力时可手术摘除。

### (三)泪器

泪器包括泪腺和泪道两部分。泪腺能分泌泪液,对眼球起湿润和清洁等保护作用。泪液经骨质的鼻泪管而至鼻腔,开口于鼻腔前庭。

### (四)眼肌

眼肌是附在眼球外面的一些小块随意肌,能够使眼球多方向地转动。

# 第二节　耳

耳是位听器官,包括听觉感受器和平衡觉感受器,可分为外耳、中耳和内耳三部分(图 11.3)。外耳和中耳是传导声波的部分,内耳是听觉和平衡觉感受器所在处。

## 一、外耳

外耳包括耳郭、外耳道和鼓膜三部分(图 11.4)。鼓膜位于外耳与中耳之间。

## 二、中耳

中耳由鼓室、听小骨和耳咽鼓管组成。鼓室为一含气的小腔,其前下方通耳咽鼓管。听小骨有锤骨、砧骨和镫骨三块,它们借关节相连,能将声波振动传至内耳。耳咽鼓管又称为耳咽管,连接咽腔和鼓室,空气从咽腔经此管到鼓室,可保持鼓膜内、外两侧大气压平衡,防止鼓膜

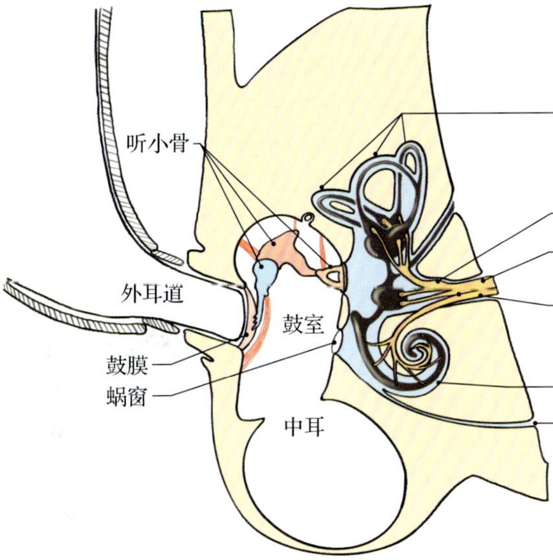


图 11.3　耳的结构

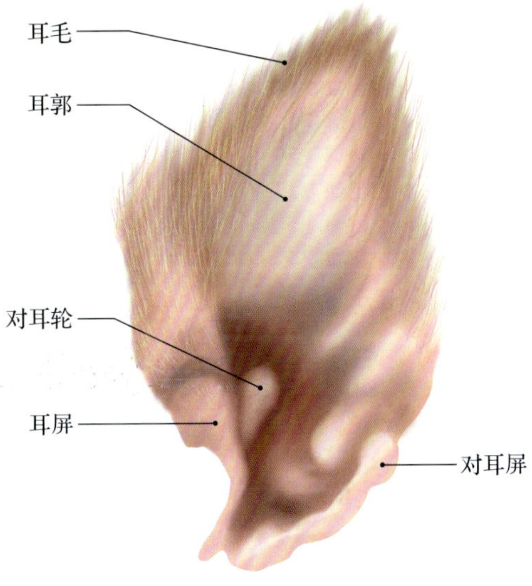


图 11.4　外耳

被气压冲破。

## 三、内耳

内耳又称为迷路，是盘曲于颞骨内的双层套管结构。外层为骨管，称为骨迷路；在骨管内套有膜管，称为膜迷路。膜迷路由椭圆囊、球囊、膜半规管和蜗管组成。膜半规管是位置觉感受器所在处，可调节动物体的平衡；蜗管是听觉感受器所在地。

## 思考题

1. 简述眼睑各部分的组成。
2. 简述眼球壁的构造。
3. 简述中耳和内耳的构造。

# 第十二章　内分泌系统

## 学习重点

理解激素的概念，了解垂体、甲状腺、甲状旁腺、肾上腺在身体中的部位和功能；了解胰岛、性腺的功能。

## 素质要求

培养热爱科学、实事求是的精神。具备开拓进取、勇于创新的素质。

有机体各部分的协调统一是适应环境变化，保证生存的前提。这种协调统一主要是通过神经调节和体液调节来实现的。神经系统通过反射的方式快速准确地对机体内外环境变化做出反应，保持身体各个部分在功能上协调一致。内分泌系统则在更广泛的方面对机体起调节作用。内分泌系统调节的作用机制主要有正反馈调节、负反馈调节和自调节。

正反馈调节机制是指当环境变化作为刺激引起内分泌系统产生调节信息（激素或某些特殊分子），这些调节信息引起相应的器官功能增强，这些器官在功能增强的同时会进一步强化刺激，由此引起更多的调节信息产生，又会进一步刺激器官的功能增强。例如，跑步时体内二氧化碳增多会刺激肾上腺素分泌，肾上腺素会引起肌肉运动功能增强，肌肉运动的增强会产生更多的二氧化碳，更多的二氧化碳再刺激肾上腺分泌更多的肾上腺素，如此往复，这就是正反馈调节机制。正反馈调节机制趋向于让器官能力耗尽，如运动的结果是让肌肉功能耗尽最终疲劳、排尿的结果是让尿液排尽、分娩的结果是让胎儿彻底排出。

在维持机体功能平衡、贮能等方面，更多是负反馈调节机制。负反馈调节机制是，当环境变化刺激机体时，内分泌器官分泌调节信息，调节信息刺激器官功能增强，器官功能增强会弱化或消除刺激，由此使内分泌器官减少或停止分泌调节信息，结果就是，被调节器官功能恢复到刺激前的状态。由此可见，负反馈调节是使机体最大程度地保持平衡状态。现代生理学研究逐渐发现神经调节、内分泌调节、免疫调节之间存在着密切的联系，提出了神经 - 内分泌 - 免疫调节网络的理论，这将使我们能够更好地认识有机体功能活动的规律并应用于实践。

## 第一节　概　述

### 一、内分泌的概念

内分泌是指将腺体或细胞的分泌物排放到细胞外液，即内环境中的过程。外分泌则是指将分泌物排放到外环境,也就是非细胞生存环境中的过程。有机体中的腺体可分为两大类:一类是外分泌腺,其分泌物一般由导管排出,故又称为有管腺,如唾液腺、肝、胰、汗腺等。另一类是内分泌腺,又称为无管腺,这些内分泌腺和散在于机体各处的内分泌细胞构成了内分泌系统。其分泌物是一种具有高效能的生物活性物质,统称为激素。激素通过渗透到毛细血管和毛细淋巴管直接进入血液循环,以体液调节的形式,对相应的细胞、组织或器官发生一定的调节作用。不同的激素作用于不同的细胞和器官,常把激素作用的细胞、组织或器官,称为靶细胞、靶组织或靶器官。

## 二、激素的种类和调节机制

### (一)激素的种类

机体内各种激素按其化学结构可分为三类。

#### 1. 多肽类/蛋白质类激素

多肽类激素是形式多样,相对分子质量大,生成和分布广泛的激素,都是由氨基酸残基构成的肽链,主要有下丘脑激素、降钙素、胰岛素、胰高血糖素、胃肠道激素、促肾上腺皮质激素、促黑激素等;蛋白质类激素主要有生长素、催乳素、促甲状腺素、甲状旁腺素等。

#### 2. 胺类激素

胺类激素主要是酪氨酸衍生物,包括甲状腺激素、儿茶酚胺类激素(如肾上腺素和去甲肾上腺素等)和褪黑素等。此类激素的生成过程较为简单,在血液中的运输方式和对细胞的作用原理与多肽类激素等类似。

#### 3. 脂类激素

脂类激素主要包括类固醇激素、固醇激素和脂肪酸衍生物。这类激素相对分子质量较小,而且都是脂溶性的非极性分子,可以直接通过靶细胞膜,多与细胞内受体结合发挥生理效应。

(1)类固醇激素。主要包括肾上腺皮质和性腺分泌的激素,如醛固酮、皮质醇、雄激素、雌激素和孕激素等,这类激素可口服。目前,许多激素已经能提纯或人工合成,并应用于畜牧业生产和兽医治疗工作中。

(2)固醇激素。主要由皮肤、肝脏、肾等器官转化并活化的胆固醇衍生物,如维生素 D 等。

(3)脂肪酸衍生物。这类激素的前体是细胞膜的脂质成分——膜磷脂。主要包括前列腺素、血栓素和白细胞三烯类等生物活性物质,它们均可作为短程信使参与细胞的代谢活动。

### (二)激素的作用原理

激素对靶细胞的作用大都通过与靶细胞特异性受体的结合和靶细胞内特定的效应系统实现。由于受体分布的部位不同,作用机制也有差异,可分为两类。

#### 1. 含氮激素的作用机制

含氮激素,特别是蛋白质和多肽类激素是大分子,一般不能通过细胞膜进入细胞,而是先与细胞膜上的特异性受体结合,生成激素-受体复合物,并通过 G 蛋白激活位于细胞膜内侧的腺苷酸环化酶,在 $Mg^{2+}$ 存在的条件下,腺苷酸环化酶促使 ATP 脱去焦磷酸形成环磷酸腺苷(cAMP),cAMP 作为细胞内信使进一步激活一种或多种 cAMP 依赖性激酶,促进细胞内许多特异蛋白的磷酸化作用,生产各种磷酸化蛋白,从而引起靶细胞不同的生理反应(图 12.1)。在这一机制中激素作为第一信使,其作用是通过与膜受体结合,活化膜内腺苷酸环化酶引起

cAMP 产生而实现，cAMP 被称为第二信使，因此将这一激素的作用机制称为第二信使学说。现已证明，除 cAMP 作第二信使外，激素与膜受体结合，活化鸟苷酸环化酶使三磷酸鸟苷（GTP）生成的环磷酸鸟苷（cGMP），以及 $Ca^{2+}$、三磷酸肌醇（$IP_3$）、二酰甘油（DG）等也是细胞内的第二信使，它们都有相应的依赖性蛋白激酶，能分别使特异蛋白磷酸化而表现生理效应。

### 2. 类固醇激素的作用机制

类固醇激素分子小并易溶于脂类，可以穿过细胞膜，进入靶细胞内与细胞浆中的特异受体结合形成激素 - 胞浆受体复合物，后者的结构发生改变之后，能进入细胞核，形成激素　核受体复合物，它又作用于基因组，启动 DNA 的转录过程，从而促进 mRNA 的形成。mRNA 转入细胞质后，与核糖体结合，诱导新蛋白质的生成。新生成的蛋白质或酶参与生理活动过程，发挥该激素的作用（图 12.2）。由于这类激素的作用是通过基因（DNA）的作用而实现的，所以把这一作用机制称为基因调节学说。近些年的试验证明，类固醇激素的受体主要存在于细胞核内，激素与受体的结合及活化均可在细胞核内进行。

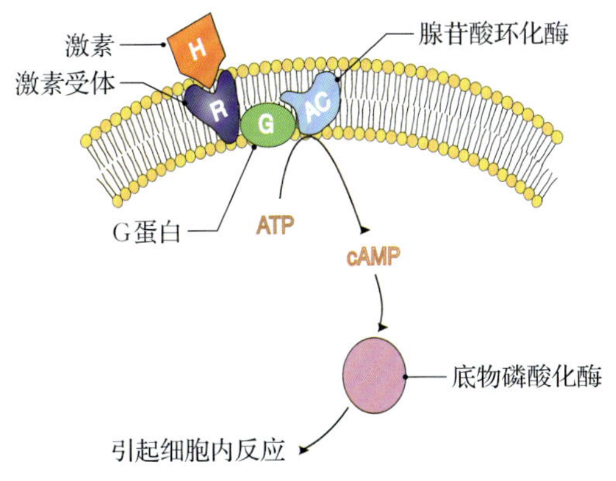


图 12.1　含氮激素作用机制示意图

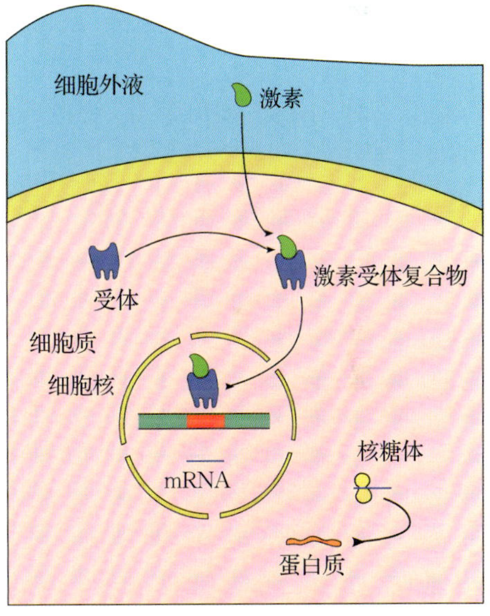


图 12.2　类固醇激素作用机制示意图

## （三）激素的特点

激素虽然种类很多，作用也很复杂，但它们在对靶细胞的调节过程中却表现出许多共同的特点。

### 1. 信使作用

激素发挥作用的方式犹如信使传递信息。它们作用于靶细胞时，既不添加成分，也不能被氧化分解提供能量。它的作用只是促进或抑制靶细胞内原有的生理生化过程，使其加快或减慢。

### 2. 微量高效

激素是一种高效能的生物活性物质，在体内含量很少，一般在纳摩尔或皮摩尔水平变化，就能发挥出强大的生理效应。如 0.1 μg 的肾上腺素就能使血压升高。

3. 特异性

各种激素的作用都有较高的组织特异性和效应特异性，即激素能选择性地作用于某些器官和组织细胞，产生特定的作用。这是因为靶细胞膜上、细胞浆内以及细胞核内具有该激素的受体。即使有些激素(如生长激素、促甲状腺激素等)能广泛地作用于身体许多靶细胞、靶组织，也是由于这些靶组织、靶细胞中普遍存在着它们的受体。

4. 激素间的相互作用

当许多激素共同调节一种生理活动时，激素之间往往存在着协同或拮抗作用，如肾上腺皮质激素、胰高血糖素均能使血糖升高，两者同时存在可使升糖作用增强，即协同作用；相反，胰岛素能降低血糖，与上述激素有拮抗作用。另外，有的激素对某种组织细胞并无直接作用，但它的存在是其他激素发挥生理作用的必要条件，这种现象称为允许作用。如糖皮质激素对血管平滑肌并无收缩作用，但只有当它存在时儿茶酚胺才能很好地发挥对心血管的调节作用。

5. 时效性

激素的分泌速度和发挥作用的快慢均不一致，如肾上腺素在数秒钟就能发生效应；胰岛素较慢，需数小时；甲状腺素则更慢，需几天。

6. 激素代谢

激素在体内通过水解、氧化、还原或结合代谢过程，逐渐失去活性，不断从体内消失。

## 第二节　内分泌器官

### 一、垂体

#### (一)垂体的位置和形态

垂体位于脑底面垂体窝内，借垂体柄与下丘脑相连。中型犬约有 1 cm × 0.75 cm × 0.5 cm 大小，颜色较暗，呈椭圆形，被硬脑膜所包裹。

#### (二)垂体的构造和功能

根据组织发生和结构特点，垂体可分为腺垂体和神经垂体两部分(图 12.3)。腺垂体分泌多种激素，包括生长激素、催乳激素、促甲状腺激素、促卵泡激素、促肾上腺皮质激素、黄体生成素等。在神经垂体中贮存并释放入血的激素有两种，即催产素和抗利尿激素。催产素具有刺激子宫平滑肌和乳腺肌上皮细胞收缩的作用；抗利尿激素具有刺激血管收缩，促进肾小管重吸收的作用。催产素和抗利尿激素由下丘脑的视上核和室旁核合成，沿轴突到垂体后叶毛细血管网中释放。

### 二、甲状腺

#### (一)甲状腺的位置和形态

甲状腺位于喉后方，前 2~5 气管环两侧，呈红褐色，表面光滑，大小约 6 cm × 1.5 cm × 0.5 cm，可分为左右两个细长侧叶和中间不发达的峡部。

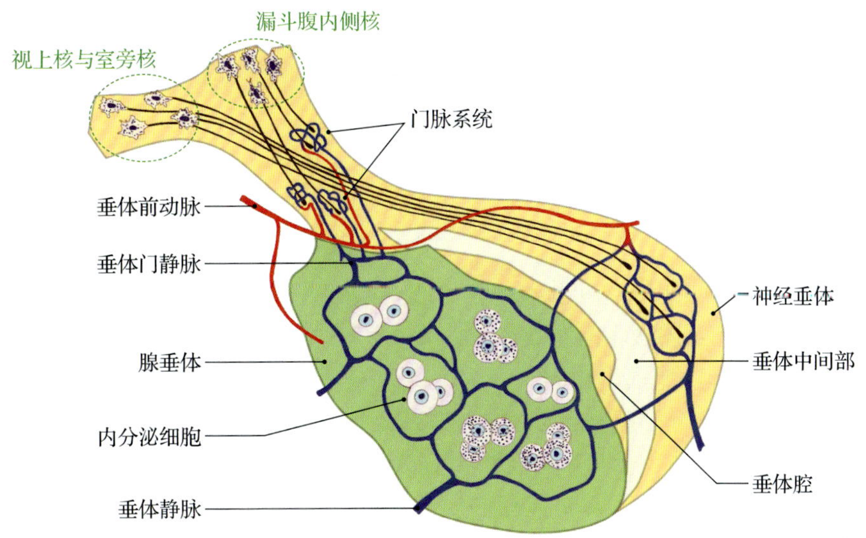


图 12.3　**垂体的结构**

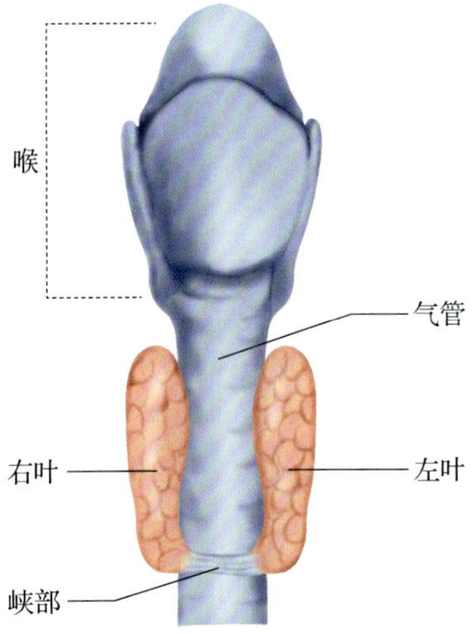


图 12.4　**甲状腺**

### (二)甲状腺的构造和功能

甲状腺是一个富含血管的实质器官,表面有一层薄的结缔组织被膜,被膜深入实质内,将腺组织分割成许多小叶(图 12.4)。小叶内充满大小不等的滤泡以及分散在滤泡间的滤泡旁细胞。滤泡上皮细胞为单层立方上皮,甲状腺素的合成、贮存、碘化、重吸收和分泌过程均是甲状腺上皮细胞机能活动的结果。甲状腺素的主要作用是促进机体新陈代谢,维持机体正常的生长发育,特别是影响骨骼和神经系统的发育。甲状腺实质的大小,随着食物中碘含量的多少而有显著变动,如果碘缺乏,甲状腺将明显增大,出现甲状腺肿大,世界上许多地区为防止缺碘性疾病的发生,往往在食盐中添加碘。滤泡旁细胞主要分泌降钙素,通过抑制骨钙的吸收而降低血钙。

## 三、甲状旁腺

### (一)甲状旁腺的位置和形态

甲状旁腺有一对,形如粟粒状,位于甲状腺前端附近或埋于甲状腺内。当显露于甲状腺表面时,可以根据颜色加以区别,甲状旁腺的颜色明显淡于周围的甲状腺组织。

### (二)甲状旁腺的构造和功能

甲状旁腺为实质器官,由表面的被膜和内部的实质细胞组成。实质细胞可分泌甲状旁腺素,具有增强破骨细胞活动,使骨质溶解,促进小肠对钙的吸收和肾对钙的重吸收的作用,从而升高血钙。

## 四、肾上腺

### （一）肾上腺的位置和形态

肾上腺位于肾的前内侧，成对，右肾上腺略呈梭形，左肾上腺稍大，呈扁梭形，前宽后窄，背腹侧扁平。中型犬的肾上腺平均大小为 2.5 cm × 1.0 cm × 0.5 cm。

### （二）肾上腺的构造和功能

肾上腺为实质器官，由表面的结缔组织被膜和实质构成。实质可分为外周的皮质和深部的髓质。这两部分来源和功能都不相同。

皮质呈黄褐色，主要分泌盐皮质激素、糖皮质激素和少量的性激素。盐皮质激素的代表物是醛固酮，可以调控肾远曲小管和集合管重吸收 $Na^{+}$ 和排出 $K^{+}$，维持机体电解质的平衡；糖皮质激素的代表物是氢化可的松，对机体蛋白质、脂肪和碳水化合物的代谢均有调节作用，还有降低免疫应答和抗炎症作用。

髓质呈灰色或肉色，分泌肾上腺素和去甲肾上腺素，其机能等同于交感神经作用，肾上腺素能提高心肌的兴奋性，使心跳加快；去甲肾上腺素可使血管收缩，血压升高。

## 五、松果体

松果体又称松果腺，是红褐色卵圆形小体，位于四叠体与丘脑之间，以柄连接于丘脑后上部。松果体主要由松果体细胞形成，外由被膜包裹并深入实质，将其分割成若干小叶，小叶内充满松果体细胞。松果体细胞分泌褪黑素，具有抑制腺垂体促性腺激素的释放、间接影响性腺发育的作用，如果将幼龄动物的松果体切除，即出现早熟。此外，松果体内还含有大量的 5- 羟色胺和去甲肾上腺素等物质。光照能够抑制松果体合成褪黑素，促进性腺活动。对于季节性发情的动物，松果体起着调节性腺活动的生物钟作用。

## 六、胰腺内的内分泌组织——胰岛

胰岛是分散于胰腺中大小不等的细胞群。主要有 $\alpha$ 和 $\beta$ 两种细胞。$\alpha$ 细胞分泌胰高血糖素，$\beta$ 细胞分泌胰岛素。

### （一）胰岛素

胰岛素的作用主要有以下三个方面。

（1）促进肝糖原生成和葡萄糖分解以及由糖转变为脂肪，从而使血糖降低。因此，胰岛素分泌不足时，血糖升高，导致糖尿病。

（2）促进体内脂肪的贮存，抑制脂肪分解，使血中游离脂肪酸减少。因此，胰岛素分泌不足时，脂肪即大量分解，血内的脂肪酸增高，在肝内不能充分氧化而转化为酮体，出现酮症并伴有酮尿，严重时可导致酸中毒和昏迷。

（3）促进氨基酸进入细胞内，使细胞内蛋白质合成加快。

### （二）胰高血糖素

胰高血糖素的作用与胰岛素相反，它能加速肝糖原的分解，促进脂肪分解和糖生成，因而可使血糖升高。

## 七、性腺内的内分泌组织

性腺是指雄性动物的睾丸和雌性动物的卵巢，除产生精子和卵子外，还有分泌性激素的机能。

### （一）睾丸内的内分泌组织

睾丸内的内分泌组织是指位于曲精小管间的间质细胞，它分泌雄性激素，其主要成分是睾酮。雄性激素的作用是促进雄性生殖器官的发育和机能活动，促进雄性动物第二性征（如发达的肌肉、较重的骨骼、凶猛的习性和发达的犬齿）的出现并维持其正常状态。同时，刺激雄性动物产生性欲。

### （二）卵巢内的内分泌组织

卵泡细胞可分泌雌激素，其中作用最强的是雌二醇雌激素可促进雌性动物生殖器官和乳腺的发育，促进第二性征（如个体较小、乳房饱满、骨盆宽阔、皮下脂肪多、肌肉柔软和性情温和等）的出现，并维持其正常状态。同时，刺激雌性动物产生性欲和促进发情。

卵巢排卵后，残留在卵泡壁的卵泡细胞演化成黄体细胞，形成黄体，黄体可分泌孕激素又称孕酮或黄体酮。孕激素可以刺激子宫腺分泌子宫乳，从而保证受精卵的附植和发育。同时，可抑制子宫平滑肌的活动和对催产素的反应，保证胎儿的安全发育，故有保胎作用，还可以进一步刺激乳腺的发育完全，准备泌乳。

## 思考题

1. 什么是激素？动物体内的激素有哪几种？
2. 垂体各部分都分泌哪些激素？它们有什么作用？
3. 甲状腺激素有哪些作用？
4. 糖皮质激素有哪些作用？

# 第十三章　能量代谢与体温

## 学习重点

了解能量代谢的一般概念，明确体温保持相对恒定的生理意义；了解机体产热和散热的机制以及散热的主要方式。

## 素质要求

培养严谨的科学态度和实事求是的精神，在测量体温和分析能量代谢数据时做到准确、认真。增强对宠物健康的关注和责任感，认识到能量代谢和体温稳定对宠物生存和健康的重要性。提高分析问题和解决问题的能力，能够运用所学知识解决宠物饲养管理中与能量代谢和体温相关的实际问题。培养团队协作精神，在实验和实践操作中能够与他人合作完成任务。

## 一、能量代谢

动物的能量代谢是指动物体内通过化学反应将食物中的化学能转化为可用能量(如 ATP)的过程，同时伴随能量的贮存、利用和散失。这一过程对维持生命活动(如运动、生长、繁殖、体温调节等)至关重要。

### (一)动物体能量的来源与消耗

动物体的能量来源于食物，食物中的碳水化合物、脂肪和蛋白质通过消化分解为小分子(如葡萄糖、脂肪酸、氨基酸)进入细胞参与代谢，释放能量用于细胞做功或产热。

食物或饲料在完全燃烧时释放的总热量称为粗能，单位为千卡(kcal)或千焦(kJ)，它代表了食物中所有可燃物质(如糖类、脂肪、蛋白质等)的总能量，是评估饲料营养价值的基础指标之一(表 13.1)。但动物实际可利用的能量是低于粗能的，因为部分食物未被消化吸收，而是随粪便排出了，粪便中所含的能量称为粪能。粗能减去粪便中的能量称为消化能。而消化能也不能完全被身体利用，有些能量以热的形式散失掉了，还有些进入尿液排掉或在大肠内发酵后成为甲烷等气体排掉，最终可被机体利用的能量称为代谢能。

代谢能分为净能和特殊动力作用能，特殊动力作用能是营养物质参与代谢时以热的形式损失的能量。净能则是动物细胞生理活动能够使用的能量。公式如下：

$$代谢能(ME) = 消化能(DE) - 尿液能量 - 气体能量$$

表 13.1　饲料中各种成分所含能量

| 饲料成分 | 提供能量 /% | 特点 |
| --- | --- | --- |
| 糖类 | 60～70 | 有氧氧化时产能多，是主要的供能方式。无氧酵解时产能少 |
| 脂肪 | 30～40 | 能量物质贮存的主要形式。产能多 |
| 蛋白质 | 很少 | 只有特殊情况才用于分解产能 |

### (二) 基础代谢和静止能量代谢

#### 1. 基础代谢

基础代谢是指动物在静息状态下维持基本生命活动所需的最低能量消耗。这些生命活动包括细胞代谢、血液循环、呼吸、体温调节、神经系统功能等。衡量基础代谢的量化指标是基础代谢率，通常以单位时间内消耗的能量表示(如 kcal/d 或 kJ/d)。测量基础代谢需要的静息状态是指动物在以下条件下消耗的能量：

静息状态：完全休息，无身体活动。

空腹状态：消化系统处于非活跃状态(通常测定前 12 h 禁食)。

适宜温度：处于热中性区(室温在 18～25 ℃)。

清醒状态：非睡眠状态。

基础代谢反映了细胞代谢、器官功能活动所必需的能量以及维持恒定体温所需的能量，占动物总能量消耗的主要部分。

#### 2. 静止能量代谢

对动物测定基础代谢所需的条件很难达到，所以采用了与之接近的条件进行测定，测定的结果称为静止能量代谢。测定静止能量代谢需要的条件是：早饲前安静休息，无剧烈身体活动，但可能包括轻微活动(如站立、坐卧)，环境温度适宜(室温在 18～25 ℃)。这种条件下测得的结果与基础代谢差异不大。

### (三) 影响代谢率的因素

基础代谢是生物体维持基本生命活动的最低能量需求，反映了生物体的生理状态和能量利用效率。它受多种因素影响，并在生态适应和进化中具有重要意义。理解基础代谢有助于优化能量管理、设计合理饮食和改善动物饲养策略。

#### 1. 体形

体形较大的动物通常具有较高的总基础代谢，但单位体重的基础代谢率较低。

#### 2. 年龄

幼龄动物因生长发育快，基础代谢率较成年动物高。老年动物机体功能衰退，基础代谢率降低。

#### 3. 性别

因为雄性动物肌肉比例较高，而肌肉活动消耗能量高，所以雄性动物通常比雌性动物具有更高的基础代谢率。

#### 4. 体脂含量

肌肉组织的代谢活性高于脂肪组织，因此肌肉比例高的个体基础代谢率较高，而肥胖动物基础代谢率相对较低。

### 5. 激素水平

甲状腺激素、肾上腺素等激素水平升高会提高细胞的代谢水平，因而基础代谢率提高。所以动物在惊慌或恐惧状态下，这些激素的分泌水平增加，耗能也就相应增加。

### 6. 环境温度

低温环境下，恒温动物需增加产热以维持体温，消耗能量增加，故基础代谢率升高。

## 二、动物的体温及调节

对于动物有机体来说，体温有着极为重要的意义。因为动物有机体的一切物质代谢活动都是在酶的催化作用下完成的，而酶的活性有很强的温度依赖性，如果犬的体温高于正常体温4～5 ℃，神经细胞就会在很短的时间内丧失功能导致死亡。这提示我们临床上检查动物体温是了解动物健康状况的重要指标，对于犬猫临床上遇到有高温症状的病患一定要及时采取降温措施。

### （一）动物体温的形成及其变化规律

#### 1. 犬猫体温的形成

细胞在新陈代谢时，物质分解代谢会产热导致温度上升。犬猫都是恒温动物，体温会维持在一个狭窄的范围内保持稳定，这是维持生命的一个必要条件，因为动物体内的所有化学活动都是依赖酶催化的，而酶有很强的温度依赖性，温度过高或过低都会降低酶的活性，甚至使酶失活。为了维持体温的稳定，机体既要控制产热，又要控制散热，产热和散热的过程保持相对平衡，体温就维持在一个相对稳定的范围。

机体各部分器官组织成分不同、功能差异很大，生命活动过程中产热量也不同。一般来说，神经细胞、肌肉细胞和腺细胞兴奋性高，代谢强度大，产生的热量也高，所以腺体、骨骼肌、脑等是机体产热最高的部分。在安静状态下，骨骼肌细胞和神经细胞活动少，产热量不大，而腺体则是主要的产热部分。机体中最大的腺体是肝脏，所以在安静状态下机体的主要产热器官是肝脏。在运动状态下，骨骼肌则是主要的产热器官。在动物高度紧张的情况下，脑和骨骼肌均处于高度产热的状态。

发热较高的器官产生的热量会传递给血液，血液在循环过程中，热量在温度较低的器官吸收。这样，整个身体各部的温度将保持均衡，但由于体表向环境更快地散热，所以体表浅层温度总体低于身体深部。由于血液循环的终点是右心房，所以理论上右心房温度代表了有机体的平均体温（表 13.2）。但在临床上无法直接测量右心房温度，所以常用直肠温度代表平均体温。

表 13.2 犬猫的正常体温

| 动物 | 体温 /℃ |
|---|---|
| 犬 | 37.0～39.0 |
| 猫 | 38.0～39.5 |

#### 2. 犬猫体温的变化规律

由于在一天的不同时段，机体代谢状态不同，所以体温会有一定幅度的波动。不同品种的动物以及同种动物的不同性别和不同年龄都存在新陈代谢的差异，体温也会不同，这些差异有以下一些规律。

(1)体温的昼夜波动。白天活动的动物，其体温在清晨时最低，午后最高，一天内温差可达1 ℃左右。体温的这种昼夜周期波动称为昼夜节律或近日周期。实验表明，体温的昼夜节律与肌肉活动状态以及代谢率没有直接因果关系，而是由内在的生物节律所决定的。例如，将受试动物置于除去时间、光线、声音等外在因素影响下的特定环境中，体温仍呈现昼夜节律波动。

实验研究还表明，除体温外，还有许多生理现象(如细胞中酶的活性、激素的分泌、动物的行为)具有生物节律。通常认为，生物节律现象是由体内存在的生物钟来控制的。动物实验提示，下丘脑的视交叉上核很可能是生物节律的控制中心。

(2)体温与年龄的关系。新生动物代谢旺盛，体温较成年动物高。动物在出生后的一段时间内因其体温调节机制尚不完善，体温调节的能力弱，易受外界温度变化的影响而发生波动。因此，对新生动物要加强保温等护理工作。老年动物因基础代谢率低，循环功能虚弱，其体温略低于正常成年动物。

(3)体温与性别的关系。雌性动物体温高于雄性动物。雌性动物发情时体温升高，排卵后体温下降。有实验表明，兔静脉注射孕酮后，其体温上升。因此，雌性动物的体温随性周期变动的现象可能与性激素的周期性分泌有关，其中孕激素或其代谢产物可能是导致体温上升的因素。

(4)体温与肌肉活动的关系。肌肉活动时代谢增强，产热量明显增加，导致体温上升。当犬猫在奔跑时，体温可升高到40～41 ℃，肌肉活动停止后逐步恢复到正常水平。此外，地理气候、精神紧张、采食和环境温度变化、麻醉等因素也可对体温产生影响。在测定体温时，对以上因素应予以注意。

### (二)机体的产热和散热过程

前面说过，机体的温度取决于机体产热和散热的动态平衡。在新陈代谢过程中，物质分解会释放热量，使体温升高，而血液循环把这些热量带到温度低的器官或体表，同时，机体还以热辐射、传导、对流、蒸发等方式向环境散发热量。散热和产热的过程最终使体温维持在一个稳定的范围内。

#### 1. 产热过程

在适当的环境温度范围内，动物的代谢强度和产热量可保持在生理的最低水平，而体温仍能维持恒定，这种环境温度称为动物的等热范围或代谢稳定区。动物种属、品种、年龄及饲养管理条件不同时，等热范围有差异。等热范围的低限温度又称为临界温度。耐寒的动物，如藏獒、爱斯基摩犬的临界温度较低。被毛浓密或皮下脂肪厚实的动物，其临界温度也较低。从年龄来看，幼龄动物临界温度要高于成年动物，这不仅与幼龄动物的皮毛比较薄、体表与体重的比例较大、较易散热有关，还与幼龄动物主要以哺乳为主，产热较少有关。环境温度升高，超过等热范围的上限时，机体代谢开始升高，这时的外界温度称为过高温度。在炎热的环境中，机体的代谢率并不降低，因为机体可通过增加皮肤血流量和发汗量来增强散热。因此，在等热范围内，动物代谢强度最低，而超过这个范围，代谢强度增大，也容易导致身体机能失调而生病。

机体的热量来自体内各组织器官所进行的氧化分解反应。由于各种器官的代谢水平不同和机体所处的功能状态不同，它们的产热量也不同。安静状态下的主要产热器官是内脏器官，产热量约占机体总产热量的56%，其中肝脏产热量最大，肌肉占20%，脑占10%。动物运动时的主要产热器官是骨骼肌，其产热量可达机体总产热量的90%。

机体在寒冷的环境中产热增加。寒冷刺激可引起骨骼肌出现寒战性收缩，使产热量增加4～5倍，称为寒战性产热。寒战是机体产热效率最高的方式，温度越低越强烈。寒战是骨骼肌的反射活动，由寒冷刺激作用于皮肤冷感觉器引起。寒冷时体内肾上腺素、去甲肾上腺素、甲状腺素分泌增多，也可促进机体（特别是肝脏）产热增多；全身脂肪代谢的酶系统也被激活，导致脂肪被分解、氧化，产生热量。

褐色脂肪细胞内有大量的脂滴、线粒体，褐色脂肪在细胞内氧化释放出大量热量。在低温时，由于交感神经系统的兴奋，褐色脂肪的代谢率可比平时增加一倍。从体内的分布来看，褐色脂肪可以给一些重要组织包括神经组织迅速提供充分的热量，以保证正常的生命活动。因为这部分产热与肌肉收缩无关，称为非寒战性产热或代谢性产热。

2. 散热过程

动物代谢过程中产生的热量，能以传导、辐射、对流、蒸发等物理方式散热。除此之外，还可以通过机体内部的生理过程来增加或减少散热。物理过程都发生在体表，故皮肤是机体主要的散热部位。只有小部分热量随呼气、尿、粪等排泄而散失。

(1)辐射散热。动物身体把热量直接发散到周围环境中，称为辐射散热。动物经该途径散发的热量占总散热量的70%～85%，因此，辐射散热是机体散热的主要方式。当皮肤与环境温差增大以及辐射面积扩大时，辐射散热增加，反之则减少；当环境温度高于体表温度时，机体不但不能通过辐射散热，反而要吸收周围环境的辐射热。在寒冷时，动物受到阳光照射或靠近红外线灯及其他热源，均有利于动物保温；而炎热季节的烈日照射，可使身体温度升高，发生日射病。

(2)传导散热。将体热直接传给与机体相接触的较冷的物体称为传导散热。传导散热量除与物体接触面积、温差大小有关外，还与所接触物体的导热特性有关。空气是不良导体，动物在空气中活动时，只有裸露的皮肤与导体接触时才发生有效的传导散热，如长时间躺卧在湿冷的地面上、浸泡在凉水里，或保定在金属手术台上的麻醉动物。皮肤上有毛发，其中含有空气，在寒冷的环境中，可引起竖毛肌反射性地收缩，使毛发竖起，增加了隔热层的厚度，减少散热量。在温热的环境中，竖毛肌舒张，隔热层厚度减薄，散热量增加。动物体脂肪也是热的不良导体，因此，肥胖者由机体深部向体表的传导散热较少。新生动物皮下脂肪薄，体热容易散失，应注意保暖。水的导热能力较强，将冷水浇在中暑动物的体表，可达到降温的目的。

(3)对流散热。紧贴体表的空气温度高于环境温度而上升，冷空气下降，冷暖空气对流引起热量交换而散热。当周围温度与体温相近时，不发生对流。对流散热受风速影响极大，风速越大，对流散热量越高；反之，对流散热量减少。因此在实际生产中，冬季应减少动物舍内空气的对流，夏天则应加强通风。

(4)蒸发散热。指体液的水分在皮肤和黏膜（主要是呼吸道黏膜）表面由液态转化为气态，同时带走大量热量的一种散热方式。当环境温度高于体温时，出汗是非常有效的散热方式，但是犬猫体表没有汗腺，所以他们的蒸发散热是不显汗的蒸发方式。不显汗又称为不感蒸发，是指体液中少量水分直接从皮肤和呼吸道黏膜等表面渗出，在未聚集成明显的汗滴之前即被蒸发的一种持续性的散热形式。这种散热方式与汗腺活动无关，一般不被人们所察觉。在环境温度高时，犬会大量分泌稀薄唾液用于蒸发散热。幼龄动物较成年动物不感蒸发的速率高，因此在缺水情况下幼龄动物更易发生脱水。

### (三)体温的调节

体温保持在正常范围是维持正常生理活动的必要条件,通过体温调节机制维持产热和散热过程的动态平衡,保持体温的相对恒定称为自主性体温调节。另外,机体在不同温度环境下可通过调整姿势和行为,特别是采取人为的保温措施,如创设人工气候环境等以保持当时的体热平衡,称为行为性体温调节。后者是以前者为基础,两者不能截然分开。

自主性体温调节是通过自身体温调节系统来实现的。下丘脑体温调节中枢控制着产热器官及散热器官等受控系统的活动,使深部温度维持在相对稳定的水平。

#### 1. 神经调节

(1)温度感受器。分为外周感受器和中枢感受器。

①外周感受器分布在机体皮肤、某些黏膜和内脏中,由对温度变化敏感的游离神经末梢构成,有热感受器和冷感受器两种,各自对一定范围的温度敏感。例如,冷感受器在 25 ℃时发放冲动频率最高;热感受器在 43 ℃时最高。

②中枢感受器主要分布在脊髓、延髓、脑干网状结构和下丘脑中,分冷敏神经元和热敏神经元。中枢感受器的特点为既能感受所在部位温度变化的信息,又具有对传入的温度信息实施不同程度整合的功能。

(2)体温调节中枢。下丘脑是体温调节的中枢。来自各方面的温度变化信息在下丘脑整合后,经神经和体液途径调节体温。通过交感神经系统控制皮肤血管舒缩反应和汗腺分泌影响散热过程;通过躯体运动神经改变骨骼肌活动(如肌紧张、寒战);通过甲状腺和肾上腺髓质分泌活动的改变来调节产热过程。

(3)体温调定点。关于调定点的详细机制目前尚不完全清楚。大多数学者认为,恒温动物的下丘脑存在调定点机制,即认为体温调节类似恒温器的调节机制。假设中枢有一个敏感的温度范围。当中枢的温度超过这个范围时,热敏神经元活动加强,使散热过程加强;冷敏神经元活动减弱,产热减少。当中枢温度低于这个温度范围时,则发生相反过程。外周皮肤温度感受器的传入信息也能影响调定点的功能活动,当皮肤受到热刺激时,冲动传入中枢使调定点下移。这时中枢温度为正常范围也能使热敏神经元兴奋,即散热加强,产生出汗等散热活动。

#### 2. 体液调节

最主要和最直接参与体温调节的激素是甲状腺素和肾上腺素。如果动物暴露在寒冷环境之中,它将随意或不随意地颤抖,以增强产热。此时肾上腺素分泌增加,产热量增加,同时增加摄食量。如果动物长期在寒冷环境中,会通过甲状腺素分泌增加而提高基础代谢率使体温升高。若动物长期处于热紧张状态,会通过降低甲状腺的功能,使基础代谢率下降,此时摄食量下降、嗜睡以减少产热。

## 思考题

1. 简述影响机体能量代谢的因素。
2. 机体的体温是怎样维持相对稳定的?
3. 散热的主要方式有哪些?

# 参考文献

[1] 李静 . 宠物解剖生理 . 北京:中国农业出版社,2007.
[2] 杨秀平 . 动物生理学 . 北京:高等教育出版社,2002.
[3] 威廉·里斯 . DUKES 家畜生理学 . 赵茹茜,主译 . 北京:中国农业出版社,2014.
[4] Horst Erich König, Hans-Georg Liebich. 家畜兽医解剖学教程与彩色图谱 . 7 版 . 陈耀星,曹静,董玉兰,等主译 . 北京:中国农业大学出版社,2025.
[5] Howard E. Evans. Miller's Anatomy of the Dog. 4th ed. New York: Elsevier, 2013.
[6] William J. Bacha, Color Atlas of Veterinary Histology. New Jersey: Wiley-Blackwell, 2012.